转型期上海工业集聚区的空间发展研究

潘 斌 彭震伟 著

U0249549

中国建筑工业出版社

图书在版编目（CIP）数据

转型期上海工业集聚区的空间发展研究 / 潘斌，彭震伟著. — 北京：中国建筑工业出版社，2018.5
ISBN 978–7–112–21894–3

Ⅰ. ①转… Ⅱ. ①潘…②彭… Ⅲ. ①工业区 — 城市规划 — 空间规划 — 研究 — 上海 Ⅳ. ① TU984.13

中国版本图书馆CIP数据核字（2018）第041489号

江苏高校优势学科建设工程项目资助
江苏高校品牌专业建设工程资助项目
住房城乡建设部2016年科学技术项目计划（2016-R2-012）

责任编辑：胡明安
责任校对：张　颖

转型期上海工业集聚区的空间发展研究
潘　斌　彭震伟　著
*
中国建筑工业出版社出版、发行（北京海淀三里河路9号）
各地新华书店、建筑书店经销
北京点击世代文化传媒有限公司制版
北京方嘉彩色印刷有限责任公司印刷
*
开本：850 × 1168毫米　1/32　印张：8¾　字数：218千字
2018年5月第一版　2018年5月第一次印刷
定价：85.00 元
ISBN 978-7-112-21894-3
（31813）
版权所有　翻印必究
如有印装质量问题，可寄本社退换
（邮政编码 100037）

前　言

1980 年代以来，为了适应全球化在经济格局、生产方式、社会规制等方面带来的变化，中国自身也正进行着经济、社会和体制的转型。在全球化和市场化的双重作用下，中国城市正面临着城市转型和功能重组的新问题，而这些新问题对城市空间提出了新的要求，推动着城市空间的演变。作为一个跨学科的研究对象，转型期的城市空间发展也由此成为当前城市研究领域的重点和热点。研究转型期上海工业集聚区的空间发展过程对于中国大城市发展和上海城市的长远发展都有着重要的现实意义。

本书在对国内外大量文献研究总结的基础上，从全球城市与服务经济、城市产业转型趋势、城市产业空间重组三个角度对现有的理论进行了梳理，形成了本书的主要理论基础。本书借助工业集聚区这样一个“空间对象”，建立“产业转型—空间效应”之间存在的逻辑关系，通过产业转型的直接作用、因素变化的影响作用、城市政府的能动作用三个方面来进行工业集聚区的空间发展的机制解析，包括空间演化机制和内部空间变化机制。

基于上述理论分析框架，本书对转型期上海工业集聚区的空间发展特征及规律、机制进行了系统化的探讨。首先是对转型期上海城市产业转型及其空间效应的宏观分析。在此基础上，分别深入到工业集聚区的空间演化和内部空间变化过程当中，全面分析了转型期上海工业集聚区的空间发展特征及规律。为了给研究提供实证基础，本书在研究工业集聚区的内部空间变化过程时，对应于生产性服务业与制造业的三种融合形式，分别选取了上海的市北工业园区、张江高科技园区、金石湾（上海国际化工生产性服务业功能区）这 3 个案例来具体分析工业集聚区的空间转型过程。同时，本书通过对产业转型的直接作用、因素变化的影响作用、城市政府的能动作用与工业集聚区的空间发展过程的相关性分析，揭示了转型期上海工业集聚区的空间发展的内在机制。

通过以上研究，本书发现，转型期上海工业集聚区的空间发展过程中体现出空间区位选择和内部空间融合规律。同时，全球化背景下城市产业转型的需要、因素变化的影响、城市政府的推动作用下工业集聚区的空间演化和内部空间变化的交互作用过程构成了转型期上海工业集聚区的空间发展综合机制。这勾画出了转型期上海工业集聚区基本的空间发展规律和机制，是本书最主要的结论和创新之处。最后，本书还对上海工业集聚区未来的空间发展进行了展望。

目　录

第 1 章　导　论

1.1　研究的背景与意义

1.1.1　问题的提出

1980 年代以来，以跨国公司为主导的新国际劳动分工和经济全球化使得发达国家与发展中国家都发生了深刻的革命，经济格局、生产方式、社会制度等经济社会各个方面都发生了重大转变。全球化的最大贡献是促进了各个国家或地区的交流，资本、技术、信息等各种生产要素的全球流动使中国能够通过全球分工获得工业化和城市化的巨大动力。同时，由于全球化的影响，包括外资的大量进入、技术的快速进步等，中国为适应全球化国际竞争，开始进行了一系列相应的体制革新，并导致了从经济、社会到文化方方面面的转变。改革开放以来的中国正处于一个转型时期，在全球化和市场化的双重作用下，中国城市正面临着城市产业转型和功能重组的新问题，而这些新问题对城市空间提出了新的要求，推动着城市空间的发展和变化。本书之所以选择“转型期上海工业集聚区的空间发展”这一课题进行研究，是基于以下 3 个方面问题的思考。

1. 全球化进程中的城市转型

转型是全球各大城市发展过程中面临的共同课题。在全球化的背景下，伴随着政治、经济、社会的转型，城市的功能、城市的产业、城市行政、城市建设等方面正进行全面调整与转型，以适应全球化时代城市经济持续发展的需要。随着世界经济全球化的进程，全球经济网络日渐形成，城市也逐步成为全球经济网络中的运作节点。在这网络化的世界城市体系中，与其联系性的强弱程度决定了不同城市的地位与应承担的职能分工。其中，纽约、伦敦和东京等少数几个全球城市主宰着世界范围内的经济及信息，是世界性的金融、信息及服务业中心，呈现“锥形”的三次产业结构，以生产性服务业为主导的第三产业在国民经济中的比重远远高于第二和第一产业；位于体系最底层的城市，则承担越来越多的生产制造职能，以制造业为主导的第二产业占国民经济的份额日益增加，呈现二、三、一“梭形”的产业结构；位于体系中层的区域性城市，产业结构构成介于两者之间，体现为一种过渡形态。由于承担了较多的国家或区域性服务职能，这些区域性城市的产业结构更趋于服务化（付磊，2008）。

中国的城市转型是在全球化与信息化的特定条件下发生的，其具有明显的时代特征：转型中的城市逐步参与到全球化进程中，在世界城市网络体系中的地位和作用逐步提升，其城市功能也具有明显的全球化倾向。在新国际劳动分工、经济全球化、市场经济发展等多因素影响下，转型期中国大城市的主要职能正从生产功能向管理、服务功能转化，具体表现为：原有城市部分功能衰退和消亡，如城市作为矿产资源加工中心的作用已经逐步淡化和消亡；原有部分城市功能内涵发生了变化，如传统生产功能向现代生产功能的转变；随着新的城市功能的出现与叠加，城市承担起管理、信息、科研、服务等现代功能。同时，全球化进程中的中国大城市也经历着快速的产业转型，一方面是传统产业的高新技术改造，逐步实现传统产业的生产现代化；另一方面是电子、通信、生物、医药、航空等高新技术产业的发展，同时现代服务业，特别是金融商务、交通、文化、旅游、教育以及法律、财务等生产性服务业快速发展，产业结构呈现多样化发展和融合性发展趋势。

2. 城市转型带来的城市空间变化

城市转型，主要是城市产业转型和功能重组会导致城市空间组织法则和区位选择要素的变化，使得原有的城市空间结构无法适应城市产业和功能的结构性变化，建立在新的城市功能法则基础上的新城市空间现象，包括新产业空间、新商业空间、新居住空间，以及为疏散原城市功能而形成的新城，以不同于原有城市空间的形态、区位、尺度等特征不断出现，上述这些原因改变了原有城市的空间组织结构。由于近现代城市是产业最集中的地方，产业是城市的生命力所在，产业空间是城市空间的主体之一，产业空间也由此占据着城市空间的核心地位。因此，城市产业转型和功能重组将首先体现在城市产业空间的发展和变化上，产业空间作为一个重要的城市空间与带动经济发展的重要增长极，越来越多地影响和改变着城市的经济活动，进而影响到城市整体空间结构。尤其是进入21世纪以来，中国大城市产业转型和功能重组对城市产业空间发展提出了新的要求和动力，不管是转型前原有城市产业空间的调整和升级，还是转型中不同类型城市产业空间的出现与发展，都将推动大城市空间结构的重组与更新。

城市产业转型和功能重组引起了产业空间的调整，也引发了城市不同空间地域上新一轮的产业空间重组。以服务业为核心的新型集聚经济产生了对空间的集中化需求，这推动了大量服务企业在城市的中心城区的空间集聚。与此同时，由于与中心城区相比，外围郊区具有地价低廉、资源共享、节能降耗、减少污染的特点和明显的聚集效应，就成为工业的最佳空间区位选择，从而使得工业逐步从中心城区向外围郊区扩散，并在郊区的工业集聚区集中。这样，随着工业的空间集散过程和空间区位选择过程，就形成了工业集聚区在城市不同空间地域上的不同空间特征。

3. 上海城市转型和产业空间变化

作为中国经济体制改革全面展开的标志，从1990年代浦东的开发开放开始，上海的改革开放就上升为一项重要国家战略，无论是经济增长方式的转换和产业结构的调整，还是各项制度创新和管理体制的分权化，上海都走在了全国改革开放的最前沿。可以说，改革开放以来上海城市发展在中国的大城市中具有代表性。上海城市的发展从一开始就纳入到了全球化的新形势中，作为最早将世界城市作为发展目标和定位的中国大城市之一，全球化对上海的城市经济发展影响深远，外国直接投资和国际贸易的增长，以及跨国公司国际生产网络的扩张，有力地推动了上海城市转型。上海城市正参与和融入到全球生产系统中，分工地位不断提高，逐步成为全球生产网络中的重要节点，相应地在世界城市网络中的地位进一步上升。在上述背景下，上海的城市功能正从单一的工业生产功能转化为多功能（经济、金融、贸易、航运）中心，城市经济和产业也开始由工业型向服务型转变，制造加工等传统工业逐渐被金融、信息等新兴产业所取代。此外，生产性服务业正加快从制造业中快速分离出来，并与制造业呈现融合发展趋势。

上海经济正处在新一轮的转型时期[1]，城市产业转型和功能重组将会成为上海城市空间发展的主导影响因素。同时，上海已经进入“十二五”的关键转型期，未来上海经济社会发展的总体态势，城市空间结构演变的趋势和城市建设的重点方向都将会强烈影响上海城市产业空间的发展和变化，尤其体现在作为产业空间主体

[1] 上海大规模的经济转型有两次，第一次转型目标是为了产业升级；而这次新一轮的转型，则是转向第三产业为主导的经济结构。

部分的工业集聚区的空间发展过程中。而且，随着上海城市经济的高速增长，城市建设呈现出全市域范围的开发热潮，使上海的城市不再仅仅被理解为集中于中心地区的“城市建成区”，而是逐步向由中心城区和郊区组成的全市域的整体空间形态演化。虽然转型期上海市域的整体空间范围没有变化，但市域范围内不同空间地域的范围在变化，这使得工业集聚区在上海市域范围内不同空间地域上也相应发生着空间演化。同时，为了适应上海城市转型的需求，需要对上海的产业空间布局进行新的调整，中心城区需要腾出更多的空间发展服务功能，这使得曾经占据中心城区的旧工业区面临着产业功能的调整与空间结构的更新，而郊区的工业集聚区内部也面临着产业功能的提升与空间结构的优化。因此，正确认识转型期上海城市转型的特殊背景和现实问题，可以有效地实现工业集聚区的空间优化整合，进而促进城市产业空间的有序发展，这对上海城市的可持续发展显得尤为重要。

1.1.2 目的和意义

城市的经济和产业活动必然会落实到具体空间上，城市产业转型与空间变化存在着紧密关系。近年来，我国大城市，如上海、北京和广州等城市的产业结构正在优化升级，产业融合趋势也逐渐显现，生产性服务业的重要性日益突显。相应地，这些大城市空间也处于剧烈的变动之中。那么，在经济全球化的条件与背景下，我国大城市的产业发展和产业转型过程，是否与西方发达国家全球城市产业发展的变化相同？同样，我国大城市产业转型是否产生了与西方发达国家全球城市相同的空间表现？如果两者是不同的，那么，我国大城市在走向全球化过程中，城市产业转型会有哪些具体特征与表现，城市空间在城市产业转型条件之下出现了哪些变化？

因此，本书的目的正是希望能够借助工业集聚区这一特殊对象，对其空间发展过程进行全面和深入地分析，探讨全球化背景下我国大城市在向全球城市方向迈进时，由于城市产业发展的变化而产生的城市空间发展效应。参照与借鉴西方发达国家全球城市产业转型与空间发展的互动过程，以我国大城市原有的经济社会发展为前提条件，通过具体分析城市产业转型及其空间效应，来找到城市产业转型作用于城市空间的方式与机制。

转型期中国的城市空间发展没有被约束在“经典规划理论”的技术框架之内，而是受到了中国特殊政治、经济、社会的强烈影响，并表现出复杂的特征。西方已经成熟的城市空间发展理论中没有也不可能包括有着自身特色的中国实践。城市空间发展研究具有时代性，转型期上海城市产业空间发展有着不同于以往的时代背景和动力，归纳工业集聚区的空间发展新特征，揭示相应规律和解析内在机制，对城市空间发展理论是有益的补充和完善。

上海在中国的大城市中具有很强的代表性，1990 年代以来的上海城市发展受全球化和市场化的双重影响最为显著，这使得上海的城市空间呈现更为明显的发展和变化过程。因此，分析转型期上海工业集聚区的空间发展特征和规律并进行机制解析，可以为研究上海城市空间的发展趋势和制定相应的空间发展政策提供理论和实践上的指导，而且也为研究中国其他大城市的空间发展提供了理论依据和可操作的模式，从而具有重要的借鉴意义。

对于现实中存在的现象进行研究得出来的成果，具有较强的针对性，能够很好的指导具体的城市规划实践工作。关于转型期上海工业集聚区的空间发展特征、规律和机制的研究，可以为上海城市的工业发展、空间布局安排及调整提供必要的决策参考依据。通过对工业集聚区的空间演化研究，来指导上海市域范围内工业的空间优化布局。通过对工业集聚区的内部空间变化研究，来指导工业集聚区的转型，特别是可以用来指导上海开发区发展生产性服务业的规划实践。

1.2 研究的概念界定

1.2.1 转型概念的确立

1. 转型期

对于转型的理解，不同学科有各不相同的认识和定义（表1-1）。目前比较有包容性的是1996年世界银行发展报告[1]中关于转型长期目标的界定："建立一直能够使生活水平长期得到提高的繁荣的市场经济"，并指出这是一种"深入到规范行为和指导管理的体制转型，既是社会转型，也是经济转型"。中国学者（张京祥等，2006）则根据中国的具体国情，将中国当前发生的经济社会转型总体上分为体制转型（Institution Transformation）和结构转型（Structural Transformation）两个方面[2]。中国的转型是在特定的国家历史环境中谨慎、持续的渐变，因为其明显有别于东欧剧烈且并不成功的社会激变，因而被世界学术界称为"中国范式的转型（Fulong Wu，2003）"。但是即使是中国式的"渐变"转型，由于时间与制度的累积效应，对比于改革开放初期中国的政治、经济、社会等方面，也已经发生了深刻的变迁。

正确认识中国当前社会经济发展所处历史阶段的特殊性，是进行科学研究城市发展问题的基础和关键。随着中国经济体制从计划经济向社会主义市场经济转轨，整个社会进入全面改革和转

[1] 参见：蔡秋生译.1996年世界发展报告：从计划到市场.北京：中国财政经济出版社，1996：1。

[2] 体制转型是指从高度集中的计划再分配经济体制向市场经济体制转型，结构转型是指从农业的、乡村的、封闭的传统社会向工业的、城镇的、开放的现代社会转型。

不同学科角度对转型的定义 表1-1

	学科角度	定义	对中国转型的认识
社会转型	社会学	社会从一种类型向另一种类型转变的过渡过程	从中国的传统型社会形态向现代型社会形态的转变过程，是从农业、或半工业化的社会向现代工业社会、现代信息社会转变的过程，或从封闭或半封闭社会向开放的现代文明社会转变的过程
经济转型	经济学	一个国家的工业化和经济发展从外延型增长阶段向内涵型增长阶段的转型	目前中国的经济增长是带着外延型增长阶段的人口结构，开始向内涵型增长阶段过渡的
制度转型	制度经济学	制度转型意味着“从一种国家或政体被转变为另一种国家或政体。”“指这样一种制度变革，即从以生产资源集体所有制和党政机关控制生产资源的运用为主转变为以私人所有制以及按个人和私人团体的分散决策运用生产资源为主”	“社会主义计划经济体制向社会主义市场经济体制转变的过程”

型时期，可以说，转型期是城市一切社会问题出现的原因和研究背景。与世界上诸多国家（包括发达国家、发展中国家）相比，中国经济转型的总体背景更为复杂、历史任务更为艰巨，多重转换在同一时间和同一空间内并存，逐渐产生出一系列其他国家所难以理解的复杂问题和尖锐矛盾。也就是说，中国正同时处于转型的国际背景和转型的国内环境中。在国际，经济全球化带动了产业分工在全球范围的重组，信息化改变了传统的经济发展模式。经济全球化的背景下，以跨国公司为代表的国际资本、产业在全球范围流动，传统的产业地域分工被新劳动地域分工所代替，产业由水平分工模式转向垂直分工，因而城市发展的背景必须放眼到更大的范围。同时，信息化打破了传统地理学理论、规划理论关于城市发展的范式，已成为一些发达城市新的核心推动力。借

助信息化推动城市跳跃式的发展将成为每个城市关注的焦点因而要求城市规划要突破原有理论的范式；在国内，以经济体制转型为基础带动了社会其他方面的转型（贾国雄，2006），包括经济增长方式的转型、发展路径的转型、社会经济结构的转型、经济形态的转型等内容[1]。在这样一个特殊的经济转型背景下，中国转型期蕴藏着变革一切的力量，在达到新的均衡之前，变革不会停止，转型期的内涵还将不断变化发展。

转型期泛指一个国家正处于整个社会经济转型的时期，是一个时间范畴。中国的转型期始于1970年代末（改革开放以来），是一个不断变化的转型时期，在这样一个转型时期中还有不同内容的转型。本书则将转型期界定为：主要指中国改革开放以来，特别是1990年代以来，随着国际和国内背景条件的发展与改变，中国整个城市社会经济所经历的一个特定阶段[2]。上海城市的发展也处在这么一个特定阶段中，本书以转型期为研究背景，旨在从“变”中求规律、从“化”中求出路。转型期上海城市空间发展的影响要素会有很大地改变，既有全球经济社会演化、中国经济社会演化、长三角经济社会发展态势等外部影响要素的变化，又有上海的经济社会发展、城市功能调整、城市产业转型、城市更新改造等内部影响要素的变化。内外部影响要素的变化共同作用

[1] 经济体制转型指由计划经济体制转变为市场经济体制以及由此而引起的经济制度的变迁（由单一的公有制转为多元所有制并存的混合经济制度）。其他转型包括经济增长方式的转型，即由粗放的数量扩张型的增长方式逐步转变为集约的以效益为中心的符合经济持续发展的新型增长方式；发展路径的转型，即由封闭型发展模式转变为开放型发展模式；社会经济结构的转型，即由二元经济转变为现代一元经济；经济形态的转型，就是中国经济形态逐渐地由以“短缺”为特征的经济形态转向具有明显“过剩”特征的经济形态。

[2] 这个特定阶段主要是指城市的转型过程，主要包括城市功能转型、城市产业转型、社会发展转型、空间结构转型和政策体制转型等不同方面。

于上海的城市发展的整个过程，进而影响上海城市产业空间发生着快速的变化和重组。因此，正确把握上海城市产业空间发展的特征、规律和机制，是转型期上海城市空间发展研究的重点。

2. 城市产业转型

以全球化、市场化和地方化为主导力量的社会经济变迁，给转型期中国城市塑造了一个复杂的发展环境，同时面临着三个方面的挑战：一是信息时代“全球化”趋势的挑战，这是当前最鲜明的时代特征；二是转轨时期“市场化”走向的挑战，这是正在改革中的中国特色；三是城市发展“再建设”阶段的挑战，这是目前城市发展的阶段特点（侯百镇，2005）。中国的城市转型过程中体现出一些特征：中国城镇化进程是在工业化和市场化的共同推动下的加速发展；同时，全球化与信息化使城市改革开放进一步深化，城市产业从传统的资源型向现代的资本型转变，城市功能从单一生产功能向区域服务功能转变，城市行政从政府管制为主向市场服务为主转变等。在转型期，城市的一切问题都集中展现出来了，而这，正是城市研究的基本条件和基础语境。很多学者将城市发展进程及发展方向的重大变化、重大转折，以及城市发展道路和发展模式的重大变革，称为城市转型。概括来讲，全球化进程中的城市转型是指在全球化的背景下，伴随着政治、经济、社会的转型，城市的功能、城市的产业、城市行政、城市建设等方面进行全面调整与转型，以适应全球化时代城市经济持续发展的需要。可见，城市产业转型是在城市进行全面调整、转型过程中的一个很重要的方面。城市产业转型，以往都理解为资源型城市产业转型。依托资源开发而发展起来的城市，主导产业是依赖不可再生资源的采掘业，经过多年的高强度开发，资源储备逐渐枯竭，开采成本不断上升，竞争力严重削弱。主导产业的衰退不可避免地影响到这些城市的经济和社会发展，如何在资源逐步枯竭的情况下实现产业转型是资源型城市可持续发展的关键所在。曾有学者归纳过转型期中国城市可以借鉴的国外先进城市产业转型的三种主要模式：一是产业多元化模式，一般是由原来资源采掘加工或传统制造业等单一的产业格局，转变为制造业、高新技术产业、现代服务业、新兴产业等多元产业共同发展的产业格局。无论是传统工业城市，还是资源型城市，实施产业多元化模式是国外大城市产业转型中应用最广、最典型的转型模式。二是产业更新模式，即利用资源开发所积累的资金、技术和人才，或借助外部力量，建立起基本不依赖原有资源的全新产业集群，把原来从事资源开发的人员转移到新兴的产业上来。如用第三产业替代第二产业，用高新技术产业替代传统产业，用高附加值产业替代低附加值产业，用"多产业支撑"替代"一产独撑"等等。产业更新模式无疑是最彻底的产业转型模式，它摆脱了对原有资源的依赖。三是产业高端环节模式，即通过发展高新技术产业、现代服务业等高端产业以及产业的研发、营销等价值链高端环节，并将一些传统的低端产业或处于价值链低端的产业环节适时适度地转移到其他地区，实现城市产业转型和功能提升。

产业转型目前有两种解释，宏观上是指一个国家或地区在一定历史时期内，根据国际和国内经济、科技等发展现状和趋势，通过特定的产业、财政金融等政策措施，对其现存产业结构的各个方面进行直接或间接的调整。也就是一个国家或地区的国民经济主要构成中，产业结构、产业规模、产业组织、产业技术装备等发生显著变动的状态或过程。从这一角度说，产业转型是一个综合性的过程，包括了产业在结构、组织和技术等多方面的转型。另一种解释是指一个行业内，资源存量在产业间的再配置，也就是将资本、劳动力等生产要素从衰退产业向新兴产业转移的过程。本书则将城市产业转型界定为两大方面：一是城市的产业结构变化，三次产业结构逐步高级化的同时，第二、第三产业内部结构也发生了显著的转变；二是城市的产业融合趋势，生产性服务业从制造业中分离出来而得到快速发展，并与制造业呈现从互动到融合的发展趋势。

1.2.2 工业集聚区概念的确立

本书研究的对象为工业集聚区，其概念在大多数人的感知认识中似乎没有异疑，但因工业又有广义和狭义之分，界定工业集聚区仍然有必要。

广义的工业包括采矿业，制造业，电力、燃气及水的生产和供应业，狭义的工业仅指制造业，即便在广义的工业中，制造业依然是其核心部分。因此，本书所指的工业即是制造业。

随着科技进步和工业化深入发展，产业之间的关联性日益密切且呈错综复杂趋势。现代大城市的经济增长、基本功能的实现及其影响力、控制力的产生都需要借助于服务业。有人将这种促进城市第二、三产业融合发展趋势，并且与制造业关系密切的服务业称为生产性服务业[1]，亦将称为 2.5 产业，即介于制造业与服务业之间的产业。目前对生产性服务业的具体分类还没有统一的标准，基本涉及金融、贸易、研发、设计、中介、广告、物流等众多服务行业，其中又以研发、设计、物流等行业与制造业关系十分密切。本书对生产性服务业的界定是基于制造业与生产性服务业的关系提出的，生产性服务业主要为制造业服务，是将原本依托于生产过程的部分服务环节从制造业中分离培育，而形成的

[1] 国内学者段杰、阎小培（2003）提出，生产性服务业（也称生产者服务业）是为生产、商务活动和政府管理提供而非直接向消费性服务的个体使用者提供的服务，其发展与社会生产力的发展及科技进步密不可分，它不直接参与生产或者物质转化，但又是任何工业生产环节中不可缺少的活动。

研发设计、物流、融资、租赁、商务服务、技术支持等相关服务行业。

产业集聚发展已成为一个重要趋势。产业为什么要集聚发展？因为其最大的好处是获得规模效益，降低企业成本，提高企业创新能力。产业集聚能够有效地促进技术升级，进而带动产业升级，推动产业结构调整。因此，为了实现城市产业转型，转型期中国城市的工业正逐步从原来分散的布局形态向集聚的园区空间形态转变，相互关联的工业企业根据自身区位选择集聚在城市空间内部的特定区位上，形成产业组织地理实体，其是工业发展的新型空间载体。同时，研发、设计、物流等生产性服务业常与制造业在空间上集聚布局，其他生产性服务业也有可能参与工业区的集聚布局，并形成由制造业与相关行业组成的工业综合体。

因此，本书研究的工业集聚区是指以制造业及其相关的生产性服务业为主体的工业综合体，在空间上连续分布或虽不完全连续，但布局紧凑的地域空间。

具体到上海的工业集聚区，随着现阶段上海城市产业转型的趋势，制造业正向全市域的38个工业开发区[1]集中，同时某些基础条件好的工业开发区在制造业快速发展的同时，都出现了向生产性服务业转变、提升的趋势。从制造业中分离出来的生产性服务业在空间上开始集聚，逐渐形成了28个生产性服务业功能区，其主要是为工业开发区的制造业升级进行配套服务，又促进工业开发区的制造业中加快分离出生产性服务业。生产性服务业功能区多以工业开发区为空间载体或依托，往往在工业开发区内部或周边集聚，其不同于城市中心区主要满足金融和商业流通的需要

[1] 这些38个工业开发区是41个国家公告开发区的一部分，根据工业开发区内产业发展重点的不同，具体可分为经济技术开发区、高新技术产业开发区、出口加工区、工业园区等类型。

而形成的高级生产性服务业集聚区，如外滩及陆家嘴金融贸易区等。由此，本书中上海工业集聚区是指上海市域范围内已有的38个工业开发区和新形成的28个生产性服务业功能区。

1.3 研究方法与内容

1.3.1 研究的技术方法

1. 方法论

做科学研究更多在于如何认识城市和社会，用哲学的话语讲就是认识世界，并不干预所研究的对象。一般意义上，做科学研究的方法是指关于解决问题的手段、途径或方式等，而方法论是关于认识世界、改造世界的根本方法的学说，也指在某一门具体学科中所采用的研究方式、方法的综合。因此，方法论是具体方法的指导，方法是方法论的实现。方法论在不同层次上有哲学方法论、一般科学方法论、具体科学方法论之分[1]。三者之间是对立统一关系，而哲学方法论在一定意义上说带有决定性作用，它是各门科学方法论的概括和总结，是最一般的方法论。不同的学科具有不同的方法论，而不同的方法论指导下，就会有不同的具体分析方法。长期以来，在城市空间发展研究领域一直没有系统的方法论支撑，经验观察与描述是最主要的方法。因此，哲学方法论应该作为学科研究的最主要方法论基础，其包括经验主义、实证主义、人本主义和结构主义，这些不同哲学方法论对城市空间发展研究都有一定借鉴作用。

---

[1] 关于认识世界、改造世界、探索实现主观世界与客观世界相一致的最一般的方法理论是哲学方法论；研究各门具体学科，带有一定普遍意义，适用于许多有关领域的方法理论是一般科学方法论；研究某一具体学科，涉及某一具体领域的方法理论是具体科学方法论。

如果从学科归属角度看，研究城市空间发展的地理学、经济学、社会学、城市规划学等都属于社会科学研究范畴，应该遵循社会科学的方法论，工业集聚区的空间发展研究也是如此。当然，方法论还与特定的研究背景和具体研究对象的性质联系在一起。

中国的转型过程与世界上诸多国家（包括发达国家、发展中国家）明显不同，这给了研究者在理论框架和方法论上对转型研究进行新探索的可能性。中国转型过程的独特之处决定了对中国转型进行研究的重要方法论基础之一，就是对转型实践过程的重视，其强调的是作为实践状态现象的转型过程的四个环节，即过程、逻辑、机制和技术。转型实践的过程是进入实践状态社会现象的入手点，是接近实践状态社会现象的一种途径；转型实践的逻辑就是指在面对实践状态的社会现象的时候，要发现实践中的逻辑，然后通过对这种实践逻辑的解读，来对所要研究的问题进行解释；转型实践的机制是逻辑发挥作用的方式，其涉及从经济、社会、制度、结构到行为以及文化的各个方面，是各种力量的交织及其变动；转型的实践是在转型实践中所使用的技术和策略（孙立平，2002）。

而作为地理学、经济学、社会学、城市规划学等学科研究的工业集聚区，是一种经济空间为主要特色的社会空间类型，主要探究其空间的形成、发展与演变趋势，以及相对应的空间形式与结构。研究者可以观察到的现象空间是历史演变发展的结果，而不是历史演变本身。要了解形成该空间结果的具体过程与动力机制，必须通过对大量历史实证资料的分析，还原其发展的真实过程。因此，从实证的角度进行事物的特征分析是本研究的主要方法论基础，中立地分析客观表象、发掘特征规律是本次实证研究的关键点。

2. 本书研究的技术方法

在哲学方法论的指导下，本书研究方法也是综合性的，可以从地理学、经济学、社会学、城市规划学等学科中引用到各种与空间发展相关的研究方法。作为一个完整的研究过程，主要包括对其他研究成果的分析、对研究对象事实的调查、对调查资料的分析三个环节。从技术方法的层面讲，不同环节有不同的方法：

了解现有理论及观点的文献检索与综述方法：包括对国内外期刊、著作、学位论文、研究课题的检索，通过互联网等多种文献搜集方法，检索最新的有关城市的产业转型及其空间表现的文献资料，了解国外最新的研究进展和动态，然后采取分类汇总、归纳总结的方法，对文献资料进行整理。同时明确本研究的学术定位，以及理论出发点。主要是在同济大学图书馆数据库进行检索，对相关的出版物、学位论文等进行了阅读，形成了本书基本的理论基础。

对研究对象事实的调查方法：包括对统计年鉴的调查、对各种规划文本的调查、对各种相关事件的调查、对相关当事部门的采访等。通过这些工作，建立本研究的事实出发点。通过中华人民共和国国家统计局、上海市统计局、上海市开发区协会、上海市经济和信息化委员会、上海地方志办公室等统计机构的官方网站，搜集了大量的工业集聚区统计数据和资料。先后到上海市规划和国土资源管理局、上海市城市规划设计研究院、上海同济城市规划设计研究院以及上海闸北区规划和土地管理局等各规划部门进行调研，收集到了比较完整的工业集聚区规划文字和图件资料。同时走访了相关的管理部门和管理者，实地踏勘了两个典型的工业集聚区，并采取与管理人员、专家、企业负责人座谈等方式对工业集聚区内部发展事实进行详细调查。从而结合以前积累的上海城市规划的相关资料，形成了比较齐全的数据统计资料、规划文字和图件资料与实地踏勘资料。

对理论和事实的分析方法：一是理论和实践相结合，相关的全球城市及其服务经济、城市产业转型、城市产业空间重组等理论构成了本研究的理论基础，通过理论研究和其他经验的总结，找出工业经济向服务经济转型背景下城市产业发展的变化及其空间表现的内在规律，并以上海工业集聚区的空间发展实践为描述对象，再进一步以相关理论为解析工具，揭示一般规律在特定时空范畴中的因果作用机制。二是定量和定性相结合，城市空间的发展和变化属于复杂性科学范畴，因此在分析工具方面采用定量和定性相结合的研究方法。尽管本研究在各个部分都会采用定量的数据分析方法，但定量分析的目的是为了检验定性分析提出的因果关系，而不是显示定量分析本身的研究价值，也不是为了简单地扩展研究内容，因为工业集聚区的空间发展有其自身的复杂性，采用多种分析工具组合的方法有助于研究者和阅读者立体地认识工业集聚区的空间发展复杂现象。三是宏观和微观相结合，主要应用于动力机制解析层面，从全球、国家和城市等不同层面来分析各种因素对于城市产业发展的变化及其空间表现的影响，进而探寻工业集聚区的空间发展的内在机制。四是静态与动态相结合，利用大量统计数据和资料，静态分析工业集聚区的空间现象及片段特征，动态分析工业集聚区的空间动态发展过程和趋势特征。

1.3.2 本书的主要内容

本书针对转型期中国城市产业转型及其空间效应的特殊性，首先在借鉴新经济地理学、城市经济学、城市地理学领域研究成果的基础上，构建了本研究基本的理论分析框架。然后从较为宏观的层面来考察上海城市产业转型及其空间效应，对其转型实践现象进行全面和深入的分析论证，尝试对现实存在的问题进行客观、辩证的评价。在此基础上，结合丰富的实证案例探讨城市产业转型具体在工业集聚区的空间发展过程中的效应，并进一步结合实证案例解析了工业集聚区的空间发展的内在机制。各章节主要内容及组织安排（图 1-1）如下。

第 1 章为导论，主要回答为何要研究转型期上海工业集聚区的空间发展这样一个题目。从全球化进程中的城市转型、城市转型带来的城市空间变化、上海城市转型和产业空间变化这三个问题的思考出发，提出了本研究的目的和意义，分别界定了转型概念和工业集聚区概念，最后提出了研究的技术方法和主要内容。

第 2 章为空间发展研究的理论框架，首先对全球化条件下城市产业转型的空间效应、工业集聚区的空间发展这两个方面的文献进行了综述，提出其研究的不足之处。然后从全球城市与服务经济、城市产业转型趋势、城市产业空间重组三个方面对现有的理论进行了梳理，从而提出“以服务经济视角，以工业集聚区为对象分析‘产业转型—空间效应’之关联”的研究思路，为本研究构建了系统的理论分析框架。

第 3 章为转型期上海城市产业转型及其空间效应，首先从全球经济重组趋势、中国大城市经济发展态势、长三角地区产业发展格局和上海城市经济社会演化过程这四个方面来分析时代背景的变迁趋势。然后从城市的产业结构变化和产业融合趋势这两个方面来阐述上海城市产业转型的具体过程。最后从上海工业集聚区的空间发展轨迹和发展概况来讨论上海城市产业转型的空间效应。

第 4 章为转型期上海工业集聚区的空间演化，首先来分析工业集聚区在上海市域范围内不同空间地域上的空间静态现象，然后来分析工业集聚区在上海市域范围内不同空间地域上的动态演化过程，最后来归纳转型期上海工业集聚区的空间演化特征，并

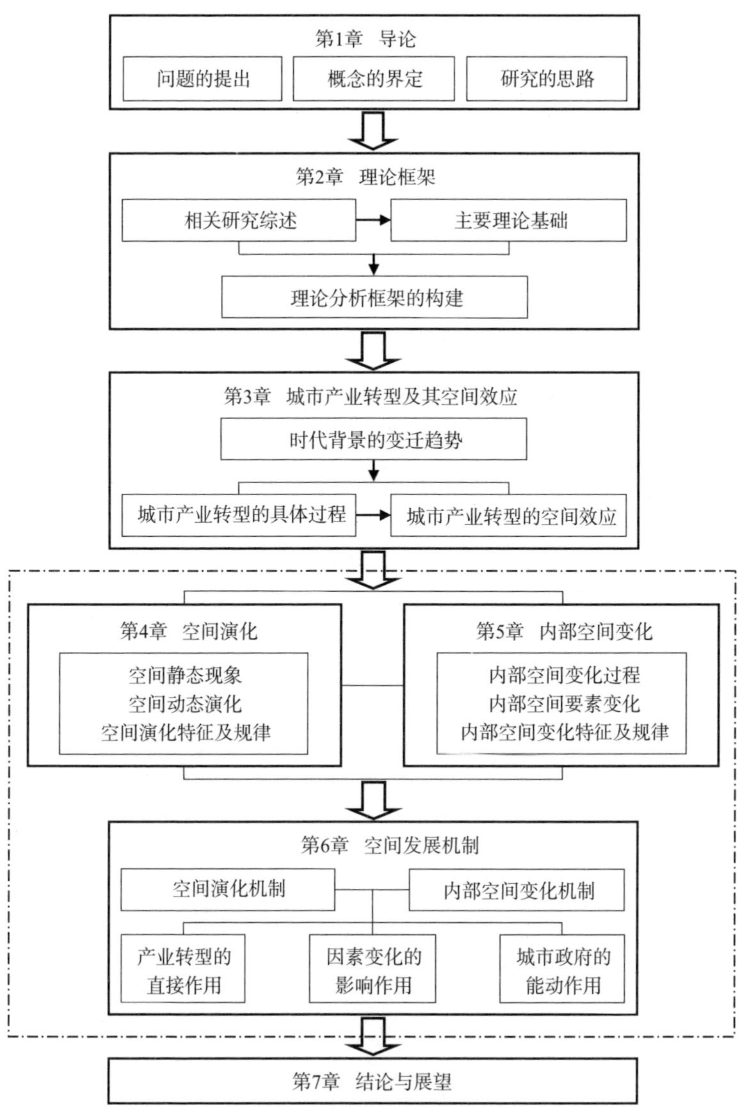

图 1-1　本书的内容组织图

初步提炼出空间演化的规律性内容。

第 5 章为转型期上海工业集聚区的内部空间变化，首先结合三个工业集聚区的具体案例来分析工业集聚区的不同内部空间变化过程，然后来分析工业集聚区内部空间要素发生了哪些变化，最后来归纳转型期上海工业集聚区的内部空间变化特征，并初步提炼出内部空间变化的规律性内容。

第 6 章为转型期上海工业集聚区的空间发展机制，在前面空间现象和特征研究的基础上，更深入地进行工业集聚区的内在机制研究。根据构建的理论分析框架，从产业转型的直接作用、因素变化的影响作用、城市政府的能动作用这三个方面进行转型期上海工业集聚区的空间发展的内在机制解析。

第 7 章为结论与展望，主要是对所研究的问题加以总结和讨论。归纳出本研究的主要成果和创新点，对未来上海工业集聚区的空间发展进行了展望，并提出在今后研究中可以进一步探讨的问题。

第 2 章　空间发展研究的理论框架

空间发展研究拥有一个跨越领域极为广泛的理论体系。长期以来，对空间发展本身意义的探寻和对空间发展演化过程的理论探索，各个时期和各个学科都有不尽相同的理解。作为开展进一步研究的理论基础，本章主要从城市产业转型及其空间效应的角度，通过对全球化条件下城市产业转型的空间效应研究、工业集聚区的空间发展研究来回顾相关研究进展的主要成果，从中探寻全球化背景下城市产业发展的变化及其空间表现相关研究的发展脉络与趋势。从全球城市与服务经济、城市产业转型趋势、城市产业空间重组三个角度对现有的理论进行了梳理，形成了本书的主要理论基础，并以此构建了空间发展研究的理论分析框架。

2.1　相关研究综述

理论研究是因为解释现实的需要而产生的。在西方发达国家，伴随着 1970 年代经济管制放松与解除、信息技术发展和新自由主义思想传播，新的国际劳动生产分工在此发生与发展。对于全球化条件下城市产业转型的空间效应的研究从这个时候就开始了。同时，随着科技进步和经济发展，越来越多的事实表明，工业经济活动的空间分布有集聚或集群（Clusters）趋势，关于城市的产业空间集聚和工业集聚区的研究在全球化条件下城市产业转型的空间效应研究中逐渐占据主体地位。随着转型期中国的快速发展，城市工业集聚区逐渐成为带动城市经济发展的重要空间载体和城市产业转型在城市空间上反映的集中地，由此转型期中国城市工业集聚区的空间发展也成为国内外学者关注的焦点。

2.1.1 全球化条件下城市产业转型的空间效应研究

1. 国外研究进展

全球化是从西方发达国家发端的，资本、信息、技术与物质要素在发达国家之间的流动性与流动量要比发达国家与发展中国家或发展中国家之间要多要大。西方发达国家的城市国际化程度较高，在城市产业发展、产业结构升级与城市空间变化的研究上走在发展中国家前面，研究的注意力较多地集中到全球城市上。在以城市空间为主要研究对象的学科和研究领域中，对于全球化条件下城市产业转型的空间效应都给予了一定程度的关注。

目前关于城市产业转型的空间效应研究，应用较多的是新古典主义城市经济学的思想。新古典主义城市经济学受德国古典经济区位论的启发，吸收了杜能（Von Thunen）的农业区位论思想，沿袭1960年代阿朗索（W. Alonso）竞标租金（Bid-rent）模型的分析方法，从微观经济学角度入手，以地租、利润、成本和收入作为主要解释变量，研究企业、居民和公共设施的位置分配。但新古典城市经济学往往采用过于理想与抽象的分析方法，其解释城市空间复杂变化的能力不足。行为主义学派对此进行了修正，在新古典主义学派的规范分析基础上加进实证分析，引入可达性（Accessibility）、技术和知识等变量，利用计量经济分析方法，分析产业分布的空间模式。布劳彻尔（J Botchie）、纽顿（P. Newton）、霍尔（P. Hall）和尼基坎布（P. Nijikamp）在1985年提出技术与城市结构模型，认为在全球化时期，技术对城市经济产生的作用越来越大，低技术含量的生产部门不断萎缩，由此将影响企业区位的选择，并最终影响城市空间结构（陈建华，2006）。但是，激进的政治经济学学派指出，上述两个学派对城市产业转型的空间效应的研究停留在现象的描述与总结上，只是抽象地研究形成城市产业空间分布现状的内在机制。因此，激进的政治经济学学派认为，隐藏在城市空间分布背后生产方式与社会权力结构是其真正的主导因素。在新的国际劳动分工中，发达国家掌握着管理控制与研究开发的生产核心环节，其余的生产环节转移到发展中国家。在产业空心化的作用下，发达国家产业工人的失业率上升，它使得资本在劳资关系中重新占据了主导地位。这种情况在城市的空间表现之一是，作为资本拥有者的大公司游说政府投资高速公路与住房，从而促进了城市郊区化进程，加速了城市中心区的衰退。

激进的政治经济学派对城市产业转型与空间变化的关系分析是多角度的，包括从全球经济体系、政治与阶级斗争、社会、技术、历史与文化等视角。有一部分学者从全球化观点出发，认为在全球化时代城市已经不是地方性的，他们侧重于从世界经济体系和世界城市系统解释城市产业转型的空间效应。这种观点渊源于彼得·霍尔关于世界城市思想，约翰·弗里德曼和高兹·威尔弗那里得到发展。丝奇雅·沙森是这种观点流派代表性人物，她从全球经济生产体系的变化入手，侧重于从生产的集中与分散需要，从服务业角度解释跨国公司和全球城市的形成，说明其产业转型与空间重组。

在城市产业转型的空间效应研究方面颇有建树的学派有城市社会学芝加哥学派。芝加哥学派将城市当作生态社区，强调经济自由竞争对城市空间的作用，认为重要的政治与经济机构控制着市中心的土地，占据城市空间位置的是社会的强势集团，如政府与高收入群体。芝加哥学派非常注重城市空间重构而导致的功能变化，其早期 Burgess（1923）的同心圆理论、Hoyt（1939）的扇形理论、Harris 与 Ullman（1945）的多核心理论，至今仍是研究城市空间问题的基本分析工具。

以福基塔（M. Fujita）和克鲁格曼（P. Krugman）为代表的新经济地理学对上述问题也有过研究。新经济地理学以收益递增作为理论基础，并通过区位聚集中“路径依赖”现象，来研究经济活动的空间集聚。新经济地理学认为，收益递增产生经济上相互联系的产业或经济活动，由于在空间上的相互接近性会产生经济生产与运输成本的节约，产业规模扩大也就带来无形资产的规模经济等。新经济地理学试图将空间问题带入经济理论的核心，并把区位理论与国际贸易理论相结合，使得区域经济学与国际经济学之间的界限变得模糊。这些研究涉及城市产业转型的空间效应的领域。

西方国家的研究注意力集中在全球城市现状上而对其形成过程注意力相对不足，对于全球城市产业的空间分布描述及其内在机制的探讨较多，而对它们动态的演化过程研究较少。同时，西方在进行这个方面的研究时，显现出明显的西方中心主义色彩。例如，丝奇雅·沙森对产业结构变化的空间结果的论述是从全球城市、生产者服务业和跨国公司出发的。这三个条件在发展中国家国际化城市的发展是不充分的。

2. 国内研究进展

中国对城市产业转型的空间效应研究开始于 1980 年代，持续快速的经济增长、城市化速度加快和城市功能提升使得城市政治经济活动的空间分布日益受到重视。对于城市产业转型的空间效应这方面的研究散见于城市（空间）经济学、城市地理学和城市规划的研究中。

在城市经济学界的学者中，江曼琦（2001）认为，城市经济活动最终要落实到空间上，城市转型过程中产业结构高级化发展必然影响到城市空间布局。随着信息、交通等现代技术发展，城市内部各种经济活动的共生性加强，城市空间趋于在整体区域上分散化。另一方面，由于城市外部效应与规模经济作用的存在，在市场机制的作用下，创新性的经济活动会在基础设施较为完善的区域集中，从而产生了城市产业结构高级化情景下大分散、小集中的空间布局。郭鸿懋（2002）重点研究城市内部空间结构形成的机理，运用抽象分析方法对于城市各种物质要素在空间范围内的分布特征和组合关系进行了分析。他指出，市场原则决定了城市土地利用的空间结构，高利润率的产业占据城市中心位置。洪银兴（2003）认为,在城市产业结构的调整中,制造业份额降低、服务业份额提高以及服务业的结构优化与升级都会在城市空间位置上产生相应的变化。制造业退出城区，服务业和制造业研发中心进入城市中心，城市中心聚集了更有能力偿付较高租金的要素和产业。周振华（2004）认为，如果一个城市要融入世界城市网络，其必须要在时空上进行拓展，与世界其他城市建立联系及流动，这反映了顺应全球化与信息化要求的新型世界城市的发展模式。信息产业的发展、吸收与培养国际高级劳动力、构建国际金融体系的空间组织、发展与此相配套的现代服务业，是通向世界城市之路。

在城市地理学界的学者中，顾朝林（1995；2000）对城市形成与发展的动力因素进行了分析，他通过国内外大城市边缘区的对比研究，指出中国城市在功能升级与空间扩展上拥有与西方国家不同的特点：中国城市郊区化的特点是工业先行、中心繁荣与郊区化并存、郊区距中心城区不远和社会阶层的地域分异不明显。阎小培（1994；1997；1998；2001）用实证方法详细地研究了信息产业对广州城市空间结构的影响，得出了广州第三产业的空间分布特征、信息服务业增长的空间特点以及办公活动的时空差异。她着重研究了自 1980 年代以来知识经济与信息革命的作用，认为技术发展导致产业结构变化，产业结构变化引起城市经济增长，是导致城市职能重新分化与城市物质形态变化的重要原因。当城市经济活动增多增强时，城市将通过扩大空间与容量来接纳新的经济活动内容。伴随着城市空间扩展，城市将按经济效率原则进行空间重新组合与功能配置，具体表现为城市中心区的地租上升，工业向城市外围迁移（阎小培，1999）。年福华和姚士谋（2002）认为，伴随着城市信息化发展，城市产业结构表现出一种软化的趋势，产业结构开始由传统物质生产为主的经济模式向新兴信息产业为主的经济模式转变。正是信息技术的作用，全球城市才会出现，城市之间联系加强，城市之间竞争加剧。信息技术使城市空间发展上同时向分散方向与聚集方向发展。在我国，分散作用占据着主导地位,城市空间发展以向外围拓展为主。此外,柴彦威、宁越敏、周一星、许学强和王缉慈等专家学者的研究中也涉及城市产业转型的空间效应方面。

在城市规划界的学者中,黄亚平（2002）认为,社会经济发展,尤其是整个社会的经济发展水平及产业结构变化，在很大程度上决定了城市发展所处的阶段性，也产生了不同的城市空间特征。城市空间网络化以及城市空间结构的整合与重组是知识产业和高技术产业发展带动的结果，随着城市功能的拓展，城市作用空间出现区域化与整体化特征，城市空间向分散化与聚集两个方向同时发展，城市功能边界模糊化，城市功能实现方式虚拟化。王兴平（2003）认为，随着经济全球化和城市时代的到来，城市功能进入重构时期，城市涌现了众多新的产业，从而提出了城市空间重组的要求。在城市新的产业空间扩张的过程中，近郊型的新产业空间是我国城市开发区的主要类型；新产业出现以及城市功能转型的基本趋势导致了生产空间组织和区位选择要素的变化，从而出现了城市空间分化，反之，城市空间分化也是城市新产业空间产生的直接动力。陶松龄（2004）认为，城市的产业结构对城市空间发展起着关键性的作用，知识经济主导下的城市空间结构不同于过去的城市空间结构，传统城市的功能分区思想在城市新的产业结构条件下可能已经不再适用。他的博士生陈蔚镇（2002）认为，上海市空间形态演化的背后原因有自组织机制、市场化机制和创新机制。城市市场化水平提高与创新能力加强推动着城市产业高级化，也推动着城市空间形态不断变化。郑国等（2005）提出城市经济和产业的发展是城市空间结构发展的第一动力，转型期中国城市空间的重构首先表现在产业空间重构上，其又具体体现为制造业的空间扩散与郊区化。

我国学术界对全球化背景下城市产业转型的空间效应研究尚未组织化和规范化，研究与分析的深度有待进一步深入。在这方面的研究比较零星地散见于城市空间经济学、城市规划和城市地理学之中，尚未形成一个较为统一的或代表性的基本观点与看法。由于受到学科特点的限制，城市规划和城市地理学在进行这个方面的研究时偏重于实体物质空间的探讨，他们注意到产业结构对城市空间的影响力，但对于产业结构与空间两者互动机制上的研究显得不足。城市空间经济学由于发展相对滞后，在概念与理论体系上亟待完善，它在解释城市产业转型与空间效应两者的关系上尚待发展。在研究方法上，研究比较多地沿用定性方法，在实证研究上的深度与广度需要进一步深入和扩大，在借用西方相关研究方法显得不够成熟。分析所用的概念与范畴较多地借用西方分析方法，研究思路与西方研究有些雷同。例如，在研究全球城市的发展动力时，过分强调跨国公司总部和生产者服务业的地位与作用。

2.1.2 工业集聚区的空间发展研究进展

1. 国外研究进展

国外的相关研究主要包括：工业空间布局及空间发展模式研究，工业集聚区的空间演化特征及原因研究，新工业集聚区的研究和工业集聚区的转型研究。

（1）工业空间布局及空间发展模式研究

一是关于工业空间布局研究最早可追溯至法国工程师戛涅（Tony Garnier，1901）提出的“工业城”模型（图 2-1），这个模型建立在未来城市必须以工业为基础的信念上，其规定了一般工业城建设的原则和布局方式（赵和生，1999）。后续研究大多立足于城市整体的角度，将工业集聚区作为城市内部空间的重要组成单元。具有代表性的研究有美国土地经济学家霍依特（H·Hoyt，1939）提出的扇形理论模式（Sector Theory）。该理论认为，轻工业在空间上主要沿交通线从市中心向外呈楔状延伸。美国地理学者哈里斯和乌尔曼（C·D·Harris and E.L.Ullman，1945）提出的多核心理论（Multiple-nuclei Theory）则认为，城市是由若干不连续的地域所组成，这些地域分别围绕不同的核心而形成和发展。其中，工业区由重工业区和轻工业区构成，轻工业和批发区虽靠近市中心，但又位于对外交通联系方便的地方；重工业区则布置在城市的郊区。杰斯（Yeates，1990）的研究将城市地域中的工业布局结构类型划分为市中心

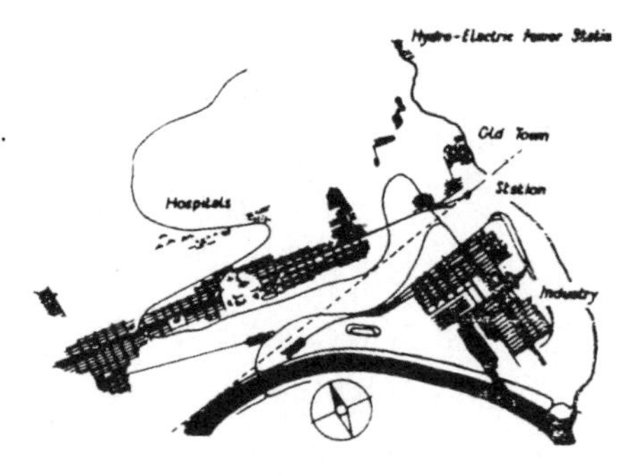

图 2-1 戛涅的“工业城”模型
资料来源：赵和生，1999

集中型、离心集中型、周围集中型和散布型（图 2-2）。

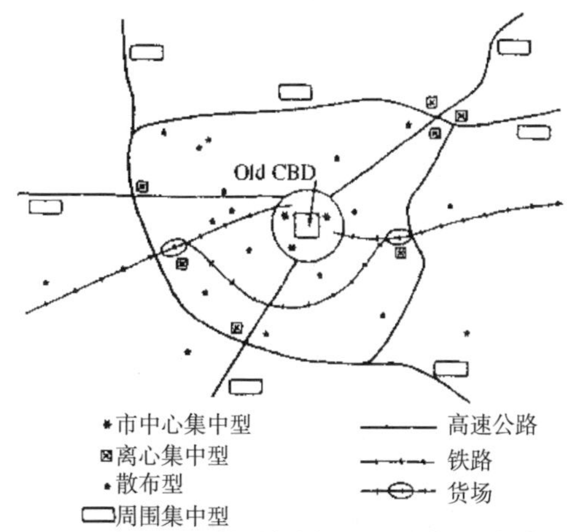

图 2-2　Yeates 所划分的城市工业地域布局结构类型

资料来源：柴彦威，2000

二是法国经济学家普劳克斯（F Peorux）提出了增长极（Gorwth Pole）理论，他比较强调创新能力和推动型企业（产业），认为“增长以不同的强度首先出现在一些增长点或者增长极上，然后通过不同渠道向外扩散，并对整个经济产生不同影响”。在此基础上，衍生出了据点开发理论，其强调集中开发、集中投资、重点建设、集聚发展、政府干预和注重扩散等。后来，又形成了“点-轴渐进扩散理论”，其核心是社会经济客体大都在点上集聚，通过线状基础设施而形成一个有机的空间结构体系。同时，在工业布局实践经验的基础上，以经济地理学家巴朗斯基、经济学家科洛索夫斯基以及普洛勃斯特为代表的苏联学者提出和发展了“生产地域综合体”模型。其根据地区的自然、经济、技术条件以及运输状况和经济地理位置恰当地、有计划地选择企业，从而达到一定的经济效果，在空间上则表现为由主体、配套生产企业、基础设施三个主要部分构成的圈层结构模式。综合体内的各企业是根据统一规划确定的，因此是计划指导下的产物，而不是区位竞争的产物。此外，关于工业集聚区的空间模式发展研究还可见于弗里德曼（John Friedmann）的“核心-边缘理论”，缪达尔（G Myrdal）和赫希曼（Hirschman）的“核心-边缘开发模式”，以及

“圈层结构理论”、“梯度开发模式”和“跳跃式开发模式”，等。

（2）工业集聚区的空间演化特征及原因研究

一是关于工业集聚区的空间演化特征研究。工业区位具有动态变化的特征，随着工业外部环境和内部机制的变化，工业集聚区的空间结构就会发生演化。胡佛（Hover，1948）和克鲁格曼（Krugman，1995）都提出工业布局具有明显的阶段性，随着社会经济发展，工业集聚区的空间区位会发生移动。此外，一些学者从实践角度分析了工业集聚区的空间演化特征。斯塔克（Struyk，1975）研究了美国克利夫兰、明尼阿波利斯－圣保罗、波士顿和菲尼克斯四大都市区 1960 年代制造业活动的区位及其变化特征；科比（Keeble，1976）发现如果不考虑地方的城市内部之间的移动，战后英国工业的迁移主要表现为大企业长距离向边缘区运动和小企业短距离向周围的移动特征；乔恩斯（Jolnse，1973）和摩斯（Moses，1967）等认为大城市工业迁移的方向以城市边缘区为主，大多数企业选择的新区位都在距离其源地比较近的地方；岩城完之（1986）探讨了东京都和大阪市工业分散的地域差异和大城市工业分散的动向；邢基柱（Hynog Kie-Joo，1986）研究了汉城中心城区工业空间演变的特点、过程与规律（盛鸣，2005）。

二是工业集聚区的空间演化影响因素的理论研究，多见于工业区位论中，并可以根据起主导作用的影响因素划分为以韦伯为代表的成本学派，以廖什为代表的市场学派以及成本-市场学派和其他学派。其中以德国经济学家韦伯（Weber，1909）的“工业区位论”和廖什（August Löcsh，1940）的“市场区位论”最为经典。无论是韦伯的运输成本为主的观点，还是廖什的利润和产品销售范围新见解，都是运用微观经济学的分析方法。微观经济学的工业区位分析方法的基本特征，就是分析个别生产要素的供给价格和需求价格之间的均衡关系，分析个别生产要素价格变动及其对工业区位移动趋势的影响。与从微观经济视角不同，从宏观经济角度进行分析时，着重于宏观经济现象与工业区位关系的研究，此外，还要关注诸如社会问题和生态环境对工业布局的影响。

（3）新工业集聚区研究

1970 年代末，国外工业集聚区的空间发展研究进入了一个新的阶段，学界称之为“新工业区”研究。1977 年，意大利社会学家 Bagnasco 首次对意大利东北部的新工业区（NID）进行了研究，开创了新工业集聚区研究的先例。1980 年代末期，产生了新工业集聚区的概念并进行了扩展分析与验证，如对美国硅谷地区、德国南部地区的研究。Scott A.J.（1988）首次提出了新工业集聚区的概念，是指在新技术革命的推动下，世界范围内许多产业的发展已经或正在从福特制向后福特制转变，柔性专业化中小企业随之不断涌现。“柔性”是相对于福特制的“刚性”（即大批量标准化）而言的，可以将它理解为对市场变化的一种快速适应能力。1990 年代以来，集群（簇群）的概念被引入新工业集聚区研究的视野，用于分析新工业集聚区的形成与发展机制，且对新工业集聚区的研究主要集中于对科学园区的研究上，尤其是随着高新技术产业的蓬勃发展，对科学园区的研究逐渐得到重视和深入。总体来看，20 世纪末以来的经济全球化和信息化深刻地改变了全球经济和社会活动的时空概念，知识的生产和消费活动的地方性倾向促进了一些“新工业区”的出现和区域经济新格局的形成，如美国的硅谷、波士顿 128 公路高技术产业走廊、加拿大技术三角区、日本筑波科学城等新工业空间，这些都引起了世界学者广泛的关注，针对这些新工业集聚区的空间发展研究也是层出不穷。

（4）工业集聚区的转型研究

工业集聚区的转型研究主要是从城市更新的角度来研究工业集聚区的物质空间层面上的改造，多见于旧工业区的空间改造，使工业集聚区的内部空间发生了很大变化。20 世纪 60 ~ 70 年代开始，世界旧工业区在经历兴盛与繁荣之后，大多不同程度地陷入衰落。尽管原因各不相同，但是都或多或少地面临着相似的经济、生态、社会和人口等方面的问题，这些严重限制了旧工业区的进一步发展，致使旧工业区逐渐沦为城市发展的衰退区。城市旧工业区的更新转型与开发也由此成为世界各国和地区城市发展过程中必须积极应对的重要课题。以欧美发达国家为代表的城市旧工业区的更新转型与开发取得了重大实践（表 2-1），一般都是通过土地再利用、后工业景观再造、设施更新、空间置换等方面来研究。国外在案例研究方面主要有：格拉斯哥东部地区整治（David Donnison& Alan Middleton，1987）、伯明翰布林德利地区（Latham and M.Swenarton，1999）、鲁尔地区更新的研究（Herman Bomer，2001）、英国利物浦（Chrise Couch，Jay Karecha，2006）。

国外旧工业区更新转型案例 **表 2-1**

转型方向		相关案例		
		地点	转型前	转型后
金融商务区		英国道克兰地区	港区	金融商务中心
创意产业集聚区		纽约曼哈顿SOHO区	铸铁建筑风格厂房	艺术家集聚区
居住区		马尔默西港区	滨海工业区	住宅区
公共开放空间	绿地公园	法国巴黎	雪铁龙厂区	巴黎雪铁龙公园
	后工业景观公园	德国杜伊斯堡市	钢铁厂	德国杜伊斯堡景观公园
大型公共设施	文化设施	英国伦敦	发电厂	泰特现代美术馆
	体育设施	巴塞罗那	滨海工业区	奥运村
	教育设施	意大利米兰	棉纺厂	卡洛 · 卡塔尼奥大学校园

资料来源：王美飞，2010

总体来看，国外对于工业集聚区的空间发展研究主要在于探讨工业集聚区的空间演化，从工业区位的角度分析空间演化的原因与动力机制，空间演化的特征与规律，并且取得了较为系统的成果，也为本书揭示工业集聚区的空间发展过程提供了较好的理论工具。但是就笔者所检索的相关文献而言，国外的研究对于新工业集聚区的内部空间和原来工业集聚区转型后的内部空间变化缺乏深入的研究。

2. 国内研究进展

国内工业集聚区的空间发展研究与时代背景有着密切联系。自 1978 年改革开放以来，中国经济体制逐步由传统的计划经济向“计划为主、市场为辅的经济”和“中国特色社会主义市场经济”转型，这对转型期工业集聚区的空间发展相关研究与实践产生了深刻影响。一方面，苏联的经济地理学理论影响仍有一定残留，部分学者还沿用旧思路，研究我国工业布局的原则及布局因素与条件等问题。另一方面，随着欧美工业区位论和城市经济学新观点的相继引入，自 1950 年代以来受苏联工业布局思想控制的状况被逐步扭转，许多学者的研究逐步接近国际学术界的主流。尤其是 20 世纪末以来，全球化和信息化的来临深刻影响了转型期中国城市产业转型，直接引发了新一轮工业集聚区的空间发展和变化。在这一新的背景与形势下，许多学者进行了相关研究和探索。因此，国内相关研究可按时间顺序划分为计划经济时期工业集聚区的空间发展研究、改革开放以来工业集聚区的空间发展研究和 20 世纪末以来工业集聚区的空间发展研究。

（1）计划经济时期工业集聚区的空间发展研究

计划经济时期，工业发展与空间布局成为完全计划指导下的产物，而非区位竞争的结果。对这一时期形成的传统工业布局研究，中国地理学家侧重从宏观层面进行研究，注重于工业布局原则和基本影响因素的讨论，即主要集中于对工业布局与交通、人口等社会经济条件，自然资源条件，技术经济条件和环境保护等关系的研究。魏心镇（1982）在其所著的《工业地理学》中认为除了自然资源、自然环境、技术经济和社会经济外，工业布局还与燃料动力、消费、交通运输、地理位置、人口分布与劳动力素养等因素有关，并特别强调了工业布局应与环境保护相结合的观点。宋家泰等（1985）认为工业布局的基本条件有用地、供水、供电、交通、生产协作和环境卫生。中山大学（1980）编译的《城市工业区》一书认为影响工业区建设的因素有地区条件、气候、地形、周围建筑物、水的平衡、历史文物和文化古迹等，并提出应将工业分区与企业群结合进行总体规划布局。此外，同济大学等（1982）对城市工业布局与城市性质、城市规模和城市形态的关系进行了探讨。

（2）改革开放以来工业集聚区的空间发展研究

首先，由于在转型背景下影响工业布局的因素日益多元化，因此，这方面的研究开始逐渐增多。陆大道等（1990）将影响和制约中国工业城市形成与发展的基本因素归纳为城市发展政策、规模经济与集聚效应、用地用水与环境等方面。他认为，“随着城市结构的演变和交通、环境等问题日益受到人们的关注，在城市区域中，工业的分布历经着由中心区集聚，而后逐步外移，在近、远郊区广泛建立独立工业区和工业卫星城的过程。与此同时，根据工业企业的性质、规模及对城市环境的影响程度不同，工业企业的微观区位也发展着分异：高精尖、运量小、污染少、占地小的技术密集型产业将继续在中心区集聚，运量大、占地多、污染重的大中型企业将逐步扩散的近远郊区”。李闰等（1994）认为工业的空间集聚有原料指向、动力指向、市场指向、劳动力指向、技术指向、集聚经济指向以及资金指向等特点，并会随着技术进步、新兴行业的出现而发生演变。柴彦威等（2000）将影响工业布局的因素划分为一般性因素（市场）、地方性因素（自然资源、基础设施与环境）以及在现代社会中作用突出的因素（技术）。曾刚（2001）提出，级差地租和现代交通设施是影响工业布局的现代主导因子与传统主导因子的区别所在（图 2-3）。丁萍萍等（2002）指出了工业区位因素的变化趋势是：原料指向依赖减小、市场指向依赖增强、劳动力指向日趋复杂、区位指向呈现融合化，并且在工业布局集中的同时分散趋势有所发展。

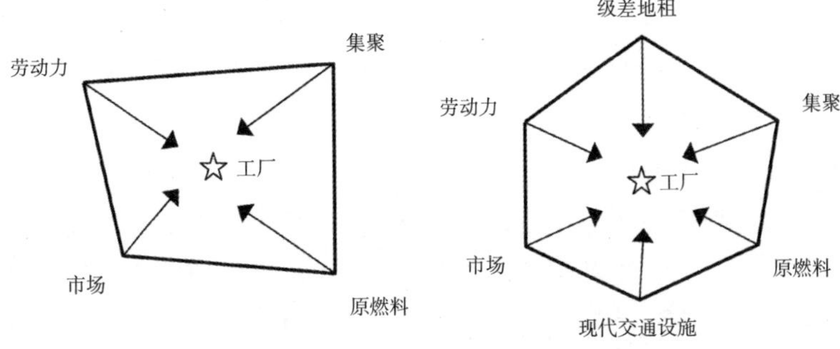

图 2-3　影响城市工业布局的传统及现代因子对比分析图

资料来源：汪宇明等，2003

其次，是对在上述多元化因素影响下工业布局变迁的研究也受到了重视。一是工业郊区化研究。胡序威等（2000）探讨了东部沿海地区大城市产业的空间扩散现象，认为 1980 年代以后东部沿海的许多大城市出现了工业的郊区化现象。周一星等（2000）指出 1990 年代以来，北京市按照总体规划的要求，中心区要大力发展第三产业，逐步缩小第二产业的比例，北京“退二进三”的产业结构调整政策推动了北京工业的郊区化。冯健（2002）对杭州城市工业的空间扩散与郊区化进行了研究，以城市工业用地

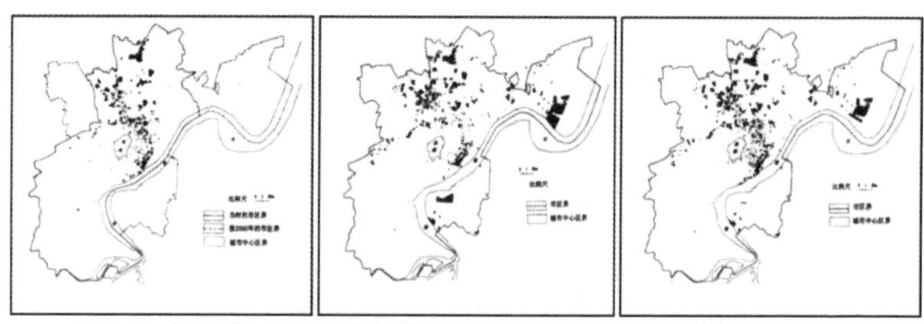

图 2-4 杭州城市工业用地布局变化示意（1980 年、1996 年和 2000 年）

资料来源：冯健，2002

面积及其布局的变化来验证了工业的郊区化现象（图 2-4）。二是城市产业升级与空间变化的关系研究。李诚固等（2004）从产业结构知识化、外向化、生态化、整合化等各方面，阐述了产业结构的城镇化响应。他认为，新兴产业以其柔性生产方式、产业空间对高质量生态环境和现代化基础设施的要求，明显区别于传统产业的空间条件和空间模式。此外，还有很多学位论文是关于工业布局变迁的实证研究，曹大贵（2002）以无锡市为例，研究特大城市产业空间布局及其调整；王芳（2005）以北京市为例，研究了 1996 年到 2001 年的北京市产业空间布局变化；盛鸣（2005）以石家庄市为例，研究转型期城市发展转型对石家庄工业空间的影响。张宏波（2009）以长春市为例，研究城市工业园区的发展机制及空间布局模式。同样，这一时期也包括针对上海的实证研究，杨万钟等（1991）在研究上海工业结构与布局时提出，级差地租、大城市内部条件的恶化、区域基础设施条件的改善、工业自身条件和要求的变化、政府的政策引导和国际环境的变化等是发达国家城市工业空间调整与演变的动因。宁越敏等（1996）根据对上海工业的空间演化研究，把上海城市工业郊区划分为 3 个阶段，即工业区的建立、卫星镇的建设和农村工业化，并认为 1980 年代以来的农村工业化及郊区若干大型工业项目的建设推动了城乡一体化进程，并进而形成完整的城市系统，在此过程中开始出现工业郊区化的空间现象。

（3）20 世纪末以来工业集聚区的空间发展研究

顾朝林等（2001）以深圳为例，认为工业空间开拓是经济全球化和产业重构转移的必然结果。特别的，城市中的新工业集聚区——高新技术产业开发区正深刻地改变着城市工业空间结构。国内关于新工业集聚区的研究，较为系统与突出的是顾朝林（1998）和魏心镇等（1993）对高新技术园区的研究（图 2-5），王缉慈（1996，2001）对新产业区理论的引介和研究以及对北京中关村高新技术企业集聚与分散的研究。以及费洪平（1997）对高新技术产业开发区布局的研究、李小建（1997）对新产业区经济活动全球化的地理研究、钟坚（2000）对深圳市及西方发达国家高新区、科学园或经济技术开发区的系列研究、覃成林（2003）的高新技术产业布局特征研究以及王兴平（2003）对城市新工业区的空间分析（图 2-6）等。此外，其他研究还包括刘俊杰（2005）认为扩散与聚集是全球产业空间整合重组中两个并行不悖的动态过程。李程骅（2008）从价值链的角度来审视产业空间布局，研发机构或部门往往倾向于大学和科研机构的密集区，生产加工基

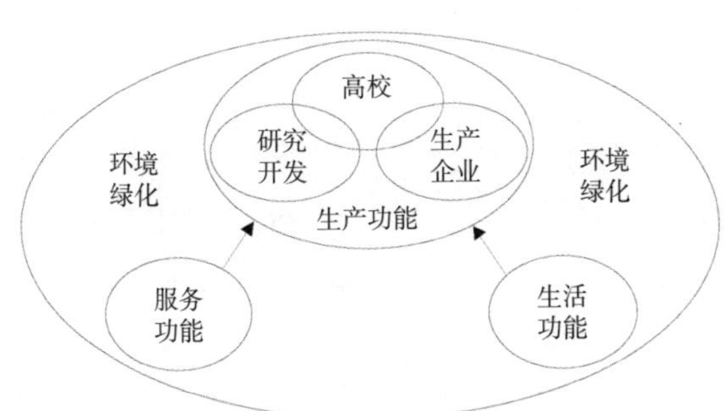

图 2-5　高新技术园区的空间构成

资料来源：顾朝林，1998

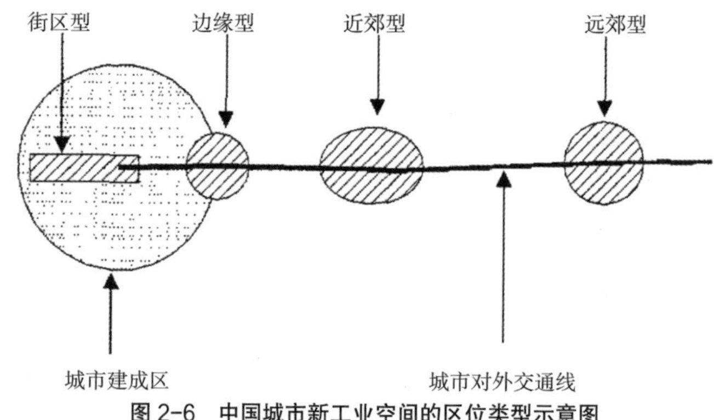

图 2-6 中国城市新工业空间的区位类型示意图

资料来源：王兴平，2003

地则倾向于交通方便、土地便宜且产业配套能力强的区域，至于展示销售区域往往在城市的门户和窗口地区。李郇等（2009）通过对企业迁移区位和政府产业转移园区区位的分析，揭示了广东产业空间重构的趋势与可能的空间格局。

这一时期关于上海工业集聚区的空间发展实证研究也是逐渐增多。朱锡金等（2000）以上海为例，认为全球化时代城市工业空间重构的动力来自创新，而工业空间重构的方式为向科技园区集中。曾刚（2001）对上海的工业外迁进行了实证研究，归纳影响上海工业空间结构的主导因子为级差地租、劳动就业、交通运输和集聚经济。杨万钟等（1991）和汪宇明等（2003）还都对多元化因素影响下的上海工业布局模式进行了构想（图 2-7、图 2-8）。陈建华（2006）以上海市为例，研究国际化城市产业结构升级产生的空间后果；王慧敏（2007）以上海市为例，研究工业开发区建设和发展的空间效应，等等。姚凯等（2008）在回顾上海城市产业园区发展历程的基础上，提出产业空间布局呈四方面特点：一是中心城工业用地逐步向外疏解并开始转型；二是郊区工业用地规模偏大且分布不均衡；三是加快工业用地向园区集中仍是产

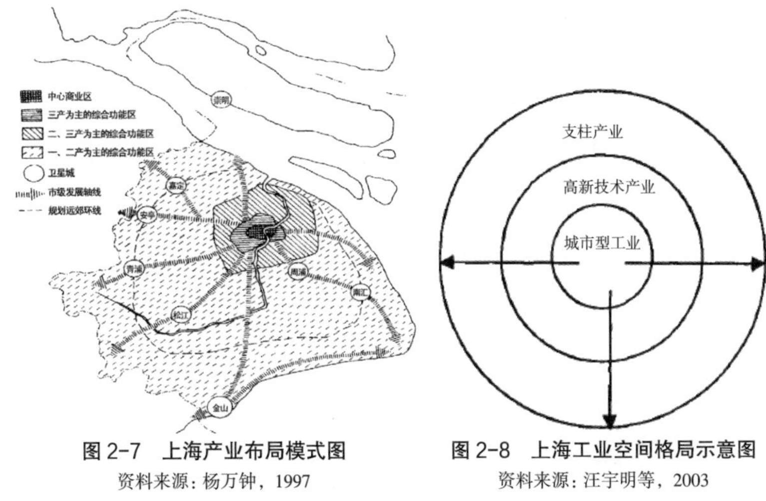

图 2-7　上海产业布局模式图

资料来源：杨万钟，1997

图 2-8　上海工业空间格局示意图

资料来源：汪宇明等，2003

业园区布局优化的关键；四是提高园区土地集约利用率、投入产出率是经济发展方式转变的重点领域。王慧敏等（2009）以上海 71 个工业开发区为研究对象，认为上海工业开发区主要分布在郊区，且分布的数量和面积在空间上表现出不一致性；上海工业开发区平均规模小于我国省级及以上开发区平均规模，但远大于国际开发区规模，平均土地利用效益处于国内领先水平，但个别工业开发区土地开发利用粗放经营。张海莉（2009）以上海郊区九大市级工业园区为研究对象，认为九大市级工业园区提升了郊区产业能级与结构，郊区已形成了六大产业基地；工业园区带动了相关产业发展，优化了整个城市的产业结构；九大园区及其他开发区结合区位优势吸引相关产业集聚，与周边城镇联动形成了沿海滨和海湾产业轴，反 K 字形产业轴和东西产业轴。马吴斌等（2009）在上海城市发展由工业社会向后工业社会转型的背景下研究上海产业集聚区与空间结构优化，认为产业集聚区是适应全球产业分工格局重组趋势的产物，这带来制造业、服务业产业组织形式的整合与空间布局调整，对加快城市内部功能的提升、郊区功能的完善起到了积极作用。李婷（2009）认为上海的工业布局演变表现出三个主要趋势：一是逆工业化趋势，即在工业衰退过程中，从城市中心向外围扩散；二是都市产业得到快速发展，并在旧工业区聚集：三是产业按价值链进行区位调整。陈建华（2009）以上海市为例来研究城市产业转型与空间变化的关系，认为城市产业结构正在进行深刻的转型，服务业特别是生产者服务业开始成为城市经济增长的主要推动力量，从而带动城市空间的重构：在政府主导与市场跟进的城市空间战略性调整过程之中，中心城区在产业"退二进三"过程中，其物质资本与人力资本进一步密集化；工业企业与城市居民的郊区化使得工业开发区、交通基础设施和单一功能城市建筑占据了城市外围土地空间，城市空间以圈层式急剧地向外扩张。石崧（2011）分析了上海市郊区工业园作为一种新产业空间的崛起及其对上海城市空间组织的影响，认为上海目前郊区产业基地建设和新城发展的联动，这是一种适应全球背景而做出的主动调整，措施得当将有利于推进城市经济再层级化，使城郊之间分工联系愈加紧密，进而推动大都市区空间组织再上台阶。未来可能出现两个趋势：一是近郊区工业园区开始向产业基地靠拢，二是远郊区由于产业基地建设成为上海城市工业的新成长地域。

国内城市工业集聚区的转型也始于这一时期，伴随着快速城市化进程，城市内部旧工业区在土地极差地租、退二进三、生态环境、重大项目建设等因素的影响下进行更新改造。由于经济全球化的深入影响和国际产业发展转型的新趋势，以及城市化进程的加快和城市发展理念的改变，使得中国部分基础条件较好的工业集聚区在经历了早期创业和快速增长阶段之后普遍进入调整转型时期。实践证明，在工业区更新升级过程中，生产性服务业起着至关重要的作用。因此，国内学者开始对工业区发展生产性服务业进行研究，但目前仅有董锡健（2005）、吕恩培（2006）、邓丽姝（2007）等几人对于工业区要发展生产性服务业进行了一定程度上的研究。2008 年，上海首次提出建设生产性服务业功能区，是对上海原有工业集聚区更新转型，发展与制造业密切相关的生产性服务业的一次有益尝试，也给转型期工业集聚区的空间发展研究起到了抛砖引玉的作用。李静（2010）以上海市漕河泾开发区东区升级改造规划为例，分析当前改造实施过程中所遇到的政策、法规等方面问题，提出上海城市的功能定位决定了生产性服务业功能区将长期存在，利用老工业区闲置划拨用地升级改造为生产性服务业功能区，是推动上海市经济增长方式转变，促进产业升级改造的有效途径。作为相关政策制定及落实的主要部门应从宏观产业定位、规划布局、规划措施等方面推动生产性服务业功能区的进一步落实，在新的历史时期赋予它新的内涵，创造新的内容、发挥新的作用。邹玉（2012）以西郊生产性服务业功能区为例，全面剖析了生产性服务业功能区的内涵、形成和发展的动力机制，总结了生产性服务业功能区在产业同构与总体层面规划、无序竞争与退出机制、土地集约利用与功能区选址三个方面上存在的问题，并提出了相应的规划和政策反思。黄春燕（2012）以单个工业区为例，研究了工业区向生产性服务业功能区转型中商业配套服务的发展问题，开始从改善工业区内部生产性服务业配套的角度来研究工业集聚区如何来更新转型。

可以看出，国内的研究基本停留在经验归纳与总结的层次上，主要是对不同时期工业集聚区的空间演化影响要素，以及空间演化特征的探讨。研究的视角主要是经济学、经济地理学和城市规划学的。而具有中国特色的、对转型期工业聚集区的空间形成、发展与演变具有较强解释力的系统化与理论化研究有待于开展。由于工业集聚区与城市空间紧密结合，是城市空间的有机组成部分，从城市地理学的角度，以空间要素维分析研究工业集聚区具有重要的研究价值和迫切性，目前几乎所有的关于工业集聚区的空间演化研究基本停留在定性的观察、总结、归类与推测上，而没有深入探讨转型期多重因素对工业集聚区的空间演化过程的实际作用，因此，深入探讨转型期多重因素对工业集聚区的空间演化等的具体影响以及作用机制，是本研究的重要目的。从工业集聚区的内部空间变化来看，要么是对旧工业区的转型方向研究，要么是在研究工业区的转型之时提到应发展生产性服务业，而没有深入探讨工业集聚区转型的动力机制，以及工业集聚区的内部空间变化特征，更是没有深入研究在工业集聚区在内部空间变化过程中生产性服务业所起的作用。这为本书提供了重要的切入点。

2.2 主要理论基础

2.2.1 全球城市与服务经济

1. 全球城市的理论脉络

作为当今世界经济发展的一个重要趋势，全球化正在重新而彻底地塑造着当今世界，以经济领域的全球化为载体和带动的全面变化，广泛涉及政治、社会、文化、环境等各个领域。无论是在发达国家还是发展中国家的转型过程中，全球化是当前的重要背景。不少学者认为，全球化并非一种新现象，而是一个不断持续发展的过程，是伴随着现代经济而发展的。麦克卢汉（Mcluban）早在 1960 年代初就开始关注这一现象，并提出了“全球村”（Global Village）的概念。其后，1970 年代初罗马俱乐部（The Club of Rome）有关全球问题的研究报告则开启了全球研究的历史性新阶段。然而，真正意义的全球化则是 1980 年代以来的现象。多数学者认为全球化是通过技术的创新、生产要素的流动、制度的融合而实现的，全球化以经济扩展为推动力，促进了全球经济、政治、文化乃至环境的交互影响。到目前为止，虽然尚没有一种单独的全球化理论，但形成了一些带有某些共同倾向的概念。全球化一直被认为是现代化进程符合逻辑的结果。对它的认知可以描述为以下几个方面：一是全球化的动力来自生产社会化和国际分工的发展和扩大；二是全球化带来了一种人类生产和生活相互联系和依存的状态；三是全球化最主要的特征是经济的全球化，同时会给政治、文化和意识形态带来全方位的广泛而深刻的影响；四是全球化是当代世界最显著的特点，并且全球化正推动社会政治及经济发生重大变革，产生对现代世界和世界秩序的重塑（袁雁，2005）。无论我们如何定义和理解全球化，一个不可否认的事实是，全球化已成为推动和塑造城市与区域发展的新动力，它深刻地改变着全球和各国经济的空间构造，并使全球城市及其相关议题成为学术研究的热点。

全球城市产生的动力机制来源于全球范围内制造业的空间分散和管理的相对集中，作为全球经济网络的重要节点，具有举足轻重的战略地位。1991 年萨森（Saskia Sassen）正式提出了全球城市的概念，其后这一概念得到了较广泛的认同，并由此引发了一场全球城市研究的新热潮。归纳起来，学者们对全球城市的研究路径主要有五种：一是从跨国公司的角度研究全球城市；二是从国际金融服务的角度研究全球金融中心城市的形成及其网络体系；三是以新国际劳动分工理论等为依据，研究世界城市形成的内在动力机制；四是以生产者服务业的全球化和集聚状况来诠释信息时代的全球城市；五是以跨国公司的办事处网络系统及其高级服务业等综合性指标，研究世界城市网络体系。根据上述不同的研究路径，可以将全球城市研究划分为四个不同的发展阶段：第一个时期主要以跨国公司总部选址为指标；第二个时期则不仅考虑跨国公司的总部，更注重跨国公司的创新与决策能力的地域分布；第三个时期的研究将城市在全球经济中与世界经济的整合程度、对全球资本的吸引能力以及提供生产服务的强度作为世界城市的划分依据；第四个时期的研究与产业重组有密切联系。传统制造业在新技术、信息产业的高度发展下作用下降，金融及高级服务业则成为城市全球化程度的体现（余丹林和魏也华，2003）。

全球城市之所以成为一个专门的研究对象，在很大程度上是由于其特定的功能及其地位作用。萨森作为全球城市研究的代表性人物，把世界城市的研究推向了新的高潮。萨森（Sassen，1991；1994）认为全球城市是伴随着当今全球化发展而出现的现象，代表了一种特定历史阶段的社会空间。她强调全球城市不仅是全球性协调的节点，更重要的是它是全球性生产控制基地，她更强调全球城市的生产者服务业功能。她指出，全球城市除了作为国际贸易和金融中心外，更是重要的创新活动的集聚地，因而有四个主要功能：高度集中化的世界经济控制中心；金融机构和专业服务公司的主要聚集地；高新技术产业的生产和研究基地；产品及其创新活动的主要市场。其中，金融业、专业服务业和其他生产性服务业构成了全球城市的支柱产业，在产业结构拥有绝对优势。由于生产性服务业需要面对面交谈、协作与共存，集聚成为它的产业空间特征。它推动全球城市纽约、东京和伦敦城市中心的更新与改造，全球城市的中心由原本的衰退反向走向繁荣。然而，生产性服务业的产业集聚因为信息技术发展呈现与过去不同的特征。全球城市的中心可以是纽约、东京和伦敦的中央商务区，也可以是大都市区的商务活动网络节点所构成的中心，如法兰克福。

2. 全球化对城市发展的影响

1980 年代以来，信息化促进了全球化，并导致发达生产服务业与生产相分离。当生产区位可能变得分散的时候，控制和管理新的服务经济的区位将变得更加集中，最终形成全球城市。这些城市是金融服务业中心（银行业、保险业）和大部分主要生产公司的总部所在地，它们大部分还是世界性权力机构的所在地（Sassen，1991）。这些城市吸引了专业性服务业，如法律和会计、广告以及公共关系和法律服务等，这促进了全球化，并且和控制性公司总部的区位联系在一起。这样，全球化过程又开始对城市的发展产生至关重要的影响（顾朝林，2006）。

一是资本和技术的流动。全球化促进了全球资本和技术的流动。全球化，一方面，允许跨国公司从全球范围内引进资本和技术；另一方面，允许跨国公司在任何地方兴办子公司，从而获得最大化的利润。自 1990 年代以来全球的外国直接投资快速增长，出口贸易增长次之，而全球生产则稳步增长。这也就是说，全球化推进外国直接投资和出口贸易增长，但全球的生产量和消费量增长有限。这一过程的结果必然是全球区域发展的不平衡。全球化也带来了制造业由发达国家向发展中国家的转移。新技术和新产品在这一过程中加快流动。此外，无论是发达国家，还是发展中国家，信息科技、计算机、机械人、电讯、生物工程、材料科学等成为研究的热点。跨国公司的全球投资行为使技术、知识、人才、资金、物质等生产要素在世界范围内流通，提高了地区的发展能力并为地区提供了更多的发展机会，不断深化着全球产业体系的垂直分工与水平分工。

二是生产的全球重构与转移。核心国家与世界城市主要发展技术创新、生产管理等高层次的产业，而低层次的生产制造业、装配活动则转移到发展中国家。在全球化的推动下，一方面，产业总是朝着成本比较低的地方流动，形成了一系列产业集群，这种产业集群使得小企业、小城市也能切入全球生产链中；另一方面，由于经济全球化，新的产业不断产生，发达国家加速将传统产业向发展中国家转移，而新兴工业化国家则积极转移失去比较优势的劳动密集型产业，转移的产业也由以劳动密集型为主转向以资本、技术密集型为主，使得产业在空间上向发展中国家城市转移的新趋势变得更为广泛。在大城市的产业转型过程中，为了保持城市的持续繁荣，产业总部化和服务化是一条重要经验。资金与管理是全球控制的，而劳动力和生产大多是地方组织的。跨国公司成为全球产业重构和转移的载体，跨国公司的对外直接投资有助于东道国加快产业结构升级，推动技术进步和产业结构的高级化。

三是全球制造业基地的建设。全球制造业生产依赖于全球资源和全球市场。按照古典经济理论，在全球化背景下，既然资本和技术可以全球流动，那么制约产品成本的主要因素就是土地和劳动力的价格。据此，为了降低成本和扩大赢利，全球性制造业转包合同成为主流，例如 IBM 微机在美国设计，在中国台湾组装，元器件则在中国太仓生产。从全球角度来看，发达国家制造业主要向东亚和拉美区域转移。近年来，东亚和东南亚制造业超过拉美制造业，并使世界制造业加速向东亚转移，以中国东南沿海地带为核心的广泛地域成为全球制造业的基地。

四是产业集群的发展与培育。经济全球化背景之下，全球分工体系以及全球资本流动和技术转移也使经济发展的集群特征更加普遍和持续。集群的因素支配着当今的世界经济地图，它是每个国家国民经济、区域经济、地方经济甚至城市经济的一个显著特征，在经济发达国家尤其如此。

3. 全球城市都是以服务经济为主导的产业基础

在迈入全球服务经济时代的背景下，全球城市无一例外是以服务经济为主导的产业基础。自 1980 年代开始，全球产业结构呈现出“工业型经济”向“服务型经济”转型的总趋势。1980 ~ 2001 年期间，全球服务业增加值占 GDP 比重由 55% 升至 68%，服务业的就业比重也不断提高，西方发达国家服务业就业比重普遍达到 70% 左右。服务业对 GDP 和就业贡献的增长主要来源于金融、保险、房地产和商务服务业，这类服务业属于为企业服务的知识密集型新兴服务业。随着服务业的发展及其产出增长，目前世界经济实际上转向以服务商品的生产和消费为主，已经步入了“服务经济”时代。在这种背景下，经济服务化引发城市产业结构重组，使城市经济、城市功能向着高级化方向演进。当今，经济服务化趋向正促使城市中原有制造企业向外转移，而在城市中心地区集中越来越多的公司总部和服务机构。特别是全球城市，更是以其独一无二的区位优势、环境条件以及丰富的人力资源和信息资源等，成为现代服务部门高度密集化的地理空间。其结果是，形成了以服务经济为主的产业结构，主要提供大量的现代服务活动，特别是生产者服务。

因此，许多城市特别是全球城市都经历了一个产业基础转换的重要过程，即作为制造中心的历史性转变。如纽约的制造业就业比重从 1950 年的 29% 下降到 1987 年的 10.5%，生产者服务业却从 25.8% 上升到 46.1%。其中，法律服务、商务服务、银行业增长最快。1977 年至 1985 年，法律咨询服务的就业人数增长了 62%，商务服务的就业人数增长了 42%，银行业的就业人数增长了 23%。这种产业转换虽然已经趋缓，但至今仍在继续。1988 年至 2002 年，纽约制造业就业人员是负增长 28.6%，而教育和保健服务增长 9.6%，专业法律服务、专业商务服务和专业科技服务分别增长 5.8%、4.0% 和 3.8%（表 2-2）。

纽约部分行业就业人员变化表　　表 2-2

	1998年（千人）	1999年（千人）	2000年（千人）	2001年（千人）	2002年（千人）	1998～2002年的变化（%）
专业商务服务	525.2	552.9	586.5	581.9	546.2	4.0
专业科技服务	277.6	296.8	320.7	312.2	288.2	3.8
专业法律服务	77.4	80.9	82.9	82.4	81.9	5.8
广告及相关服务	51.1	54.3	59.5	55.2	47.4	–7.2
教育和保健服务	588.7	605.7	620.1	627.1	645.4	9.6
零售业服务	260.1	270.2	281.5	272.0	266.3	2.4
制造业	195.9	186.8	176.8	155.3	139.8	–28.6

资料来源：周振华，2008。

通过这一产业基础的转换，全球城市均形成了以现代服务业为主导的产业形态特征。例如，纽约、伦敦、东京、中国香港等服务业产值比重，分别达到 86.7%、85%、72.7% 和 86%（周振华，2008）。而且，这些全球城市的经济有着惊人的相似之处，突出表现在驱动经济发展的产业上，其中包括：金融业，与金融、企业和政府相联系的高级商务和专业职能行业，文化艺术和娱乐业，通信和传媒行业等。可见，作为全球网络主要节点的全球城市，在全球经济服务化趋势中是处于最前沿的城市代表，无疑是高度经济服务化的城市。因此，要想成为全球城市，不管原来的产业基础如何，势必要转向高度经济服务化的产业基础；否则，就无法适应全球经济发展的要求，从而也难以成为一个全球城市。

2.2.2 城市产业转型趋势

1. 产业转型理论的发展

一般认为，产业发展过程中总是呈现产业的演进和升级化发展趋势，随着经济的发展和产业的不断升级，产业的演进会趋向服务化，价值链将是大部分产业升级和转型的主要路径依赖。除此之外，近些年的产业发展变化表明，产业正呈现出集群化和融合化发展的新趋势。

（1）产业服务化理论

早在 19 世纪 30 ~ 40 年代，经济学家就已认识到人类经济活动重心渐次从农业向工业并进而向服务业（第三产业）转移的规律性。1973 年美国社会学家贝尔指出了美国经济从产品型经济向服务型经济转变的特征，其标志是美国服务业的劳动力与 GDP 比重（1969 年分别达到 60.4% 与 61.1%）已经超过工业与农业之和（李立勋，1997）。同一时期，未来学家托夫勒、奈斯比特等也相继提出类似概念与理论。贝尔等人的理论引起世界性的广泛关注，而国际经济发展的现实则为其提供有力的验证：当今世界经济中的一个令人关注的现象就是，服务业在各国经济发展中的地位逐年提高，无论从服务业增加值占 GDP 的比重，还是从服务业就业数占总就业的比重看，服务业已经成为现代经济中最具发展潜力的领域。统计数据显示，1999 年世界范围内服务业增加值占全球 GDP 的比例已从 1970 年代早期的 50% 上升到 64%。在发达国家，服务业增加值占 GDP 的比重已超过 70%。中等收入国家和低收入国家的这一比例分别为 55% 和 44%。在一些主要城市，这一数字达到了 70% ~ 80%。与此同时，服务业吸纳的就业人口占总就业人口的比重，发达国家为 60% ~ 70%，中等收入国家为 45% ~ 60%，低收入国家也达到 30% ~ 40%（陈宪，2004）。

可见，服务业的迅速发展已成为发达国家的普遍经济特征并进一步成为同际性的发展趋向，服务业在整个经济中居于首屈一指的地位的这一现象，称之为“经济服务化”（杨治，1985）。主要特征包括：首先是产业结构服务化。表现为服务产业的大规模发展导致三次产业结构的转变，服务产业在经济体系中的地位不断上升并成为产业结构的主体。从世界银行的统计来看，无论是GDP的产业构成还是各国的就业构成，服务业在发达国家都已普遍成为第一位的经济部门，而且这一经济服务化的潮流已开始向工业化水平较高的中等发达国家与地区扩散。在中等收入国家（地区）的产业结构中，服务业也逐渐占据主导地位。其次是生产型产业的服务化。表现为工业等生产型产业（非服务性产业）内部服务性活动的发展与重要性增加，从而改变了这些产业的单纯生产特点，形成生产–服务型体系，反映了服务活动在经济领域的广泛渗透。这种趋向在工业中表现得最为突出，如早在1980年美国工业增加值就已经有75%以上由工业内部的服务性活动所创造（Brilton，1990）。再次是服务型经济的形成。经济服务化发展的结果，是形成以服务活动为主导经济活动类型的服务型经济。服务型经济与产品型经济的区别在于：服务型经济的主要经济部门是提供各种服务的部门，而非制造和加工产品的部门；服务型经济的主要产品是大规模的服务，而非大规模的商品；服务型经济中大部分劳动力集中在服务部门，而非制造和加工的经济部门；服务型经济的大部分产值由服务性行业而非商品生产部门创造。这四个方面揭示了服务活动在服务型经济中的主体地位。事实上，服务活动在服务型经济中更具有主导性的广泛的社会经济功能，服务业已经成为经济增长的引擎，成为推动传统产业的新发展并引致产业体系整体升级的重要动力。

（2）价值链升级理论

波特（1985）在《竞争优势》一书中，提出了他称之为价值链的理论框架。在波特看来，价值链理论提供了一个系统的方法来审视企业的所有行为及其相互关系，并被看作是产业的竞争力所在。之后中国台湾的施振荣在价值链的基础上，于1992年提出了微笑价值曲线（图 2-9），这个曲线给地区的发展的启示意义在于，可以改变价值曲线本身或者在价值曲线上前后移动来提高地方产业的附加值，即在价值链上进行向前或先后的延展（创新研发和全球运筹）和技术升级来实现产业发展（左学金等，2011）。

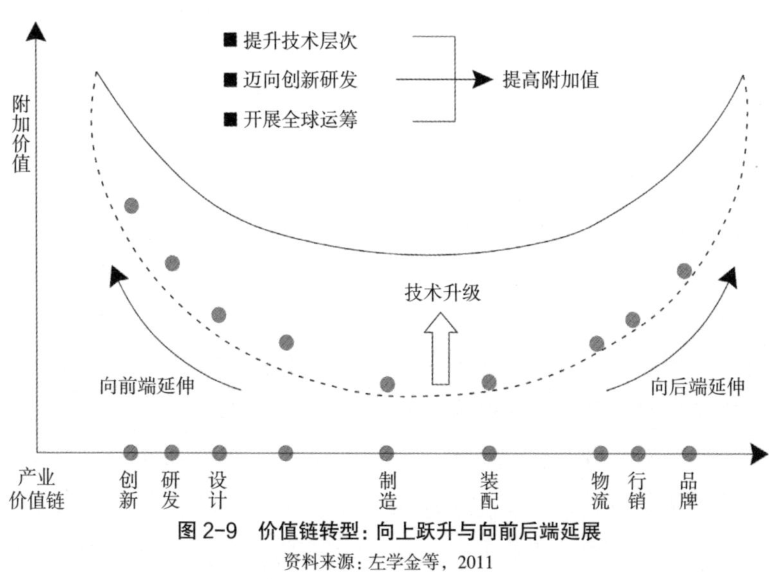

图 2-9　价值链转型：向上跃升与向前后端延展

资料来源：左学金等，2011

创新驱动的实质可以说就是，城市通过在以核心产业为中心形成的价值链上向前后端环节延伸推动着产业内部结构升级进而推动产业结构升级，这是城市产业功能拓展与延伸的本质，也是城市创新的本源所在。加大工业技术创新力度，推动价值链本身的升级，带动整个地区制造业水平的升级，进而带动产业结构升级。同时，以知识教育、研发为核心产业不断催生、吸引从上游的设计、研发到下游的营销、品牌管理、售后服务等环节相关产业的集聚，如出版、软件、电视与广播、设计、音乐、电影、玩具与游戏、广告、建筑、表演艺术、手工艺、视频游戏、时装等。

因此，产业在产业链上下端的延伸完成了产业内部结构的升级，并通过对夕阳产业的淘汰、传统产业的结构调整、新兴产业培育及打造新的产业集群等形式，完成对整个产业结构的新陈代谢，带动经济结构整体升级。

（3）产业集群化理论

波特（1990）在《国家竞争优势》一书中首先提出了用产业集群（Industrial Cluster）一词对集群现象的分析。区域的竞争力对企业的竞争力有很大影响，波特通过对10个工业化国家的考察发现，产业集群是工业化过程中的普遍现象，在所有发达的经济体中，都可以明显看到各种产业集群。产业集群是指在特定区域中，具有竞争与合作关系，且在地理上集中，有交互关联性的企业、专业化供应商、服务供应商、金融机构、相关产业的厂商及其他相关机构等组成的群体。不同产业集群的纵深程度和复杂性相异，代表着介于市场和等级制之间的一种新的空间经济组织形式。许多产业集群还包括由于延伸而涉及的销售渠道、顾客、辅助产品制造商、专业化基础设施供应商等，政府及其他提供专业化培训、信息、研究开发、标准制定等的机构，以及同业公会和其他相关的民间团体。

因此，产业集群超越了一般产业范围，形成特定地理范围内多个产业相互融合、众多类型机构相互联结的共生体，构成这一区域特色的竞争优势。产业集群发展状况已经成为考察一个经济体，或其中某个区域和地区发展水平的重要指标。从产业结构和产品结构的角度看，产业集群实际上是某种产品的加工深度和产业链的延伸，在一定意义上讲，是产业结构的调整和优化升级。从产业组织的角度看，产业群实际上是在一定区域内某个企业或大公司、大企业集团的纵向一体化的发展。如果将产业结构和产业组织二者结合起来看，产业集群实际上是指产业成群、围成一圈集聚发展的意思。也就是说在一定的地区内或地区间形成的某种产业链或某些产业链。产业集群的核心是在一定空间范围内产业的高集中度，这有利于降低企业的制度成本（包括生产成本、交换成本），提高规模经济效益和范围经济效益，提高产业和企业的市场竞争力。

从产业集群的微观层次分析，即从单个企业或产业组织的角度分析，企业通过纵向一体化，可以用费用较低的企业内交易替代费用较高的市场交易，达到降低交易成本的目的：通过纵向一体化，可以增强企业生产和销售的稳定性；通过纵向一体化行为，可以在生产成本、原材料供应、产品销售渠道和价格等方面形成一定的竞争优势，提高企业进入壁垒；通过纵向一体化，可以提高企业对市场信息的灵敏度；通过纵向一体化，可以使企业进入高新技术产业和高利润产业等。

（4）产业融合化理论

1994 年，美国哈佛大学商学院举行了世界第一次关于产业融合的学术论坛——“冲突的世界：计算机、电信以及消费电子学研讨会”。1997 年 6 月，在加州伯克莱分校召开的“在数字技术与管制范式之间搭桥”的会议对产业融合及其有关的管制政策也进行了讨论。哈佛论坛和伯克莱会议表明产业融合这一新的经济现象已逐步从现象走进理论。目前，产业融合已不仅作为一种发展趋势来进行讨论，产业融合已是产业发展的现实选择。理论分析表明，产业融合是在经济全球化、高新技术迅速发展的大背景下，产业提高生产率和竞争力的一种发展模式和产业组织形式。产业融合产生的效应是多方面的。马健（2002）认为具有三个效应：①产业融合改善产业绩效，减少企业成本；②产业融合是传统产业创新的重要方式和手段；③产业融合有利于产业结构转换和升级，提高一国的产业竞争力。周振华（2003）认为，在微观层次上，产业融合导致了许多新产品与新服务的出现，使更多的新参与者进入到新市场中，增强了竞争性和市场结构的塑造；在中观层次上，产业融合将带来巨大的增长效应，产业融合将导致产业发展基础、产业之间关联、产业结构演变、产业组织形态和产业区域布局等方面的根本变化；在宏观层次上，产业融合对世界经济一体化起着催化作用，对社会发展将产生综合的影响。陈柳钦（2006）提出了产业融合的六大效应（表 2-3），包括创新性优化效应、竞争性结构效应、组织性结构效应、竞争性能力效应、消费性能力效应和区域效应。从微观层面上侧重于阐述成本节约效应，从中观层面上侧重于阐述竞争合作效应，从宏观层面上侧重于阐述产业升级和经济增长效应。

产业融合的六大效应 **表 2-3**

产业融合的效应	具体内容
创新性优化效应	促进了传统产业创新，进而推进产业结构优化与产业发展
竞争性结构效应	促使市场结构在企业竞争合作关系的变动中不断趋于合理化
组织性结构效应	企业组织之间产权结构的重大调整，企业组织内部结构的创新
竞争性能力效应	有助于产业竞争力的提升
消费性能力效应	有助于消费提升
区域效应	有助于推动区域经济一体化

资料来源：陈柳钦，2006。

产业的融合和创新经过技术融合、产品与业务融合、市场融合的阶段，最后完成产业融合的整个过程。并且这几个阶段前后相互衔接，也可能是同步相互促进的。在上述过程中产业融合的主要方式有 3 种：一是高新技术的渗透融合，即高新技术及其相关产业向其他产业渗透、融合，并形成新的产业。最为典型的就是信息技术向对传统工业的渗透而产生电子商务、物流业等新型产业。二是产业间的延伸融合。最为典型的表现为服务业向第一产业和第二产业的延伸和渗透，如第三产业中相关的服务业正加速向第二产业的生产前期研究、生产中期设计和生产后期的信息反馈过程展开全方位的渗透，金融、法律、管理、培训、研发、设计、客户服务、技术创新、储存、运输、批发、广告等服务在第二产业中的比重和作用日趋加大，相互之间融合成不分彼此的新型产业体系。三是产业内部的重组融合。重组融合主要发生在具有紧密联系的产业或同一产业内部不同行业之间，是指原本各自独立的产品或服务在同一标准元件束或集合下通过重组完全结为一体的整合过程。更多地表现为以信息技术为纽带的、产业链的上下游产业的重组融合，融合后生产的新产品表现出数字化、智能化和网络化的发展趋势。可见，产业融合的结果是出现了新的产业或新的增长点（陈柳钦，2008）。

在产业融合化理论的发展过程中，制造业与生产性服务业的关系是一个研究热点，目前有四种观点："需求遵从论"、"供给主导论"、"互动论"和"融合论"（顾乃华等，2006）。"需求遵从论"认为制造业是生产性服务业发展的前提和基础，生产性服务业处于一种需求遵从地位，是制造业的补充；"供给主导论"认为生产性服务业处于供给主导地位，是制造业生产率得以提高的前提和基础，没有发达的生产性服务业，就不可能形成具有较强竞争力的制造业部门。"互动论"认为生产性服务业和制造业是一种"唇齿相依"的关系，两者之间是相互作用、相互依赖、共同发展的互动关系，随着制造业部门的扩大，对生产性服务的需求，如贸易、宾馆、金融、交通等会迅速增加，从而推动生产性服务业的发展，而生产性服务业的发展，又会反过来进一步支撑制造业的发展、升级与竞争力提高。"融合论"是近年来才出现的观点，随着信息通信技术的发展和广泛应用，生产性服务业与制造业之间的边界越来越模糊，两者呈现出一定的融合趋势。目前，我国学界对于上述四种观点的看法是："需求遵从论"、"供给主导论"都过于偏激，只看到了问题的一面，缺乏对问题全面、深入的剖析；"互动论"比较切合实际；"融合论"反映的是未来产业演变趋势。

2. 全球城市产业转型

1960 年代以来，全球经济特别是发达国家的经济服务化发展趋向越来越明显，其特征主要体现在 3 个方面：一是产业结构由工业型向服务型的转变。在转变过程中，制造业产值和就业比例明显下降，服务业特别是以信息技术为基础的生产性服务业的产值和就业比例显著上升，出现产业结构服务化和信息化的发展趋势，在美国、日本等发达国家表现的尤为明显。全球性城市，如纽约、伦敦和东京的第三产业占 GDP 的比重均在 80% 以上。二是传统制造业技术改造的加快。传统制造业的内部结构经历着由资源加工型到劳动密集型，再到资金和技术密集型的转变过程，如今信息技术的发展加快了对传统制造产业的技术改造，制造业的信息化代表了新的发展趋势。在西方发达国家和地区，全球生产体系的建立，使大量技术含量低、劳动密集型的制造业转移到发展中国家，而国内的制造业结构则加速向技术密集型和高新技术产业方向升级。三是服务业内部结构的深化。服务业内部出现了新的发展趋势，即生产性服务业迅速扩张，成为商品和服务生产过程中的重要组成部分。在发达国家，生产性服务业的增长已经超过了服务业增长的平均水平。在 1970 ~ 1986 年期间，美国的生产性服务业的产值与就业分别增长了 173.3% 和 200.8%，远远高于同期服务业 91.0% 和 85.3% 的增长速度，也远远高于整个国民经济的增长速度。随着跨国生产活动的发展，对生产性服务业的需求也日益增加，各类服务机构、管理机构的分散化分布形成了当今全球性的服务网络（付磊，2008）。

在发达国家经济服务化过程中，全球城市起到了重要的引领作用。当今三大全球城市纽约、东京与伦敦充分展现了当今世界经济服务化的发展趋势：一方面，制造业产值及其比重降低，制造业就业人数减少；另一方面，与之形成鲜明对照的是，直接服务于制造业的生产性服务业强劲增长，成为促进城市就业、带动城市经济增长的有生力量。服务业的产值与就业人数在城市经济中逐渐取得绝对优势。全球城市资金雄厚、人才众多、创新环境优越，成为了生产性服务业聚集地。生产性服务业已经成为城市的主导产业与支柱产业。银行、金融服务、保险、法律服务、房地产、会计和其他专业服务成为城市扩张与扩展影响力的主要方式，服务成为全球城市的主要经济活动，也使得全球城市成为全球经济管理与控制中心。以纽约、伦敦和东京为例，这 3 个城市的生产性服务业增长率明显高于全国平均水平，专业服务成为城市的基本经济活动，成为全球城市进行全球管理与控制全球经济的主要途径与方式。在生产性服务业的带动下，社会性服务业和消费者服务业得到了较为充分发展。医疗、教育与卫生服务需求不断增加，文艺、娱乐、餐饮和高级奢侈品消费数量与质量在不断提高，这些服务业为城市创造了就业机会，成为吸收就业的主要渠道，使高级劳动力的各种需求得到满足，这也是全球城市的吸引力与魅力所在。近二十年来，纽约、伦敦与东京的产业结构在信息技术条件下急剧地向服务业方向发展。从就业角度计算，服务业的就业率在不断上升，到 1990 年代中期，这 3 个城市服务业就业份额都超过了 60%。在 1996 年，纽约服务业就业比重达到 80.3%，伦敦达到 88.5%，东京则达到 62.8%[1]。进入 21 世纪以后，全球城市

---

[1] 参见：Saakia Sassen. The Global City：New York，London，Tokyo，Princeton：Princeton University Press，2001：202

经济服务化趋势进一步加强，从 1995 ~ 2004 年，伦敦增长最为强劲的分别为房地产、金融中介和宾馆餐饮业（表 2-4）。

1995 和 2004 年伦敦各行业增加值变动比较　　表 2-4

行业	1995（百万英镑）	2004（百万英镑）	变动（%）
农林捕捞	68	62	–8.8
能源采掘	355	128	–63.9
其他采掘	37	62	40.3
制造业	12738	12976	1.8
电气、水工业	1499	1323	11.7
建筑业	4193	8402	100.4
批发、零售	12515	19916	59.1
宾馆、餐饮	3138	6828	117.6
交通、储存、通信	12788	18755	46.7
金融、中介	16919	37006	118.7
房地产（租赁与商业活动）	29687	67033	125.8
公共行政	7070	10336	46.2
教育	4978	9249	85.8
健康社会工作	5948	10884	83.0
其他服务	7538	15456	105.0
总计	109233	195078	78.6

资料来源：英国官方统计局的 Focus on London 2007（http：//www.statistics.gov.uk/CCI/nugget.asp），转引自：陈建华，2009。

2.2.3 城市产业空间重组

信息经济时代，新的生产方式和经济组织形式的出现改变了工业时代传统意义上的经济行为，在城市产业转型的同时，城市产业空间也相应进行着重组，出现了一些新的特征和发展趋势。

1. 全球范围内产业空间的重组趋势

以信息技术为代表的新技术革命出现，引致了全新的工业区位逻辑，“新工业（以信息技术为基础的高科技制造业）空间的特征就是其技术与组织能力，可以将生产过程分散到不同区位，并通过电子通信的联系来整合在一起”，对于区位的选择是与“生产过程中每个阶段的地理特殊性，每个阶段所需的独特劳动力特性，以及不同的社会与环境特色”（Castells，2000）相关联的。由此，出现了以国际空间分工为特征的新的区位模式。受新的区位模式影响，在世界城市体系中，管理和信息中心趋于从地区性城市向区域性城市和全球城市集中，区域性城市倾向于吸引大量跨国公司管理分部、子公司以及少量的跨国公司总部，而全球城市则汇集了大多数的跨国公司总部和专业化的服务机构，成为全球性的指挥和控制中心；研发（R&D）活动倾向于科研机构、管理人才资源集中的信息基础设施完善的城市，在空间上呈现出集聚趋势；具体的生产和装配活动则由全球城市、区域性城市向地区性城市转移，呈现空间扩散的特性。如此，通过全球范围内的产业空间重组，形成了全球性生产网络（图 2-10）。

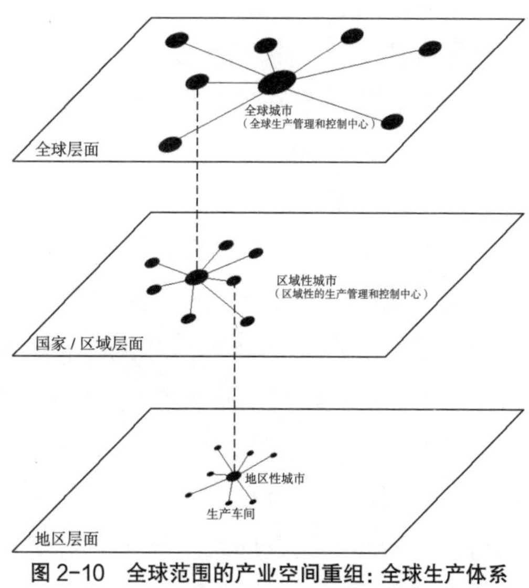

图 2-10　全球范围的产业空间重组：全球生产体系

资料来源：付磊，2008

不同等级城市间的经济技术落差，是造成制造业空间扩散的重要原因。因此，随着发达国家城市经济的深入发展，制造业的空间扩散也会出现不同的发展阶段。最初是发达国家将低端制造技术加速向发展中国家进行产业化转移；而随着高新技术产业逐渐成为发达国家的主导产业，传统的劳动密集型（如纺织服装、消费类电子产品）甚至是低端技术的资本密集型产业（如中、低档汽车制造）也将加快向发展中国家转移。全球产业的空间调整，特别是技术含量较高的制造业的空间分散趋势，为一些国家或区域性中心城市（如上海）带来了发展机遇。

2. 城市内部的产业空间重组

新的空间区位模式不仅在全球层面上引起了产业空间的调整，在城市层面，也引发了新一轮的产业空间重组，表现出相互关联的地域集聚和分散运动为特征的重组趋势。

（1）城市产业空间的集中化和分散化

一是以生产性服务业为核心的新型集聚经济产生了对空间的集中化需求。与纯粹的制造业活动不同，法律、会计、广告、咨询等专业性服务业更多的是建立在对市场信息的掌握程度之上，大量服务企业的空间集聚正好为企业之间通过信息共享来获得尽可能完备的市场信息提供了必要的条件。同时，生产性服务业和其他服务（特别是消费性服务业）不同，发达的通信技术使它不再依赖于和被服务对象或消费者之间的空间上的接近，相反，服务部门之间近距离的面对面交流（face to faee）显得更为重要。这就推动了生产性服务业在城市空间上的集中化分布，且往往倾向于城市中心区。而生产性服务业的集中化，进一步促进了商务活动的空间集聚。便捷的交通通信网络、发达的金融机构、高效的办公场所、完善的配套服务设施以及各类高素质的人力资源，不仅是影响生产性服务业，也是影响商务活动空间选址的重要因素。在生产性服务业和高级商务活动向城市中心区集聚的同时，城市工业以及高新技术产业则进一步向城市外围的工业园区集中。城市外围的工业园区具有地价低廉、资源共享、节能降耗、减少污染的特点和明显的产业聚集效应，加上政府的各种优惠条件，成为工业制造业的最佳空间选择。二是城市产业空间的集中化是伴随着扩散同时进行的，制造业向工业集聚区的集中，就是以工业从城市中心向外围郊区的分散为基础的；同样，在高级商务活动向城市中心进一步空间集聚的同时，一些企业总部和常规的办公活动也出现了向郊区分散的趋势。一方面是由于通信技术为远程服务提供了可能，另一方面是城市中心区高昂的地价与拥挤的环境，这些都促使企业总部中的非决策性部门向城市外围迁移。与企业总部部分办公活动的空间分散相比，一些常规的办公活动则出现了更为强烈的扩散趋势。随着这些办公、工业等工作地点的外迁，工作者的居住地也相应的发生着变化，即由城市中心向外扩散。网络商业、电子购物的兴起使这部分居民不再像以前那样依赖于城市中心的商业区，他们可以居住到更为分散的城市外围郊区。

（2）城市工业集聚区的新发展

信息技术与网络的进一步发展，使得性质相同的城市功能在空间分布上更趋为集中，如高科技集中分布的高科技园区、商务活动集中分布的商务园区等。而信息技术的协同效应则使城市中区位最好、基础设施最为完善的中心区成为信息流通和管理服务中心，生产性服务、商务办公等功能的集中化趋势使城市的中枢功能进一步加强。随着城市产业结构调整和功能重组，城市规模扩张的进程进一步加速，以新型工业区、生产性服务业集聚区、中央商务区、新型商业区等为代表的城市新产业空间大量涌现。在上述背景下，以高科技园区为代表的城市工业集聚区得到了新发展，体现出了新的空间发展过程。从1950年代初美国斯坦福大学创建世界第一个科学研究园区硅谷开始，世界各地的许多城市都相继建立了类似的科技园区，在中国有北京的中关村、上海的张江高科技园区等。高科技产业的空间区位选择不同于以往的工业制造业，其需要具有舒适的环境、交通的可达性以及必要的集聚经济（Markusenetal，1986；转引自：顾朝林等，2000）。此外，工业集聚区的内部产业要素也发生了变化，高科技产业的基本生产资源是创新的科技信息，而创新资源只有在一流的大学和高等教育机构、政府或企业兴办的研发中心以及企业联合体的研发网络中得到，这也决定了工业集聚区的空间区位选择有了不同的特征。

2.3 理论框架构建

2.3.1 以工业集聚区为对象分析“产业转型－空间效应”之关联

1. 产业转型的直接作用

在全球化背景下，中国最大和最发达的城市现在也经历着和全球城市所经历的相似的经济和产业的转型，即：从制造业为主的“工业经济”向以现代服务业为基础的“服务经济”转变。本书将以“服务经济”的视角来考察全球化背景下中国城市产业发展的变化及其空间表现。那么，中国城市产业转型与复杂的空间现象之间如何建立关联？产业转型是如何直接作用于空间现象的？作者认为以工业集聚区为研究对象或者说以工业集聚区的空间发展过程为主要分析对象，可以建立起两者之间联系的桥梁。从已有研究和理论基础来看，城市工业集聚区既是城市产业转型直接作用下的产物，其空间发展又是城市产业空间发展和变化的主要组成部分。尤其是转型期中国城市的工业集聚区更是如此，具体表现在:（1）工业集聚区是全球化资本、技术等要素流动推动城市产业转型的重要产物。全球化带来生产要素的自由流动，中国以其巨大的市场、廉价的劳动力资源和良好的投资环境吸引了大量的国际资本，成为国际产业转移和投资的热点地区，大量外资推动工业集聚区在大城市中出现。信息化带来了人类社会的根本性变化，导致城市功能及其空间形态的变革，催生了科技园区、软件园、高新技术产业开发区等新的工业集聚区。（2）工业集聚区是对城市产业转型反应极其敏感的空间地域。长期以来工业集聚区的发展历程紧跟中国城市产业转型的步伐，经济技术开发区和高新技术产业开发区无疑是目前中国大城市中最为常见的两种开发区 [1],以这两种开发区为主体的各类工业集聚区的空间发展过程集中体现了转型期中国城市产业发展的变化过程，同样也对转型期中国城市产业转型产生了深远的影响。（3）城市产业转型对工业集聚区的空间发展过程的作用最为直接。城市产业转型不仅可以通过产业结构变化（包括产业结构升级、工业不断升级）直接介入工业集聚区在城市不同空间地域上的空间演化过程，同时还可以通过产业融合（包括制造业服务化、生产性服务业与制造业从互动到融合）直接作用于工业集聚区的内部空间变化过程。

[1] 经济技术开发区是为引进国外资本、先进技术与管理经验，发展高新技术产业并带动其他产业的发展，在一些城市和地区中划出的实行一系列类似经济特区优惠政策的地区。按照国际上通行的定义，经济技术开发区属于出口加工区的一种。高新技术产业开发区是各级政府批准的科技工业园区，是为发展高新技术而设置的特定区域，是依托于智力密集、技术密集和开放环境，依靠科技和经济实力，吸收和借鉴国外先进科技资源、资金和管理手段，通过实行税收和贷款方面的优惠政策和各项改革措施，实现软硬环境的局部优化，最大限度地把科技成果转化为现实生产力而建立起来的，促进科研、教育和生产结合的综合性基地。从发展模式看，经济技术开发区的直接目标是增加区域经济总量，以外来投资拉动为主，产业以制造加工业为主。高新技术产业开发区是一种规划建设的科学—工业综合体，其任务是研究、开发和生产高技术产品，促进科研成果商品化。可见，中国设立开发区的主要宗旨就是发展外向型经济和高新技术制造业。

2. 因素变化的影响作用

1980 年代以来，经济全球化趋势日益明显，加速了生产要素在全球范围内的自由流动和优化配置，也导致了全球产业的重构与转移，使城市产业发展进入转型期。经济全球化对城市工业集聚区的空间发展过程的影响，主要表现在经济全球化对城市的资本、技术等生产要素的吸引，开始对城市产业转型与工业集聚区的空间发展的直接作用过程产生至关重要的影响。同时，对于城市工业集聚区不同层面的空间发展过程，其影响作用也是不一样的。

对于产业结构变化与工业集聚区的空间演化的直接作用过程，本书借鉴了区位选择理论来分析区位因素变化对转型期中国城市工业集聚区的空间演化过程的影响作用，包括工业集聚区在城市不同空间地域上的空间区位变化，以及新形成工业集聚区的空间区位选择。区位理论是地理学和经济学的核心基础理论之一，是解释人类经济活动的空间分布规律。在一定的经济空间中，各区位所处的地位不同，其区位因素各异，从而其市场、成本、技术、资源约束不同。为追逐最大化的经济利益，各决策主体根据自身的需要和相应的约束条件选择最佳的区位，也即决策主体的区位选择过程。在这一过程中，决策主体需要依据什么样的理论进行抉择和选择的过程中需要考虑到哪些要素，共同构成了区位选择理论的核心内容。区位条件是随时间而变化的，区位因素也并不是一成不变的，随着时代的变迁，区位因素的内涵也会有所变化。随着经济全球化的深入发展，转型期中国城市工业集聚区的区位因素有了很大的变化，影响着工业集聚区的空间区位选择（Location Selection），从而出现了城市工业集聚区的空间演化，即工业集聚区作为区位主体需要在城市不同空间地域上寻求空间移动成本最低的空间区位，而每个空间区位也存在一个相对最佳的区位主体，使得空间利用与开发的效益达到最大化。可见，影响空间区位选择的因素变化对于工业集聚区的空间演化具有重要的影响力，原因在于空间区位的差异决定了工业集聚区的开发成本差异。本书将上述这些变化的区位因素归纳为：一是城市不同空间区位的土地价格不同影响着工业集聚区在城市不同空间地域上的空间区位选择；二是高密集的资本投资是影响城市不同空间区位功能和集聚力的重要因素，尤其是外商投资取向在城市不同空间区位上的变化影响着工业集聚区的空间区位选择；三是技术的进步与应用对于工业集聚区的空间区位选择也具有重要的影响作用，如交通技术的发展显著的改变了或改变着不同空间区位的可达性，从而为工业集聚区日益摆脱空间距离的束缚实现外向扩张发展提供了可能性。

对于产业融合趋势与工业集聚区的内部空间变化的直接作用过程，本书引入了价值链的理论视角，以价值链为视角来分析转型期中国城市工业集聚区内部生产性服务业与制造业如何从互动到融合，从而来探讨因素变化对转型期中国城市工业集聚区的内部空间变化过程的影响作用。根据生产性服务业与制造业价值链分解和整合的不同方式和过程，以及不同的融合模式，来归纳相应的工业集聚区的内部空间变化特征。首先，价值链的高度相关是生产性服务业与制造业从互动到融合的基础动力。从价值链的角度，生产性服务业价值链包括产品开发、采购服务、物流配送、产品销售服务、人力资源服务等范畴；制造业价值链包括企业基础设施、人力资源管理、采购、内外部后勤、生产、市场销售等范畴。可以看出，生产性服务业价值链与制造业价值链之间关联性较大，结合点较多，生产性服务业可以融合于制造业价值链中。其次，在生产性服务业与制造业从互动到融合的过程中，技术创新的作用十分明显。技术创新在生产性服务业与制造业中的扩散导致技术融合，技术融合促使生产性服务业与制造业的技术壁垒逐渐消失，形成共同的技术基础，从而使技术边界趋于模糊，最终导致生产性服务业与制造业融合。生产性服务业与制造业融合过程实质是价值链分解和重构整合的过程，当技术创新导致生产性服务业与制造业融合时，原有的价值链分解，通过市场的选择，将一些最优最核心的价值活动按照一定的联系进行价值链的重构整合，实现生产性服务业与制造业价值链融合，在创造出更高顾客价值的基础上获得企业经济绩效的增长，提高基本生产活动效率，同时进一步提高规模递增的经济效果，从而带动制造业的升级和生产性服务业的发展（图 2-11）。本研究将影响转型期中国城市工业集聚区的内部空间变化过程的因素归纳为：一是在生产性服务业与制造业从互动到融合的过程中起到明显作用的技术创新，是影响中国城市工业集聚区的内部空间变化的重要因素。二是在全球化背景下，中国城市功能的转换使得某些工业集聚区的功能类型也发生了变化，特别是主导功能的变化，从而影响着工业集聚区的内部空间要素变化。三是空间区位的作用直接体现在

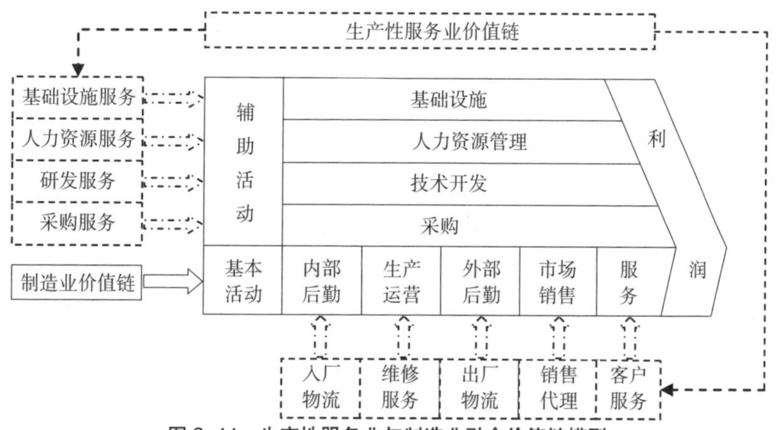

图 2-11 生产性服务业与制造业融合价值链模型

资料来源：杨仁发等，2011

工业集聚区的配套服务设施方面，影响着工业集聚区的空间要素构成不同。不同的空间区位还对生产性服务业的吸引能力和类型不同，从而影响着工业集聚区不同的内部空间变化过程。

3. 城市政府的能动作用

中国改革开放以来，在政治、经济、社会等方面的巨大转型，从根本程度上改变着城市发展的动力基础与作用机制。计划经济时代由中央政府“自上而下”的力量传递改变了，地方政府对城市发展的影响开始显现甚至得到极大的强化。张庭伟（2001）认为 1990 年代以来，在中国由于中央政府权力下放，城市政府的独立决策能力上升，成为城市发展问题上决策的主因力。黄宗智（2009）更是认为，中国经济与一般资本主义不同，主要是因为地方政府在其经济发展中所扮演的特殊角色，如果要用“中国特色”的社会主义市场经济来描述的话，那么地方政府所起的作用应该是其核心内容之一。同样的道理也适用于城市空间发展的分析。地方政府在推动中国渐进式改革和塑造市场机制的过程中一直发挥着主导乃至决定性作用。随着改革进程中权力关系的分权化，地方政府在城市发展中的角色和作用都发生了变化，在不同的层面上共同推动着市场化进程中的城市空间发展，并成为城市空间发展的主要作用主体。

同样，特殊转型背景下中国城市工业集聚区的空间发展现实是与西方发达国家有很大差异的。中国的城市大多发展历史悠久，但由于没有与世界的工业化进程紧密结合，工业集聚区的空间发展历史比较短暂。随着改革开放的深入以及全球化带来的全球产业重组浪潮，中国被推到了世界历史的前台，成为全球重要的产业基地和世界加工厂，城市的产业空间飞速发展，因此也带来一些问题。开发区建设存在超前设区、过度设区、规模过大等问题，造成土地、资金、设施的浪费（崔功豪，1995）。在中国，城市工业集聚区的空间发展过程在很大程度上是由城市政府主导下的强制性政策变迁而诱致的空间行为结果。这主要表现在：（1）城市政府是推动工业集聚区的空间发展的积极行动者，设立和促进工业集聚区已经成为城市政府的重要战略和政绩，而且当今城市政府既有足够的动力也有足够的资源条件去推动工业集聚区的空间发展，与其他力量如企业、民间力量相比，城市政府无论在行政动员动力、资源掌控能力等方面占据无可比拟的优势。（2）城市政府是进行制度创新和改革的行动者。中央政府赋予了城市政府在推动城市发展过程中突破国家传统体制以寻找适应市场经济的体制与方式的权力，使城市政府根据城市发展需要进行制度创新和改革行动成为可能，从而加快了城市政府在土地使用制度、现代企业制度等方面的改革创新。其中，土地使用制度的改革，改变了城市内部的用地功能结构，推动着城市土地的优化配置过程，对工业集聚区在城市不同空间地域上的空间演化作用明显。现代企业制度的建立赋予了工业企业对土地处置的自主性，对工业企业所在工业集聚区的转型及其内部空间变化作用明显。（3）城市政府的行为对工业集聚区的空间发展过程具有重要的控制和引导作用。城市政府不仅按照国家宏观调控政策的要求，在城市发展的不同阶段为推动经济增长和产业结构调整制定并推行一系列的城市经济和产业发展政策，影响并控制城市经济的发展和工业集聚区的空间发展。尤其是通过组织编制和审批各层次城市规划，对于工业集聚区的空间发展起到重要的引导和整合作用。

2.3.2 空间发展研究的理论分析框架

如图 2-12，借助工业集聚区这样一个“空间对象”，建立“产业转型—空间效应”之间存在的逻辑关系，以“服务经济”的视角来考察工业经济向服务经济转型背景下城市产业发展的变化及

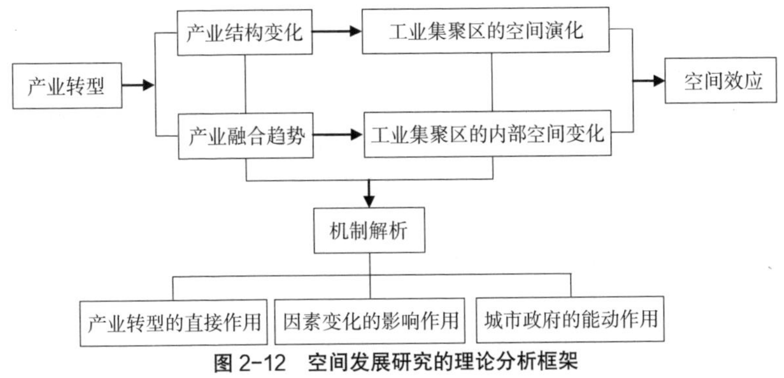

图 2-12　空间发展研究的理论分析框架

其空间表现。首先，研究在全球化时代背景下城市产业转型的具体过程，包括产业结构变化和产业融合趋势。然后以工业集聚区的空间发展过程为主要实证分析对象，来探讨城市产业转型在工业集聚区的空间发展过程中的效应，包括工业集聚区的空间演化、内部空间变化两个层面的具体表征。接下来，研究通过产业转型的直接作用、因素变化的影响作用、城市政府的能动作用三个方面来进行工业集聚区的空间发展的机制解析，同样是分为上面的两个层面展开，一是分析产业结构变化与工业集聚区的空间演化的作用过程，解析工业集聚区的空间演化机制；二是分析产业融合趋势与工业集聚区的内部空间变化的作用过程，解析工业集聚区的内部空间变化机制。

第3章 转型期上海城市产业转型及其空间效应

城市是人类社会、经济与文化发展到一定阶段的产物和反映，不同时代的城市必将烙上不同时代的社会、经济、文化等时代背景。经济社会变迁必然影响城市空间发展和变化，经济社会演进是城市空间变化的最为根本的原因。1980 年代以来，中国实施了改革开放的战略，使得中国的经济迅速融入了全球经济中，中国的经济越来越受全球经济的影响。上海，一个大城市，作为中国与世界经济接轨的前沿地带，以及全球经济体系中的重要空间节点，其经济结构和空间结构的变化受到更大空间尺度——全球、中国和长三角地区经济社会演化的影响。在全球化不断深入和经济社会快速转型的背景下，上海经济社会呈现出经济增长速度加快、产业结构优化、投资加快、交通设施飞跃发展等发展态势，推动着上海经济社会的演进，也深刻地影响着上海城市空间的发展和变化。要真正地了解和认识上海城市产业转型及其空间效应就必须充分了解城市发展时代背景的变迁趋势。而对上海城市经济社会演化过程的剖析，有助于理解上海城市产业转型和工业集聚区的空间发展态势。因此，本章首先从全球经济重组趋势、中国大城市经济发展态势、长三角地区产业发展格局和上海城市经济社会演化过程这四个方面来分析时代背景的变迁趋势。然后来阐述上海城市产业转型的具体过程，包括产业结构变化和产业融合趋势。最后来讨论上海城市产业转型的空间效应，主要是上海工业集聚区的空间发展轨迹和总体概况。

3.1　时代背景的变迁趋势

3.1.1　全球经济重组趋势

1. 全球经济发展的变动

1980 年代中期以后，特别是进入 1990 年代以来，世界经济发生了 3 个重大的结构性变动：世界经济的空间结构变动，即经济全球化；世界经济的时间结构变动，即新经济周期的形成和发展；世界经济的分工结构变动，即国际分工发生了全球性的重组（柯武刚等，2001）。一是全球经济生产体系化。随着国际分工格局的演进，国际分工的边界正从产业层次转换为价值链层次。1990 年代后半期以来，为适应知识经济、网络经济和经济全球化趋势的发展，跨国公司相应调整了其战略和组织结构，全球化战略成为其发展战略的主要特征。为充分利用自身巨大的资本优势、技术优势和世界各国有力的生产要素，往往选择在全球范围内重新建立战略体系，将具备供求关系的上、下游产业分布在世界不同的地区，形成全球生产体系。随着国际产业分工格局的演进，传统的垂直型分工正向混合型分工转变，呈现出产业间分工、产业内分工与产品内分工并存的多层次的崭新格局。当前，发达国家与发展中国家的分工体系正经历着以形成全球产业链和价值链为目标的变革，从而加快全球产业链的形成和全球生产体系化。二是国际产业转移深化。经济全球化和国际产业分工体系形成，使得全球不同类型企业根据劳动分工和在价值链中地位的不同，通过“全球扫描”寻找最优区位，并将生产在全球范围内进行产业转移。1990 年代以来，伴随着全球化和经济知识的到来，全球产业由发达国家或地区向发展中国家或地区转移的速度明显加快，且呈现出重点加速移向亚太地区和中国，结构层次不断向高端演进，制造、研发和服务一体化转移等新态势。三是国际产业结构高度化。随着科学技术的发展，世界产业结构发生了深刻的改变，当前国际产业结构高度化演进加速，正呈现信息产业成为主导产业，高新技术产业持续快速发展，传统产业高新化，劳动力结构智力化等新态势。

2. 全球城市体系的演变

全球化促进了资本的全球流动和国际贸易的增加，以及生产设施和相关服务的跨国分布，世界城市与城市之间的联系愈加紧密，城市间的经济网络开始主宰全球的经济命脉，使若干世界性的节点城市成为空间权力上超越国家的实体，世界城市体系的格局逐渐形成(顾朝林,1999)。在这个网络化的世界城市体系(图 3-1)中，与其联系性的强弱程度决定了不同城市的地位与职能。如果依据其联系性的强弱来排列,世界城市将呈现一个“金字塔形”(图 3-2)的功能体系（周振华, 2004)。大量位于网络体系底层的城市，只具有地区性职能；相当一部分位于网络体系中层的城市，具有区域性职能；只有少数位于顶层的城市，才具有全球性的职能。

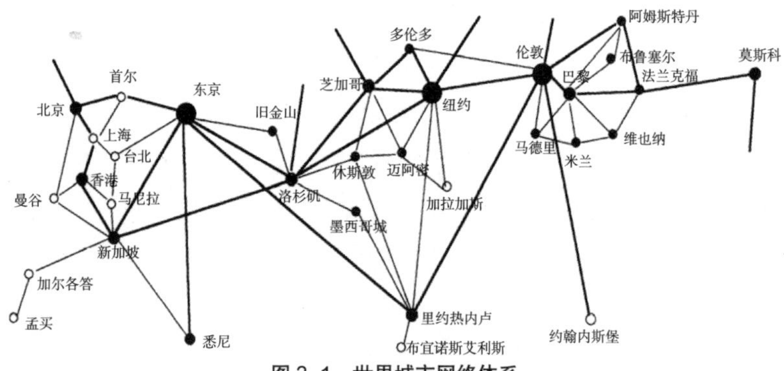

图 3-1　世界城市网络体系

资料来源：付磊，2008

泰勒（Taylor, 2004）提出在当代社会经济条件下，经济活动的全球扩散和全球一体化背景下，世界城市体系演变态势呈现如下格局：一是金融活动与生产服务业在一些中心城市迅速集聚，促进了国际金融和商务中心的形成。金融活动的高度集聚，使在城市等级体系的顶层城市中，由银行、投资公司、法律机构、保险公司和证券交易所共同组成的金融综合体成为各部门的决策中心，并成为日益增长的全球经济一体化系统的节点；二是经济全球化促进了资本和技术的全球转移，并在地理空间和机构框架上带来一系列经济活动的新空间扩散。日益增长的资本流动不仅导致制造业生产网、服务业网和金融市场网的地理空间变化，带来对制造业新生产方式和新金融体系的管理、控制和服务的新需求。管理的高层次集聚，生产的低层次扩散，控制和服务的等级体系扩散方式构成了信息经济社会的总特征；三是信息技术特别是远程通信技术的发展，高层次服务业等控制型资源可通过知识转化为信息流在世界范围内进行配置，城市也可通过联系网络，相互作用和相互协同，在特定的更新方式中靠专业化优势来获得较大的发展活力。这种通过网络分享知识和技术的过程，将最终导致多极多层次世界城市网络体系的形成，从而使若干全球信息节点城市发展成为世界城市或国际性城市，世界城市（World City）越来越控制和主宰着全球的经济命脉；四是许多发展中国家及中等发达国家，在经济建设取得相当成就后，更为关注城市发展与建设，使得世界城市研究不仅成为学者关注的中心，也成

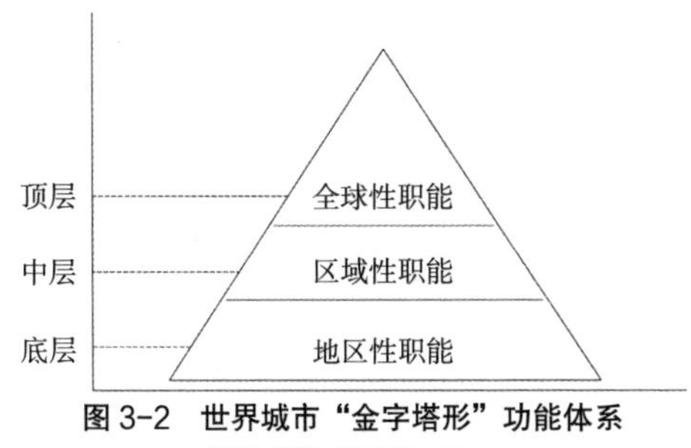

图 3-2　世界城市“金字塔形”功能体系

资料来源：周振华，2004

为各国各级政府热衷研究的主题；五是随着中国经济的崛起，中国城市体系的空间格局势必会发生巨大变化，而其中世界城市和国际化大都市的发展将最为引人注目。

3.1.2 中国大城市发展态势

1. 城市参与全球分工

在经济全球化和新的国际劳动地域分工的推动下，资本和劳动性流动，产业的全球性迁移，跨国公司主导下的跨国资本对世界各级规模的地域系统和城市结构模式的形成与变化所起的重要作用也日益凸显，世界各国的城市或主动或被动地纳入到全球化的进程中，城市发展进入了一个新的发展阶段。从全球范围来看，资本国际化和经济全球化使世界空间经济向两个相互联系而又相互对立的方向发展；一方面，世界经济的控制机构向少数几个世界性大城市空间集中，在这些城市形成“总部经济区[1]”。另一方面，跨国公司的生产国际化使制造业活动区位跨越国界呈国际性分散布局。跨国资本的前一种空间移动过程形成了所谓的“世界城市”；而后一种空间移动则导致了制造业从发达国家城市向第三世界新兴工业化国家城市转移，并使得这些新兴工业化国家城市的兴起。北京、上海、广州等作为中国最为发达以及受国外资本冲击最大的城市，其不仅成为中国三大经济圈或三大城市带的龙头，而且在经济全球化的影响下，正逐步纳入全球城市劳动分工体系中，成为亚洲的一级城市群。

2. 城市产业结构转变

国际资本流入和跨国公司进驻，对发展中国家的城市产业结

---

[1] “总部经济”是指某区域由于特有的资源优势吸引企业将总部在该区域集群布局，将生产制造基地布局在具有比较优势的其他地区，而使企业价值链与区域资源实现最优空间耦合，以及由此对该区域经济发展产生重要影响的一种经济形态。

构影响巨大。以中国商品经济最发达的两个城市北京和上海为例，在经济全球化的背景下，由于国际资本的大量流入，一方面使它们的经济迅速发展，另一方面产业结构发生了巨大变迁，其中最为重要的表现是产业结构的软化和高级化。一是产业结构由“二、三、一”向“三、二、一”转变，即无论产值结构还是从业人员结构，都已形成了 III>II>I 格局，产业结构在现代经济增长中正呈现工业化和更高阶段上的服务化趋势；二是随着信息、网络技术和其他高科技的新兴产业迅速崛起，高新技术产业和现代服务业正替代传统产业，成为城市经济新的支柱产业和新的经济增长点。在北京、上海等沿海大城市正在出现以信息产业为龙头，以其他高科技产业为骨干的一场产业结构的重组和升级。而第三产业也呈现出高级服务业占主导地位的趋势，金融、保险、贸易、信息等知识和技术含量较高的生产性服务业行业正迅速发展。

3. 城市政府权力重构

改革开放前的中国是一个实行计划经济体制的高度一体化社会。国家通过垄断绝大多数社会资源（包括物质财富、劳动就业、发展条件、机会和信息等），实行了对社会的全面的严密控制，强大的国家政权对非独立的弱势社会随意干预，政府的行政权力与经济管理权力直接联系，合为一体，不给社会与市场留有余地，从而形成“大政府、大社会”的关系模式。改革开放后，随着社会主义市场经济体制的确立与逐步完善，行政权力从微观经济领域权力中退出，市场主体自主权和资源配置权逐步确立。政府也从微观领域的直接干预，更多地走向宏观领域的间接调控。而社会主义市场机制在资源配置中正发挥着越来越大的作用，对社会资源发挥基础性的配置作用。在未来，市场因素将成为影响中国城市经济社会发展的主要因素，但政府仍将发挥重要影响。

改革开放以来，为了调动地方政府的积极性，鼓励地方政府通过制度创新，因地制宜地制定出关于本地区经济发展战略，中央对于中央和地方政府的权力进行了调整，并将部分经济社会管理权力向地方政府下放[1]。权力下放使得城市政府发展经济的积极性得到极大的释放，其通过城市经营，充分运用市场机制的作用，促进城市的各项建设，优化经济社会发展和投资环境，带动城市发展。

4. 城市产业空间发展趋势

转型期中国城市产业空间的发展过程中有两个显著的趋势。一是工业的郊区化。改革开放后，中国城市开始考虑合理的城市规划和空间布局，首先出现了工业的郊区化，即城市部分工业开始从城市建成区向外搬迁。周一星等（2000）认为北京市工业郊区化可以分为两种类型：第一种是在城市总体规划的要求下，城市建成区一些污染扰民工业向郊区搬迁，主要目的是为了改善城市建成区环境；第二种是产业结构转换中的工业企业外迁。高向东等（2002）指出 1993 ~ 1999 年上海城市的中心城区工业企业减少 580 个，占中心城区工厂企业的 30%，而近郊区增幅达 125%，1993 ~ 1999 年中心城区工业企业减少从业人员近 37 万人。二是工业的园区化。工业郊区扩散的结果是适当向园区集聚，从而形成了各类工业集聚区。这些工业集聚区有经济技术开发区、高新技术产业开发区、出口加工区、保税区、工业园区等，在开发建设总目标一致的前提下，工业集

[1] 中央政府给地方政府放权主要体现在：（1）给地方政府更多的自主权，以在更大的范围内检查和审批投资项目；（2）允许地方政府保持适当的财政收入并给予特殊的财政支持；（3）给投资者提供减税或免税等优惠条件；（4）规定地方政府的行政方法和工作程序，从而确保地方政府的工作效率提高和工作质量改进。近年“撤县并区、县市直管、强镇扩权”等，都是各级政府根据不同区域经济发展阶段，所采取的权力分配的重新配置和调整。

聚区在产业发展上各有侧重。如经济技术开发区侧重于吸引国外资金和技术发展外向型经济；高新技术产业开发区是要通过建设高新技术产业基地，推动传统产业的改造和地方经济的发展，加速实现中国高新技术成果商品化、产业化和国际化（陈益升，2002）；出口加工区主要是为利用外资、发展出口导向工业、扩大对外贸易而设立的以制造、加工或装配出口商品为主的特殊区域；保税区侧重于与进出口加工、国际贸易、保税仓储商品展示等功能相关的产业；而工业园区的产业则更加多元，既有早期较发达的以制造业和重工业为主的产业，亦有高科技产业，甚至有研究机构与学术机构进驻而形成科学园区。自改革开放以来，设立各类工业集聚区一直是中国地方政府发展城市经济的重要行为。在"退二进三"或土地置换的政策驱动和城市总体规划的引导下，城市政府对原有工业布局进行整体的调整，克服"遍地开花"的局面，以集中建设各类工业集聚区为导向，吸引工业企业逐步集聚。

3.1.3　长三角地区产业发展格局

1. 产业分工格局

目前，长三角地区正形成以产业集群为标志的产业分工格局（表3-1）。上海市已经初步形成松江、青浦、张江、漕河泾的微电子，嘉定的汽车制造，宝山的精品钢材，金山的石油化工等大规模的产业集群。江苏省正形成以苏锡常为核心的电子信息，无锡、南通的纺织服装，苏州、南京、徐州、连云港一带的精密机械等产业集群。浙江省正形成环杭州湾的电子信息，杭州、台州、金华的现代医药，绍兴、萧山一带的纺织，宁波、杭州、温州的服装，乐清的电工电器，台州的塑料模具和制品，永康的五金机械，义乌的小商品等标志性产业集群。

长三角地区主要产业群及空间分布　　表 3-1

集聚行业或产业	所在省市	集聚地
集成电路（IC）产业群	上海市	张江高科技园区、漕河泾新兴技术开发区、科技京城
IT产业群		松江工业区
汽车及零部件产业群		嘉定汽车城
钢材产业群		以宝钢、上钢为主
石化产业群		金山化工区
平板显示器企业群	江苏省	南京经济技术开发区
IT产业群		南京江宁开发区、苏州、吴江、昆山、无锡
汽车产业群		南京江宁开发区
石化产业群		南京化工园
高新技术产业群		南京高新技术产业开发区
纺织企业群		无锡、无锡江阴、苏州吴江盛泽镇
服装服饰产业群		常熟
五金工具产业群		张家港大新镇
环保产业群		无锡宜兴
低压电器企业群		镇江扬中
板材加工产业群		徐州邳州
传感器企业群		苏州昆山
纺织产业群	浙江省	杭州萧山、宁波鄞州区、绍兴柯桥镇、绍兴诸暨市大唐镇、绍兴嵊州、嘉兴海宁、嘉兴秀洲、湖州织里
IT及高新技术产业群		杭州
医药制造产业群		台州、绍兴新昌、金华东阳、永康
塑料模具企业群		宁波余姚
木业企业群		嘉兴嘉善
鞋业企业群		温州
打火机、眼镜、五金机械、纽扣、服装、低压电器		温州鹿城区、温州永嘉、金华永康、温州乐清柳氏镇

资料来源：王红霞，2005。

长期以来，上海城市一直与其腹地区域内的各城市之间维系着垂直分工的关系。但是随着上海周边城市制造业的扩张和外资的注入，苏沪之间制造业产业联系已由过去的垂直分工为主，转为水平分工为主、垂直分工和水平分工并存的产业分工格局。但是，上海周边城市高层次的需求仍将依托上海市，特别是在金融保险、交通物流、科技教育等服务行业方面。因此，面对新的国际经济和技术环境，长三角地区不同等级规模的城市之间的产业分工协作，将日益成为发挥上海及周边地区整体优势的关键所在。

2010 年完成的《长江三角洲地区区域规划（2009 ~ 2020）》提出的产业发展与布局对长三角地区城市的产业分工格局又有新的影响。从现代服务业的发展与布局来看，上海重点发展金融、航运等服务业，成为服务全国、面向国际的现代服务业中心。南京重点发展现代物流、科技、文化旅游等服务业，成为长三角地区北翼的现代服务业中心。杭州重点发展文化创意、旅游休闲、电子商务等服务业，成为长三角地区南翼的现代服务业中心。苏州重点发展现代物流、科技服务、商务会展、旅游休闲等服务业，无锡重点发展创意设计、服务外包等服务业，宁波重点发展现代物流、商务会展等服务业。苏北和浙西南地区主要城市在改造提升传统服务业的基础上，加快建设各具特色的现代服务业集聚区。从先进制造业的发展与布局来看（图 3-3），（1）电子信息产业。以上海、南京、杭州为中心，沿沪宁、沪杭甬线集中布局。沿沪宁线重点发展具有自主知识产权的通信、软件、计算机、微电子、光电子类产品制造，形成以上海、南京、苏州、无锡为主的研发设计与生产中心，以常州、镇江等为主要生产基地的电子信息产业带；沿沪杭甬线以上海、杭州、宁波为研发设计与生产中心，整合嘉兴、湖州、绍兴、台州等地的相关产业，构建国内重要的软件、通信、微电子、新型电子元器件、家电产业生产基地。扬州、泰州、南通、温州、金华、

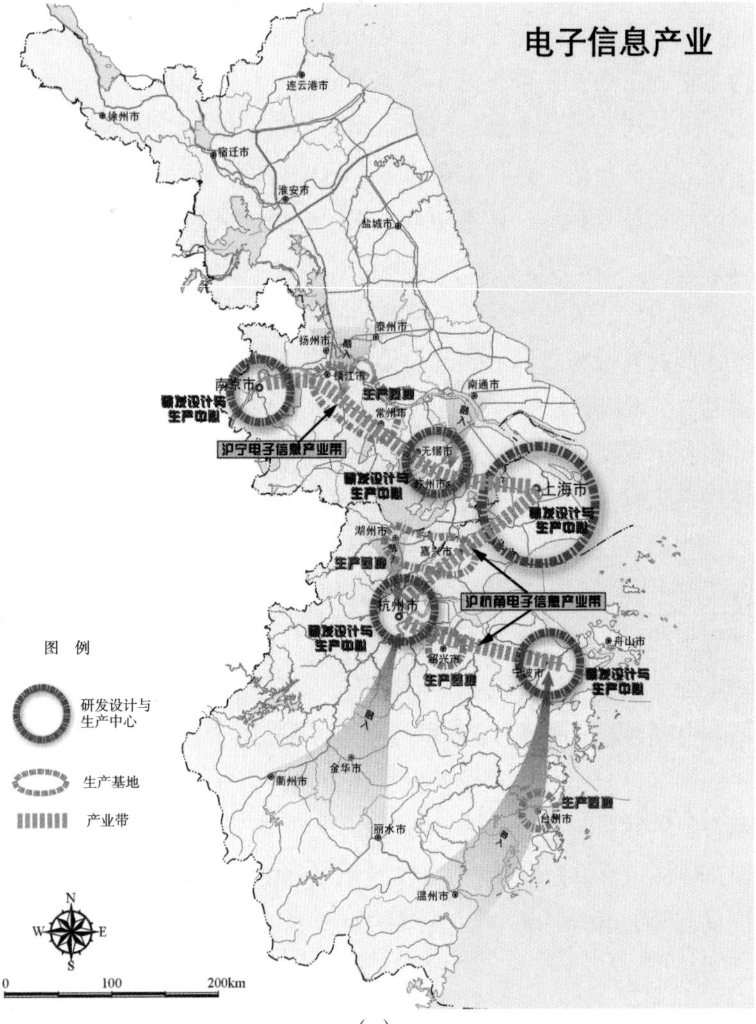

（a）

图 3-3 长三角地区先进制造业的整体发展关系（一）

资料来源：长江三角洲地区区域规划（2009～2020）

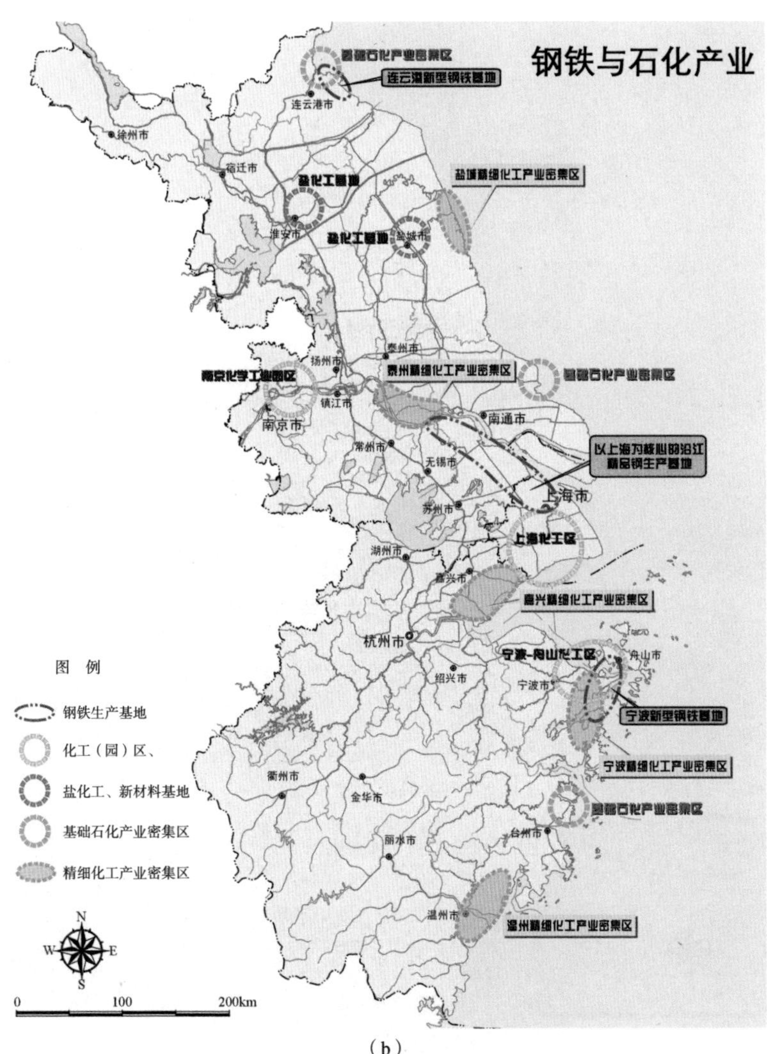

（b）

图 3-3　长三角地区先进制造业的整体发展关系（二）

资料来源：长江三角洲地区区域规划（2009 ~ 2020）

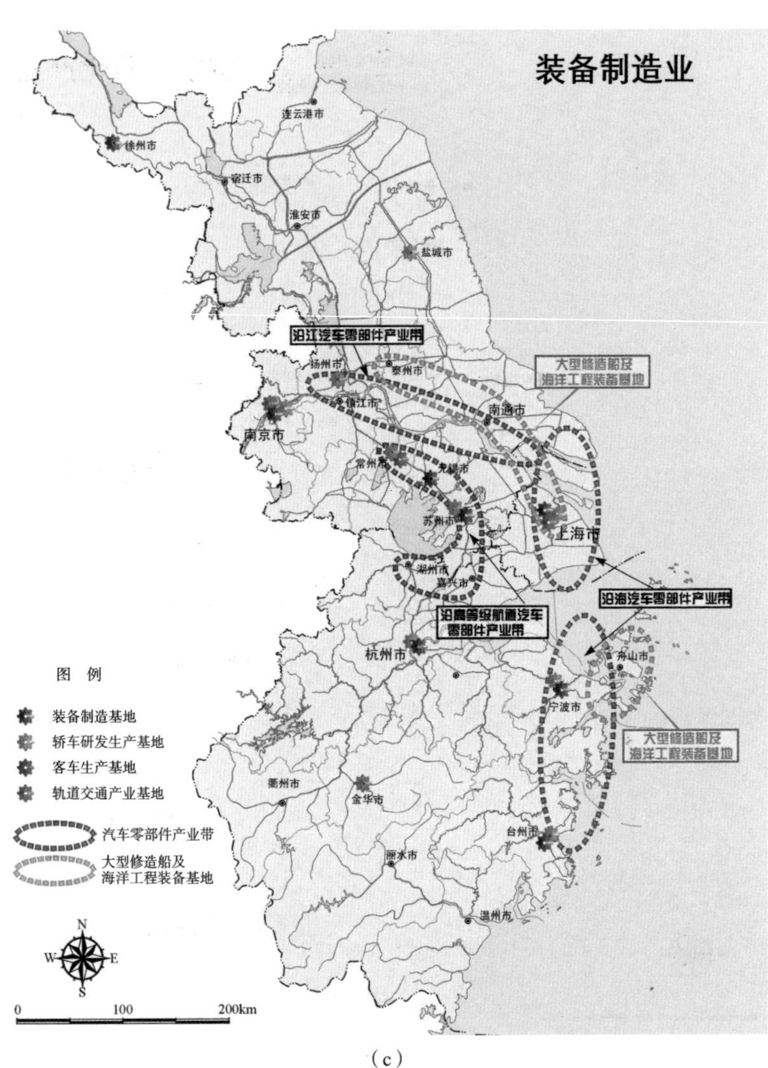

（c）

图 3-3 长三角地区先进制造业的整体发展关系（三）

资料来源：长江三角洲地区区域规划（2009 ~ 2020）

衢州等在巩固发展电子材料、电子元器件产业的基础上，以产业协作配套为重点，开拓计算机网络和外部设备等新产品领域，加快信息产业发展。(2) 装备制造业。以上海为龙头，沿沪宁、沪杭甬线及沿江、沿湾和沿海集聚发展。以上海、南京、杭州为先导，苏州、无锡、宁波、徐州、台州等为骨干，提升机械装备制造业水平和核心竞争力。上海、南京、杭州、宁波、台州和盐城积极发展轿车产业，形成区域性轿车研发生产基地。以苏州、常州、扬州和金华为重点，加快形成国内重要的客车生产基地。鼓励开展新能源汽车研发和生产。以上海、南京、常州为重点，加快形成轨道交通产业基地。围绕汽车整车制造，鼓励沿海、沿江等地区发展汽车零部件生产，形成汽车零部件产业带。以上海、南通、舟山等为重点，建设大型修造船及海洋工程装备基地。结合上海地区船舶工业结构调整和黄浦江内部船厂搬迁，重点建设长兴岛造船基地。(3) 钢铁产业和石化产业。依托上海、江苏的大型钢铁企业，积极发展精品钢材。依托现有大型石化企业加快建设具有国际水平的上海化工区、南京化学工业园区和宁波 - 舟山化工区。

2. 产业合作网络

自改革开放以来，随着大规模的外资引进和对外贸易活动，长三角地区已成为中国在经济全球化进程中率先融入世界经济的重要区域。目前发展情况来看，长三角地区将逐渐从仅有地域联系的区域发展成为具有全球性功能的“全球城市区域[1]”，并日益成为当代全球经济的基本空间单位。以上海为龙头的长三角地区目前已成为跨国公司在中国最密集的地区。长三角地

[1] 全球城市区域既不同于普通意义上的城市范畴，也不同于仅有地域联系形成的大都市区、城市群、城市连绵区等城市区域概念，而是在高度全球化的前提下，以经济联系为基础，由全球城市及其腹地内经济实力较雄厚的二级大中城市扩展联合而形成的一种独特空间现象。

区 15 座城市（台州市未统计进去）共有各类国家级园区 37 家，包括工业集聚区中的高新技术产业开发区 6 家，经济技术开发区 11 家，金融贸易区 1 家，出口加工区 13 家，以及保税区 3 家和风景旅游度假区 3 家，占了全国 170 家的 21.8%。强烈的全球化压力和地区间竞争，促使全球城市区域具有内在的更为宽泛的空间经济特征[1]。从这一意义上讲，全球城市区域是全球化成为可能的空间地域，或者说是全球化赖以推进的空间基础。因此，全球城市区域不仅是全球化的结果，同时也是全球经济的驱动力之一。在全球城市区域不断兴起，并作为全球经济发动机的功能日益增强的趋势下，上海正借助于全球城市区域的全球生产链、产业集群和广泛对外经济联系，发挥其连接国内经济与全球经济的桥梁作用，发展服务经济和生产性服务业，城市的经济、金融、贸易、航运中心的功能正得到提升，逐步成为全球城市网络体系中的主要节点。

上海与作为全球城市区域的长三角地区之间的产业合作关系，主要是借助于由外部嵌入的全球商品链而建立的。发达国家主要城市发展成为国际大都市的前提条件是通过本土公司演变为跨国公司向全球拓展其分散化生产而成为控制与管理及生产者服务中心，而上海有可能的就是借助于全球商品链向中国大规模的延伸，建立起全球联系和融入世界城市网络之中。同时，考虑到产业集群效应，上海将更多地定向于区域层面，分散在某些区域的各个城市之中，这就是为什么可以看到在长三

[1] 周振华（2007）提出，全球城市区域所具有内在的更为宽泛的空间经济特征是指，由于全球化突出了空间接近和凝聚对促进经济生产能力和形成优势的重要性，因而，全球城市区域在其发展初期的地域实体扩展中，出现了邻近地方政治单位（县、市等）一起进入的松散的联盟，在应对全球化的威胁和机会的基础上寻求效率。正是在这种有着高度经济联系的全球城市区域中，才有足够的人力资源、资本动力、基础设施以及相关服务行业支撑的具备全球化标准的生产。

角地区到处都有外商直接投资和形成这么多开发区的主要原因之一。世界 500 强企业中已有 400 多家在长三角地区落户，其中上海近 300 家，江苏 180 余家，浙江近 60 家。长三角地区成为中国跨国公司最集中的地区。同时，长三角地区也是国内大型企业最重要的集聚地。2005 年中国企业 500 强中，长三角地区就有 120 多家，其中上海 44 家，浙江 42 家，江苏 40 家（周振华，2006）。全球商品链运作的空间分布结构，与城市等级体系是高度吻合的，上海作为总部资源密集的中心城市，与江苏、浙江一带的昆山、苏州、无锡、嘉兴等作为加工制造资源密集的腹地之间有着密切的关系，形成了“总部—加工基地”的区域产业分工与合作的模式（图 3-4）。

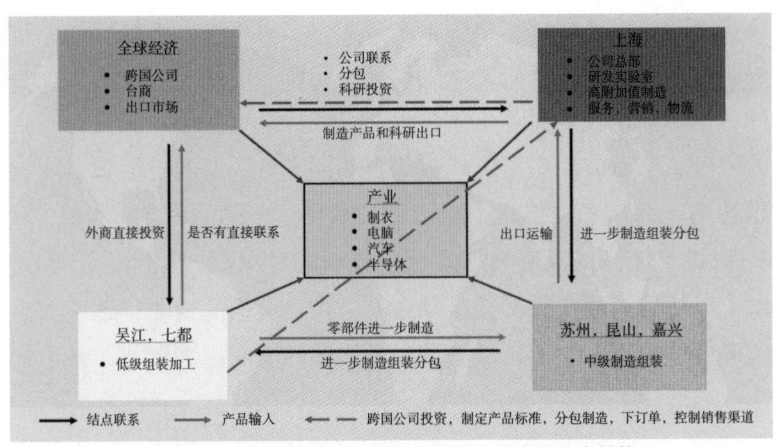

图 3-4　上海周边地区全球商品链运作的空间分布结构

3.1.4　上海城市经济社会演化过程

1. 经济社会的快速发展

改革开放至今是中国经济社会演变最剧烈的时期，经济社会演进是城市发展、变化最为重要的内在动力，也是直接或间接影响城市空间变化的基石。作为经济社会发展的产物，城市的发展、变化都是城市经济社会作用力的表现结果，经济快速增长、外商投资加快、技术不断进步都是上海城市空间变化的基础动因。

（1）经济快速增长

进入转型期以来，上海市经济快速发展，经济实力大大增强（表 3-2）。1980 年代，上海市经济总量翻了一番。进入 1990 年代以后，至 1997 年上海市经济总量已经比 1990 年翻了两番，显示出 1990 年代上海市经济的迅猛发展势头。进入 21 世纪的 10 年间，上海市经济持续高速增长，经济总量从 2000 年的 4771.17 亿元增长为 2009 年的 15046.45 亿元。上海市经济的持续高速增长和经济发展水平的现实说明，一方面，上海市正处于经济起飞阶段，有可能借助经济快速发展势头主动调整经济和产业结构，为进一步的高速发展打下良好的基础；另一方面，按经济发展所处的阶段，上海市政府需要审慎确定不同产业的发展对策和空间布局策略。而地方财政收入由 1978 年 169.22 亿元增加到 2012 年的 3743.71 亿元，更是加大了上海市政府对产业空间的经营能力。城市经济规模的变化必然会导致城市用地规模的变化，随着城市经济规模的不断增加，经济活动所需要的空间越来越大，城市的产业用地势必不断扩展。

改革开放以来上海主要经济发展指标的变化　　表 3-2

年份	生产总值（亿元）	人均生产总值（元）	全社会固定资产投资总额（亿元）	全市财政收入（亿元）
1978	272.81	2485	27.91	169.22
1980	311.89	2725	45.43	174.73

续表

年份	生产总值（亿元）	人均生产总值（元）	全社会固定资产投资总额（亿元）	全市财政收入（亿元）
1985	466.75	3811	118.56	184.23
1990	781.66	5911	227.08	166.99
1995	2499.43	17779	1601.79	227.30
2000	4771.17	30047	1869.67	620.24
2005	9247.66	49648	3542.55	1433.90
2009	15046.45	69165	5273.33	2540.30
2012	20181.72	85373	5254.38	3743.71

数据来源：上海统计年鉴 2013。

注：1978 ~ 1992 年的人均生产总值按户籍人口计算，1993 年以后按半年以上常住人口计算，2001 ~ 2009 年的人均生产总值根据第六次人口普查结果调整后的年末常住人口数计算。

（2）外商投资加快

以跨国公司为载体的经济全球化，加速了资本的国际流动，促进了生产的国际分工和生产要素在全球范围内的优化配置，推动了全球经济结构的调整。改革开放以来，大量的外资投向上海，促进了上海经济和产业的发展，扩大了上海城市建成区的面积。大量外资的流入，可以缓解上海产业发展过程中存在的资金不足问题，从而改变着投资的资金来源结构和所有制主体结构。同时，跨国公司投资的领域（产业）的变化，影响了投资的使用结构。近年来上海的外商投资在第二、第三产业中的比重正在发生深刻变化，由投资第二产业为主向第二、第三产业同时发展转变（图 3-5）。至 2009 年，上海累计实际吸收外资 953.06 亿美元。其中工业实际吸引外资为 417.88 亿美元，占全部外资的比例为 43.85%。第三产业实际吸引外资为 527.33 亿美元，占全部外资的比例达 55.33%（表 3-3）。

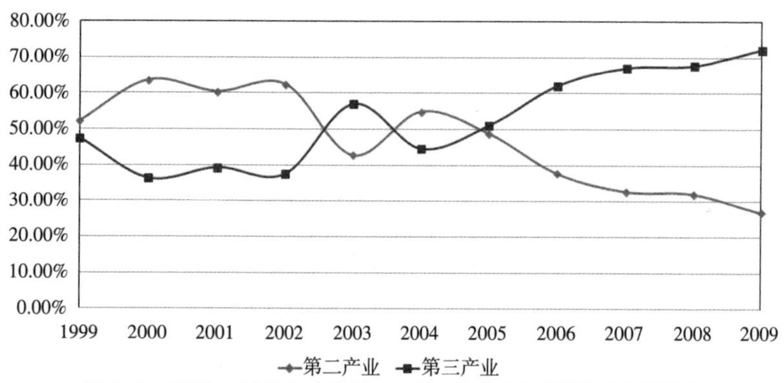

图 3-5　1999 ~ 2009 年上海第二、第三产业实际吸收外资金额变化

1999 ~ 2009 年上海各产业实际吸收外资金额变化　　表 3-3

年份	实际吸收外资金额（亿美元）								
	第一产业		第二产业				第三产业		合计
					其中：工业				
	数值	比重	数值	比重	数值	比重	数值	比重	
1999	0.11	0.36%	15.90	52.17%	15.44	50.66%	14.47	47.47%	30.48
2000	0.06	0.19%	20.06	63.48%	19.86	62.85%	11.48	36.33%	31.60
2001	0.17	0.39%	26.50	60.34%	26.28	59.84%	17.24	39.25%	43.92
2002	0.09	0.18%	31.33	62.29%	30.81	61.25%	18.88	37.53%	50.30
2003	0.12	0.21%	25.01	42.75%	24.59	42.03%	33.37	57.04%	58.50
2004	0.36	0.55%	35.87	54.84%	34.83	53.25%	29.18	44.61%	65.41
2005	0.09	0.13%	33.43	48.80%	33.14	48.38%	34.98	51.07%	68.50
2006	0.08	0.11%	26.83	37.75%	26.54	37.34%	44.16	62.14%	71.07
2007	0.08	0.10%	25.97	32.79%	25.79	32.56%	53.15	67.11%	79.20
2008	0.13	0.13%	32.36	32.09%	32.02	31.75%	68.35	67.78%	100.84
2009	0.82	0.78%	28.40	26.95%	28.27	26.83%	76.16	72.27%	105.38
至2009年底累计	2.50	0.26%	423.23	44.41%	417.88	43.85%	527.33	55.33%	953.06

数据来源：上海统计年鉴 2010。

（3）技术不断进步

信息技术的发展提升了上海的城市功能，其已成为促进上海经济发展的重要原因。信息产业是上海市六大支柱产业之一，也是近年来上海经济稳定增长的重要保证，其行业增加值从 2000 年的 338.18 亿元增加到 2008 年的 1670.52 亿元，年均增速高达 18.4%。2009 年有所下降，为 1446.32 亿元，但仍然是上海市六大支柱产业中的第三大产业。这些服务型信息产业的发展，改变了以往的生产方式与生活习惯，并导致城市空间结构演化出现新的格局。随着信息的发展，上海中心城区与郊区的经济和社会联系不断加强，市域范围内整体得到发展。信息技术延展了人们的行为发生空间，方便了远程交流与合作，缩短了技术创新与产品更新换代的周期，加大了社会消费与市场需求变化的速度和广度，从而对产业区位的空间变动产生深刻的影响。

在一定的社会经济条件下，技术进步在城市空间结构演化过程中起着关键作用，其中交通运输技术的发展改变城市空间拓展的方向，重构着城市空间形态。改革开放以来，上海就不断加强城市道路网建设，当前，上海已初步形成贯通市郊的骨干路网体系（图 3-6），为人口等各种生产要素往返

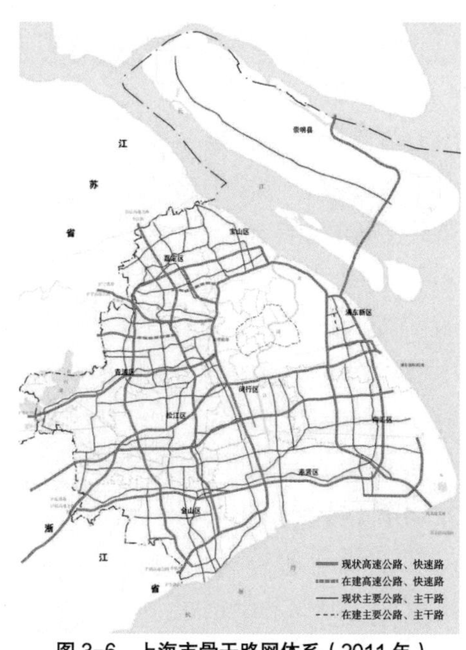

图 3-6　上海市骨干路网体系（2011 年）

于市区及郊区提供了极大的便利，从而带动了城市扩展和郊区发展。2011 年底，上海道路网总长达到 16792km。国家和长三角高速公路网基本成网，并在沪杭、沪宁主通道的基础上增加了沿江和沿海通道，建成 22 条通往江、浙两省的主要对外通道。上海全市域范围内公路总里程 12084km，路网密度约 189km/ 百平方公里。其中，“两环、九射、一纵、一横、两联”的高速公路总里程达 806km，黄浦江越江通道达 7 处 42 条车道，这为近年来城市建设重点向郊区转移的发展战略提供了有效支撑。

轨道交通是大城市最为重要的一种交通方式，它对于缓解城市交通压力、节约通勤成本具有重要作用。同时，轨道交通对沿轨道线的房地产开发与出售，对人口迁移和空间分布将产生重大影响。近年来，上海城市轨道交通建设发展迅速，截至 2012 年底，建成了由 13 条轨道交通线路（含磁浮线和新增的 22 号线金山支线）组成的城市轨道交通骨架（图 3-7），总运营线路长达 468km，基本覆盖了中心城重要地区、连接重点新城，确保了公共交通的主体地位。随着上海城市郊区化的发展，上海在完善中心城轨道交通的同时，市域轨道交通线网布局也逐渐成形，并逐渐呈现出由中心城向外辐射的特征，轨道交通亦成为上海市居民最重要的日常

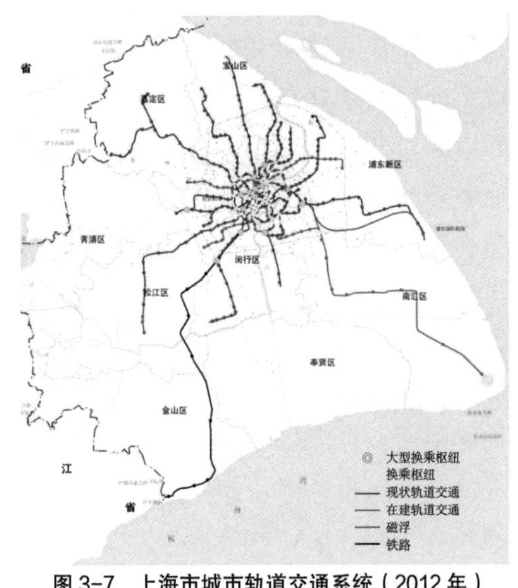

图 3-7 上海市城市轨道交通系统（2012 年）

出行方式之一。

2. 城市功能调整

上海城市经历了由封闭的国内经济中心城市到开放的世界城市，由单一的工业生产基地到多功能的现代化国际大都市，从内向型经济到外向型经济，服务对象从国内市场开拓到国际市场的转型历程。在这一过程中，上海城市逐步参与、融入到全球生产系统中，分工地位不断提高，成为全球生产网络中的重要节点，相应地在世界城市网络中的地位进一步上升。城市功能的调整引起城市空间的变化，城市空间的变化是城市功能调整的体现。上海作为大城市，其生产性功能的地位不断下降，城市转变为以第三产业为主要的功能，城市功能由生产中心向商业、商务等服务业中心转变。城市功能的调整引起城市的用地结构发生相应的变化，居住和公共设施用地相应增长，而工业用地比例有所降低，并逐步在向郊区扩展。随着上海城市在世界城市网络中地位的上升，其服务功能将增强，向国际性城市迈进，生产性服务业得到快速增长，尤其是金融和商务功能增长迅速，商务功能逐步从传统以商业为主的城市中心区分离出来，集聚形成新的商务区。同时，随着新的城市功能不断出现，上海的国际化功能、信息中心功能和知识中心功能不断加强，相应出现了新的产业空间，如出口加工区、保税区、信息港、大学城、高新区、物流园等。

（1）城市功能定位的提升

上海历来是中国的经济中心城市。但在 1950 ~ 1970 年代，由于中国实行计划经济，上海的城市功能退化为全国的工业基地（Ning，2001）。改革开放以来，上海把经济发展方式转变、构建现代产业体系等，作为提升中心城市核心竞争力的主要着力点，明确把上海建成“世界城市”的发展定位（表 3-4）。

上海市 1978 年以来城市发展战略定位的变迁　　　　表 3-4

时间	定位	来源
1980年	社会主义工业城市	《上海长远规划设想（1981～1990年）》
1986年	太平洋西岸最大的经济贸易中心之一	国务院关于《上海城市总体规划方案》的批复意见
1991年	社会主义现代化国际城市	上海市国民经济和社会发展十年规划和第八个五年计划纲要
1992年4月	远东地区经济、金融、贸易中心之一	国务院1992年度《政府工作报告》
1992年5月	远东地区经济、金融、贸易中心之一和现代化国际城市	浦东新区国民经济和社会发展十年规划和“八五”计划纲要
1992年10月	国际经济、金融、贸易中心之一	“中共十四大报告”
1996年	国际经济、金融、贸易中心之一和国际经济中心城市	上海市国民经济和社会发展“九五”计划与2010年远景目标纲要
2001年	国际经济、金融、贸易、航运中心之一和社会主义现代化国际大都市	上海市国民经济和社会发展第十个五年计划纲要

资料来源：屠启宇，2008。

进入 1980 年代，上海的发展受到了严峻挑战。长期的闭关自守和计划经济的控制，基本上割断了上海与国际经济的联系，使上海已形成的金融、贸易、航运等中心城市的地位日益下降，多种经济功能也随之衰退。在长期“重生产、轻生活”，“变消费城市为生产城市”的思想指导下，上海的工业得到了迅速发展，成为全国重要的工业基地，上海也基本成为经济功能单一的“生产型”城市。国际环境和国内条件的变化，对上海的发展提出了新的要求，重新成为国际、国内的重要经济、金融和贸易中心，恢复和发展上海的综合功能的问题，被提上了议事日程。经过 1980 年代初的一系列考察，在 1986 年国务院批复的《上海城市总体规划方案》中提出把上海建设成为现代化的国际大都市，使上海在对内对外开放两个辐射扇面起枢纽作用。上海是中国最重要的工业基地之一，也是中国最大的港口和重要的经济、科技、贸易、金融、信息、文化中心，应当更好地为全国的现代化建设服务。同时，还应当把上海建设成为太平洋西岸最大的经济贸易中心之一。这是首次把上海置于国际的大格局中进行城市功能定位，上海的转型与振兴开始启动。

1990 年浦东的开发、开放将上海城市功能再次提升到了新的高度，提出了开发浦东、服务全国、面向世界，将上海建成 21 世纪的国际经济、金融、贸易中心之一。1994 年，上海市政府在提出了上海在全球意义上“再度崛起”的命题：“上海到 2010 年基本建成国际经济、金融、贸易中心之一，浦东基本建成具有世界一流水平的外向型、多功能、现代化的新区，实现崛起成为又一国际经济中心城市”。这一轮上海城市功能的提升是以国际大都市为标杆、以世界城市发展普遍规律为依据，以全球经济社会运行为视野，来谋划上海的发展、确立上海的定位。1996 年，上海提出了“到 2010 年，为把上海建成国际经济、金融、贸易中心之一奠定基础，初步确立上海国际经济中心城市的地位”的目标。

进入 21 世纪，根据国内国际环境出现的新趋势，国际经济、金融、贸易和航运中心之一的新目标提出，使得上海建设国际大都市的发展目标进一步明晰。“四个中心”的目标定位，实际上是将世界城市作为上海的长远发展目标，核心是服务产业的发展和经济服务与辐射功能的强化，以发挥上海服务长三角、服务全中国、服务世界的综合服务功能，在国内外经济活动中真正起到资本流、商品流、技术流、人才流和信息流的集散和枢纽功能，以强大的辐射力带动和影响周边地区经济发展。2001 年 5 月，国务院批复的《上海市城市总体规划（1999 ~ 2020 年）》中明确指出，上海是全国重要的经济中心，上海市的城市建设与发展要遵循经济、社会、人口、资源和环境相协调的可持续发展战略，以技术创新为动力，全面推进产业结构优化、升级，重点发展以金融保险业为代表的服务业和以信息产业为代表的高新技术产业，不断增强城市功能，“把上海建设成为经济繁荣、社会文明、环境优美的国际大都市，国际经济、金融、贸易、航运中心之一”。

（2）城市国际地位的上升

早在 1930 年代，上海就是远东的国际大都市。1984 年中央政府宣布包括上海在内的 14 个沿海城市对外开放，标志着上海重新开始走向世界。1990 年中央政府宣布浦东开发开放，标志着上海的对外开放进入了新阶段，上海在全球生产系统中的地位也发生了重要变化（宁越敏，2004）。

上海跨国公司机构数量的增长（家）　　表 3-5

时间	跨国公司地区总部	跨国公司投资性公司	跨国公司R&D中心	外资金融机构
2002年12月	16	—	—	54
2003年12月	56	90	106	89
2004年12月	86	105	140	113
2005年12月	124	130	170	123
2006年6月	143	142	185	—

资料来源：宁越敏等，2007。

1990 年，上海提出建设国际经济中心城市的目标。从 1990 年代中期开始，为促进上海功能的转型，上海市政府制定了相关政策吸引跨国公司地区总部、研发中心以及跨国银行进驻上海。2006 年 6 月，经上海市政府认定的跨国公司地区总部的数量已达 143 家，跨国公司研发中心的数量达 185 家，而外资金融机构的数量 2005 年也已达到 123 家（表 3-5）。对于上海来说，不仅跨国公司地区总部、研发中心数量不断增加，而且本国大型企业总部、研发中心的数量也在增加。因此，上海已具有作为跨国公司区域总部的中层管理控制功能和制造业基地的研发、生产制造功能。

“十一五”以来，尽管受国际金融危机影响，上海经济高速增长的势头有所减缓，但经济总量在国际城市中的排名仍然不断上升。2008 年、2009 年，上海经济总量先后超越新加坡和中国香港。2011 年超过日本京都、韩国首尔，排在世界大城市第 11 位（图 3-8）。按常住人口计算，上海的人均生产总值 2008 年首破 1 万美元，2011 年达到 1.37 万美元，达到国际中上等富裕国家地区水平。同时，经济总量持续增长的背后是上海参与全球生产体系的程度日益加深。国际权威的英国拉夫堡大学世界城市研究小组（GaWC）分析过去 10 年世界城市等级体系的变迁发现，上海在榜单中的城市排名从 2000 年的第 30 位上升到 2010 年的

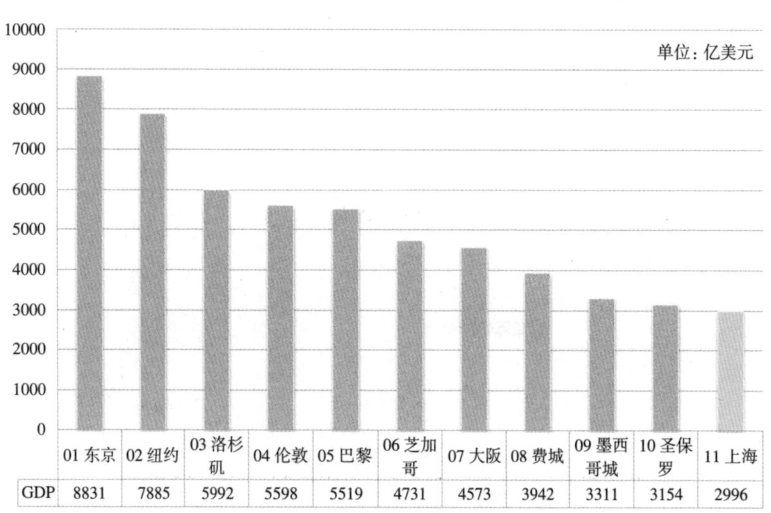

	01 东京	02 纽约	03 洛杉矶	04 伦敦	05 巴黎	06 芝加哥	07 大阪	08 费城	09 墨西哥城	10 圣保罗	11 上海
GDP	8831	7885	5992	5598	5519	4731	4573	3942	3311	3154	2996

图 3-8　2011 年全球 GDP 前 11 名城市排名

资料来源：世界银行报告，2012

第 7 位，是过去十年上升最迅速的大城市之一（图 3-9）。由于 GaWC 研究主要以跨国公司为代表的高级生产性服务业公司所在的城市及其形成的网络关系，上海国际地位的提升，这与全球性高级生产性服务业公司在中国的选址关系密切，充分反映了上海在全球生产体系中的影响力不断扩大，在世界城市体系中的国际地位持续提升。

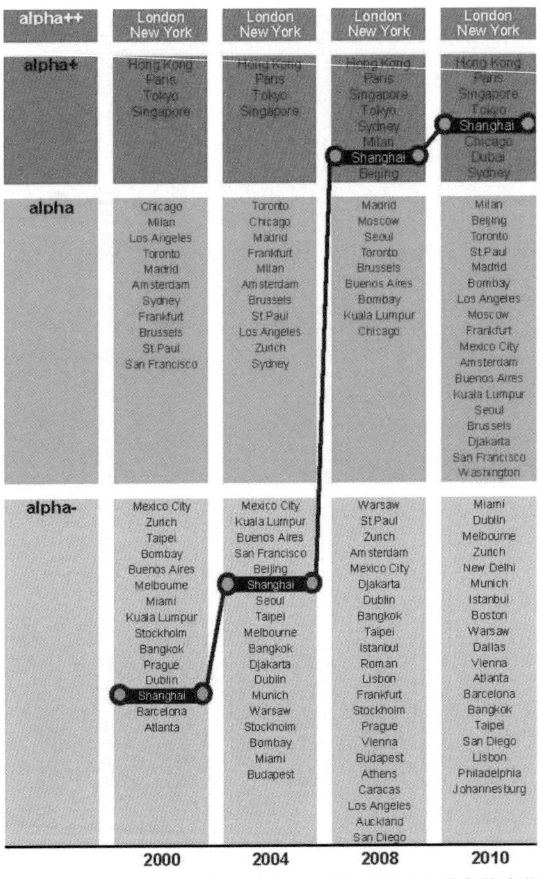

图 3-9　2000 ~ 2010 年上海在 GaWC 世界城市排名的变化

资料来源：历年 GaWC（Globalization and World Cities）手册

宁越敏等（2007）提出随着经济全球化对中国经济影响的不断加深，上海与世界经济体系的联系也日益密切，经济实力逐步提高，并逐步成为为世界市场服务的一个重要生产基地。但从总体上看，与第一层次世界城市的发展水平相比，上海仍存在相当大的差距。这种差距一方面表现为上海生产服务业的发展水平与世界城市相比还有较大差距，另一方面表现在上海的制造业，特别是 IT 产品的制造业还处于全球生产系统分工的较低层次。但上海的发展也有自身的有利条件，一是可以依托中国，特别是长江三角洲不断扩张的经济实力，二是上海本身拥有较为广阔的发展空间和较高素质的人力资源。可以预见，伴随中国整体经济实力的不断上升，中国本土大型跨国公司的逐步崛起及其在全球的扩张，上海在世界城市网络中的地位也会进一步上升。

3. 城市更新改造

（1）旧工业区更新转型趋势

改革开放前，由于生产地位的重要性，上海城市更新以旧城改造为主，主要是围绕对发展生产和改善劳动人民生活有重要影响的区域，城市改造的指导思想是充分利用旧城，为发展生产服务，城市改造中采用拆除后重新建设的方法，逐步进行零星个别的改建。同时，针对危棚屋集中地区进行通盘改造，不搞零打碎敲，拆除重建，在保持居住生活配套的基础上，形成优美的小区环境；并且充分利用现有土地，逐步扩大建设，最终形成城市面貌的改变。

1980 年代上海的经济建设仍以推动工业发展为重心，工业中心的功能仍占据主导地位，当时城市改造以改善居住条件和整治城市环境为主，中心城区的工业用地尚未开始大规模置换。当时城市更新主要任务是有计划地改造生活居住条件差的地区。成片改造闸北、南市、普陀、杨浦等地区房屋破旧、城市基础设施简陋、环境污染严重的地区，改造简屋、棚户和危房，逐步改善居民生活居住条件。随着社会发展和经济改革地深入，仅仅改善紧张的居住状况不能满足城市发展，因此，在旧城改造的基础上提出了城市更新概念，并实施了重点地段城市更新的指导思想。从1980年代开始重点实施了人民广场、外滩地区、漕溪路 - 徐家汇商城地区、天目西路 - 不夜城地区、豫园商城地区、四平路南段地区和虹临花园、上海体育中心、淮海中路东段等地区的更新改造。通过综合性的改建计划，重新调整土地使用类型及结构，综合安排工业、住宅、公共建筑、文化教育和绿化用地，妥善考虑道路交通、市政公用设施，使城市布局更加趋向合理，土地潜力和效益得到发挥，改善城市环境。

1990年代上海城市规划的重点研究问题是优化城市布局结构，优化土地使用功能，优化城市基础设施，优化城市生态环境，由此上海城市发展开始进入城市结构更新发展时期。主要是逐步改造功能衰退的旧市区，按照现代化中心城的功能要求，有计划、有步骤地搬迁和疏解不适宜在城市中心区发展的工业，腾出的土地结合三产进行发展，逐步完善城市综合功能，并拆迁棚户简屋，发展以现代、信息金融、商务办公、综合服务为主要内容的第三产业，充分发挥土地的级差效益。

进入21世纪以来，在新世纪上海“四个中心”和国际化大都市发展战略的影响下，上海开始打造一批现代服务业集聚区，中心城区进一步吸引国内外各类服务机构，完善高端服务功能，并充分利用历史文化资源和工业建筑，建设一批知识密集、多元文化、充满活力的创意产业集聚区，继续推进中心城区“退二进三”产业结构调整政策。第三产业的蓬勃发展，第二产业在市中心的衰退，人口向城市的聚集，城市的地域空间不断蔓延，使城市内部旧工业区面临着更新转型的问题。上海曾经是全国性的工业生产大基地，为了适应新的历史时期上海城市功能提升与产业结构调整的需求，需要对上海的工业布局进行新的调整，中心城区需要腾出更多的空间发展金融业与现代服务业，曾经占据中心城区的旧工业区面临着产业结构调整转型与空间结构的更新演变。近年来上海中心城区越来越多的旧工业区向创意产业、都市产业、生产性服务业转变，原先的工业用地和旧工业建筑或保留或重建。

旧工业区或工业用地的更新转型，可以说已经成为近年来上海推进城市更新、促进城市复兴的主要途径，尤其是随着大量工业企业向中心城外迁移，中心城区出现大量工业闲置划拨土地，其更新转型趋势明显。随着城市内部旧工业区更新改造的逐渐进行，以及“十二五”期间上海城市转型加速的背景下，旧工业区的更新改造也开始由城市内部的中心城区向城市外围的近郊工业区推进。2010 年以前，上海旧工业区的更新改造主要集中于城市内部，分别以沪西工业区、沪南工业区、以及北新径工业区更新改造为代表（表 3-6），而目前上海市政府也明确提出要推进近郊区旧工业区的更新转型升级，全上海市 104 个工业区块的更新转型已发展上升为市级战略。在经过一段时间的探索之后，目前旧工业区或工业用地的更新转型，主要做法是充分依托现有工业用地、工业厂房，实现产业转型及升级，与生产性服务业功能区建设相结合，也提出了相应的盘活旧工业区闲置划拨用地、适应生产性服务业功能区发展需求的规划策略。

上海旧工业区的转型实践　　表 3-6

转型方向	转型前	转型后
高科技研发型	漕河泾工业区	漕河泾新兴技术开发区
都市型工业园	上海保温瓶五厂等	南外滩都市工业园区等
创意产业集聚区	食品机械、纺织等弄堂工程	田子坊、M50等创意产业区
商务区	北新泾工业区	长风生态商务区

续表

<table>
<tr><th colspan="2">转型方向</th><th>转型前</th><th>转型后</th></tr>
<tr><td colspan="2">商业</td><td>莫干山路面粉厂、第九棉纺厂</td><td>酒店、家具城</td></tr>
<tr><td colspan="2">居住区</td><td>沪西工业区</td><td>居住区</td></tr>
<tr><td rowspan="2">公共开放空间</td><td>绿地公园</td><td>大中华橡胶厂</td><td>徐家汇公园</td></tr>
<tr><td>后工业生态景观公园</td><td>上海铁合金厂</td><td>上海国际节能环保产业园</td></tr>
<tr><td colspan="2">大型公共设施</td><td>沪南工业区</td><td>世博园</td></tr>
</table>

资料来源：敬东等，2012。

（2）工业用地用途转型趋势

上海城市地域空间随着社会经济的迅速发展向外扩展。1947年市区面积为103.88km^2，1995年中心城区的面积为324.21km^2，2005年建成区面积为678km^2，市区面积2057km^2，2005年是1947年的近20倍。从近年来建设用地的变化来看，2005～2009年底，全市建设用地规模由2401km^{2}增加到2830km^2，年均新增建设用地107km^2。2009～2011年底，建设用地规模由2830km^{2}增加到2961.5km^2，年均新增建设用地65.8km^2，比2005～2009年下降38.5%，建设用地规模增幅持续减小而表现平缓。

1947～1993年，上海工业用地一直在不断增加。1947年，工业用地主要是在苏州河和黄浦江两岸，分散地分布在城市边缘。到1964年，由于新中国成立初期大力发展工业，在内环线以内新建了1800余家工厂，使原先互不连续的工业区绵延成工业带。1993年后，随着旧城区的改造，一些污染较为严重的工业企业被外迁，中心城区的工业用地开始减少，但同时在漕河泾、张江等地新建一些高科技的工业区。随着上海市“退二进三”战略的提出，工业用地不断向近郊、远郊扩展。2009～2011年，全市工业仓储用地占城市建设用地比重由29.08%下降到28.84%，工业用地总量在降低。

截至 2011 年底，上海全市的建设用地规模达到 2961km^2，占全市总面积的 43.6%。从建设用地的内部结构来看，截至 2011 年底，工业用地规模约为 761km^2，占建设用地总面积的 25.7%，远高于纽约、东京等这些国际大都市（表 3-7）。

部分国际大都市工业用地占建设用地比重　　表 3-7

城市名称	工业用地比重（%）	备注
上海全市	25.7	2011年
纽约	3.75	2006年
新加坡	6.8	2006年
中国香港	3.86	2007年
东京都	6.46	2007年

资料来源：石忆绍等，2010。

注：纽约是指纽约市 5 区，1214.4km^2（其中水面 428.8km^2），827.1 万人口（2007 年）；东京都（23 区、26 市、5 镇、8 村），2187km^2，1279 万人口（2006 年）。

从工业用地布局来看（图 3-10），各个区县的工业用地规模，浦东新区（171.1km^2）、嘉定区（96.6km^2）、宝山区（90.9km^2）排在前三位，崇明县最低（36.7km^2）。从工业用地占建设用地比重的情况来看，宝山区（39.8%）、奉贤区（38.3%）、金山区（37.3%）等区县工业用地所占比例较高，

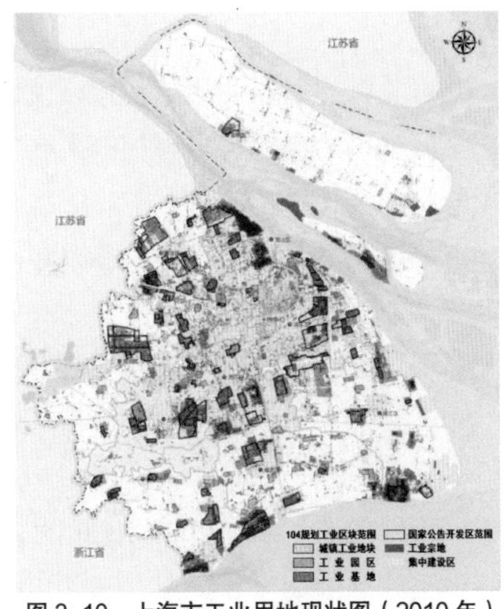

图 3-10　上海市工业用地现状图（2010 年）

资料来源：上海城市总体规划，2013

崇明县最低（16.9%）。2010 年上海共有工业用地是 833.5km^2，其中 104 个工业区块内工业用地为 380km^2，工业用地集中度为 45.6%，104 个工业区块范围内工业用地占建设用地的比例为 67%。

2011 年上海地均工业用地总产值 40.9 亿元 /km^2。对比国际大都市，工业用地地均产值偏低（表 3-8）。

部分国际大都市工业用地绩效比较　　　　表 3-8

地区	范围（km^2）	工业用地面积（km^2）	工业产值（亿元）	地均产值（亿元/km^2）
纽约市	786	22.63	2073.6	91.6（2002）
东京都	2187	36.43	6710.5	184.2（2007）
上海全市	6787	760.6	31135.6	40.9（2011）
上海中心城（八区）	548.1	28.8	2381.3	80.5（2011）

注：纽约市数据来源于纽约市城市规划局（DCP）和美国普查局；东京都数据来源于《东京工业年鉴（2006）》和《东京统计年鉴（2008）》。

可见，上海工业用地在建设用地中的占比偏大，土地利用效率又较低。因此，可以预见未来在土地利用中，上海市工业用地规模将需要进一步减少，中心城区存量工业用地用途转型趋势明显，郊区存量工业用地的布局优化和空间集聚还是主要问题。

3.2 城市产业转型的具体过程

3.2.1 产业结构变化

1. 三次产业就业和产值比重的变化

改革开放以来，尤其是进入 21 世纪，在国际新一轮产业梯度转移的条件下，上海城市经济增长速度进一步加快，城市的产业结构不断高度化，即第三产业就业与产值比重不断增大，已经超过制造业取得支配地位，在城市经济发展中具有举足轻重的地位。

从改革开放 30 年上海三次产业的就业结构变化来看（图 3-11），一是第一产业的就业比重变化最大，在经历 1978 ~ 1990 年明显骤减之后（由 34.4% 降至 11.1%），下降趋势有所趋缓，进入 1990 年代以来基本稳定在 10% 左右的水平，1995 年后略有反弹，从 1995 年的 9.9% 反弹至 2000 年的 10.8%。进入 21 世纪以来，又开始明显下降，至 2009 年骤减为 4.6%。二是第二产业的就业比重与第一产业相反，在 1978 到 1990 年间明显稳定增长（由 44.0% 增至 59.3%），1990 年代以来，就业比重显著下降，2000 年的比重降为 44.3% 并有继续下降趋势，到 2005 年比重降为 37.3%。近年来，由于第一产业就业比重的显著下降，第二产业就业比重有所反弹，反弹至 2009 年的 39.7%。三是第三产业的就业比重始终呈现比较稳步增长的态势，1990 年代中期第二

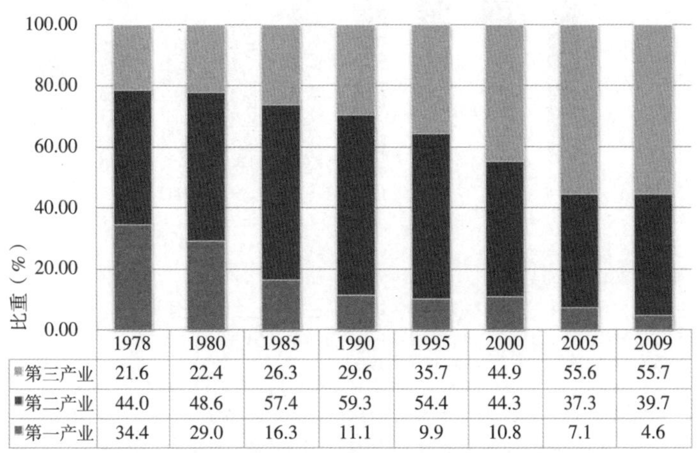

	1978	1980	1985	1990	1995	2000	2005	2009
第三产业	21.6	22.4	26.3	29.6	35.7	44.9	55.6	55.7
第二产业	44.0	48.6	57.4	59.3	54.4	44.3	37.3	39.7
第一产业	34.4	29.0	16.3	11.1	9.9	10.8	7.1	4.6

图 3-11　改革开放 30 年上海三次产业的就业结构变化

资料来源：上海统计年鉴（2010）

产业从业人员以较大规模向第三产业转移，2000 年第三产业的就业比重首次超过第二产业，达到 44.9%，至 2009 年更是达到了 55.7%，超过了第二产业 16 个百分点。上海三次产业结构呈现了典型的配第—克拉克定律[1],即第一产业和第二产业的劳动力比重不断减少，第三产业成为吸引劳动力的主要渠道。

相同情况也表现在上海城市三次产业的产值结构之中，第三产业产值比重不断提高。从改革开放 30 年上海三次产业的产值结构变化来看（图 3-12），改革开放初期的 1980 年，三次产业在生产总值中的比重分别为 3.2%，75.7%，21.1%。长时间重工轻商的发展方针使上海在改革开放初期一方面是经济实力低下，一方面是产业结构不合理，第三产业落后，第二产业相对比重较高。至 1990 年，三次产业在生产总值中的比重分别达到了 4.4%，

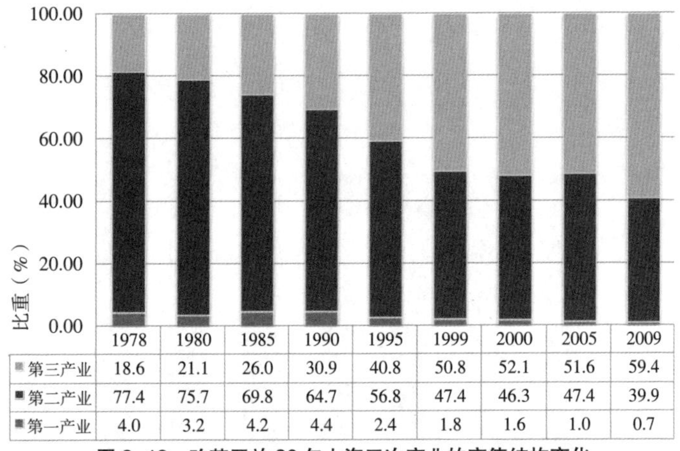

	1978	1980	1985	1990	1995	1999	2000	2005	2009
第三产业	18.6	21.1	26.0	30.9	40.8	50.8	52.1	51.6	59.4
第二产业	77.4	75.7	69.8	64.7	56.8	47.4	46.3	47.4	39.9
第一产业	4.0	3.2	4.2	4.4	2.4	1.8	1.6	1.0	0.7

图 3-12 改革开放 30 年上海三次产业的产值结构变化

资料来源：上海统计年鉴（2010）

[1] 产业结构理论中，“配第—克拉克定理”表述为：随着经济的发展，人均国民收入水平的提高，第一产业国民收入和劳动力的相对比重逐渐下降；第二产业国民收入和劳动力的相对比重上升，经济进一步发展，第三产业国民收入和劳动力的相对比重也开始上升。

64.7%，30.9%，第三产业的比重明显上升。1990 年代以来，产业结构调整逐步由适应性调整转变为战略性调整。至 1999 年，第三产业的比重已经达到 50.8%，首次超过了第二产业的构成比重（47.4%），在第三产业迅猛发展的同时，第二产业的比重则稳步下降，从 1990 年的 64.7% 下降到 1999 年的 47.4%。21 世纪以来，总体趋势仍然是第二产业的比重逐渐下降，从 2000 年的 46.3% 下降到 2009 年的 39.9%，第三产业的比重则逐渐上升，从 2000 年的 52.1% 上升到 2009 年的 59.4%。

2. 三次产业经济增长贡献率的变化

从改革开放 30 年上海三次产业对经济增长贡献率来看（图 3-13），较为明显地表现出第二产业经济增长贡献率下降与第三产业经济增长贡献率上升的变化特征。从 1978 ~ 2009 年，第一产业对经济增长的贡献率从 1979 年的 2.86% 下降到 2009 年的 0.21%。第二产业对经济增长的贡献率也从 1979 年的 74.60% 下降到 2007 年的 31.28%，甚至到 2009 年，其贡献率为负值（–8.61%）。而第三产业对上海经济增长的贡献率从 1979 年的 22.54% 上升

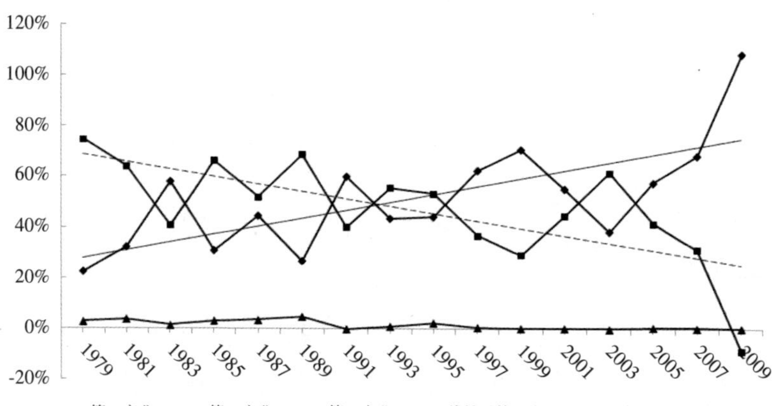

图 3-13　改革开放 30 年上海三次产业经济增长贡献率及第二、第三产业线性趋势

资料来源：上海统计年鉴（2010）

到 2007 年的 68.30%，2009 年的贡献率更是超过了 100%。可见，随着第三产业在上海生产总值中的比重不断增长，第三产业对上海经济增长贡献率也在不断上升。第三产业正在逐渐成为上海经济增长的最主要带动力量，成为上海的主导产业与支柱产业。与此同时，第二产业在上海的经济增长贡献率正在不断下降，制造业对上海经济增长的拉动作用趋于缩小。

3. 第二、第三产业内部结构的变化

在三次产业结构有着显著的变化同时，第二、第三产业的内部结构也经历着显著的转变过程。对 1995 ~ 2009 年上海就业结构的内部构成变化分析表明（图 3-14）：其一，制造业就业人员的比重均显著下降，所占比重从 1995 年的 48.0% 下降为 2009 年的 30.8%，下降了 17.2%；其二，1990 年代中期以后，随着以浦东开发开放为标志的城市开发热潮的降温，建筑业就业人员逐步减少，而房地产业的迅猛发展则带来了房地产业就业人员的上升趋势，2003 年所占比重比 2001 年增加了 2 倍；其三，交通运输 /

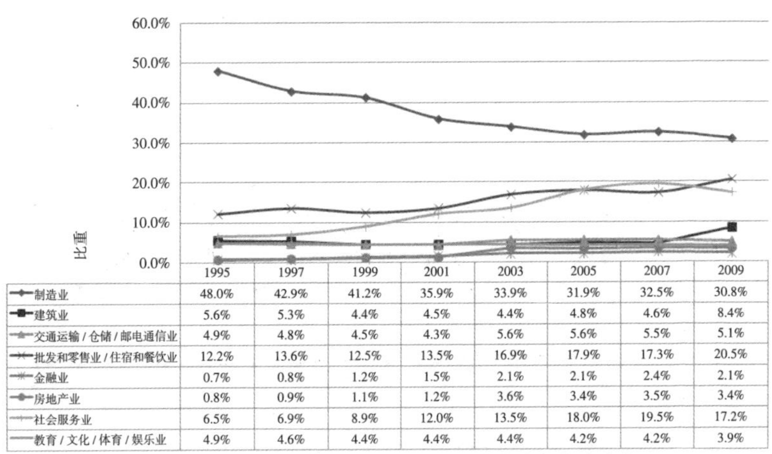

	1995	1997	1999	2001	2003	2005	2007	2009
制造业	48.0%	42.9%	41.2%	35.9%	33.9%	31.9%	32.5%	30.8%
建筑业	5.6%	5.3%	4.4%	4.5%	4.4%	4.8%	4.6%	8.4%
交通运输 / 仓储 / 邮电通信业	4.9%	4.8%	4.5%	4.3%	5.6%	5.6%	5.5%	5.1%
批发和零售业 / 住宿和餐饮业	12.2%	13.6%	12.5%	13.5%	16.9%	17.9%	17.3%	20.5%
金融业	0.7%	0.8%	1.2%	1.5%	2.1%	2.1%	2.4%	2.1%
房地产业	0.8%	0.9%	1.1%	1.2%	3.6%	3.4%	3.5%	3.4%
社会服务业	6.5%	6.9%	8.9%	12.0%	13.5%	18.0%	19.5%	17.2%
教育 / 文化 / 体育 / 娱乐业	4.9%	4.6%	4.4%	4.4%	4.4%	4.2%	4.2%	3.9%

图 3-14　1995 ~ 2009 年上海就业结构的内部构成变化

资料来源：上海市国民经济和社会发展历史统计资料（1949-2000）；上海统计年鉴（2001-2010）

仓储/邮电通信业，以及批发和零售业/住宿和餐饮业等传统服务业的就业人员比重均有不同程度的提升，就业人员比重仅次于制造业；其四，金融业和社会服务业的快速发展，尤其是社会服务业就业人员所占比重在 1995 ~ 2007 年之间持续增长，从 6.5% 提升到 19.5%，2009 年略有下降，所占比重也达到 17.2%。可见，以金融业和社会服务业为主的生产性服务业已初步显现出在经济结构中的重要地位，上海产业结构的内部构成得到了优化。

改革开放以来，上海第二产业的内部结构经历了较大的转变（表 3-9）。改革开放初期形成了以劳动密集型制造业和重化工业为主导的第二产业特征，拥有集轻纺、机电、仪表、金属和化工工业在内的生产门类较为齐全的制造业体系。从 1980 年代中期到 1990 年代中期，重点发展轿车制造工业、通信设备制造业、微电子和计算机制造业、电站设备制造业、石油化工工业、化学工业及机电一体化转变工业、家用电器、精细化工等行业。汽车制造业对上海经济产生了强大的推动作用，其带动了汽车零部件、金属冶金、化学工业等相关产业的发展，拉动了商业、金融保险业等第三产业的发展。从 1990 年代中期开始，确立了汽车、电子通信设备、钢铁、石油化工及精细化工、电站设备及配件和家用电器制造等六大支柱工业行业，形成了重化工业和技术密集型的第二产业特征。在此基础上，进入 21 世纪以来，以发展高新技术为主的结构调整目标，确立了以电子信息产品制造、汽车制造、石油化工及精细化工制造、精品钢材制造、成套设备制造和生物医药制造为主的新六大支柱工业行业，突出了新技术在支柱产业中的作用，促进了产业的深化发展和技术升级。2009 年，六大支柱产业的总产值已经占到上海全市工业总产值的 64.50%[1]，

[1] 没有特别注明，以上数据来源均为上海统计年鉴（2010）。

六个重点发展工业的加速发展为上海经济向后工业化（信息化）的转型，奠定了良好的产业基础。

1980 ~ 2010 年上海制造业各行业产值比重的变迁　　表 3-9

行业	1980年（%）	1993年（%）	2007年（%）	2010年（%）	增长程度（%）
电子及通信设备制造业	4.51	4.37	23.23	21.17	16.66
交通运输设备制造业	4.91	9.86	11.01	15.72	10.81
普通机械制造业	4.82	5.98	8.82	8.41	3.59
石油加工及炼焦业	2.45	2.35	4.54	4.78	2.33
化学原料及化学制品制造业	5.95	6.00	7.58	8.02	2.07
电气机械及器材制造业	5.02	6.19	7.34	6.89	1.87
烟草加工业	1.01	1.28	1.32	1.89	0.88
家具制造业	0.36	0.20	0.93	0.91	0.55
塑料制品业	1.83	1.06	2.16	2.26	0.42
食品制造业	1.41	1.30	1.35	1.55	0.15
金属制品业	3.24	3.51	3.88	3.18	–0.06
饮料制造业	0.67	0.73	0.63	0.59	–0.07
印刷业、记录媒介的复制	0.78	0.80	0.77	0.71	–0.07
其他制造业	1.06	1.35	0.74	0.97	–0.09
皮革、毛皮、羽绒及其制品业	0.74	1.36	0.61	0.49	–0.25
木材加工及竹、藤、棕、草制品业	0.55	0.45	0.40	0.30	–0.25
非金属矿物制品业	2.30	2.35	1.96	1.81	–0.49
造纸及纸制品业	1.44	0.95	0.88	0.92	–0.52
医药制造业	2.12	1.79	1.27	1.44	–0.68
食品加工业	1.79	1.84	0.97	0.92	–0.87
服装及其他纤维制品制造业	2.66	3.10	2.03	1.63	–1.03
文教体育用品制造业	1.62	1.27	0.77	0.53	–1.09
专用设备制造业	5.09	4.66	2.80	3.78	–1.31

续表

行业	1980年（%）	1993年（%）	2007年（%）	2010年（%）	增长程度（%）
仪器仪表及文化、办公用机械制造业	2.74	1.88	1.51	1.25	–1.50
橡胶制品业	2.40	1.54	0.78	0.64	–1.75
有色金属冶炼及压缩加工业	3.39	2.69	2.01	1.56	–1.83
化学纤维制造业	2.97	3.32	0.51	0.15	–2.82
黑色金属冶炼及压延加工业	9.09	19.00	7.51	6.05	–3.04
纺织业	23.09	8.85	1.70	1.46	–21.63

资料来源：上海统计年鉴（1981 年，1994 年，2008 年，2011 年）。

在第三产业发展方面，对改革开放 30 年上海第三产业的内部结构变化分析表明（图 3-15）：其一，1980 年代上海的金融业得到了快速发展，在第三产业中的比重从 1980 年的 11.9% 提升至 1990 年的 29.5%。社会服务业[1]的发展则相对比较平稳，在第

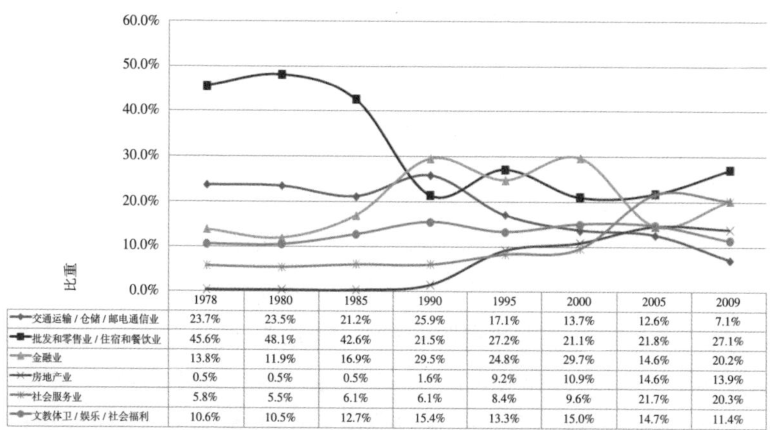

图 3-15　改革开放 30 年上海第三产业内部的产值结构变化

资料来源：上海市国民经济和社会发展历史统计资料（1949 ~ 2000）；上海统计年鉴（2001 ~ 2010）

[1] 社会服务业主要是包括第三产业中的信息传输、计算机服务和软件业，租赁和商务服务业，以及科学研究、技术服务和地质勘查业等。

三产业中的比重都在 6% 上下波动。同时，虽然批发和零售业 / 住宿和餐饮业在第三产业中比重显著下降，但连同交通运输 / 仓储 / 邮电通信业等传统行业仍然是推动第三产业发展的主要动力，1985 年两者在第三产业中的比重超过 60%。其二，进入 1990 年代以后，交通运输 / 仓储 / 邮电通信业所占比重持续下降，批发和零售业 / 住宿和餐饮业，以及金融业相继进入相对平稳的发展阶段，在第三产业中的比重都在 20% ~ 30% 之间上下波动。房地产业则呈现出较快的发展势头，占第三产业的比重由 1990 年的 1.6% 快速提升至 2000 年的 10.9%。社会服务业占第三产业的比重也逐渐增长，从 1990 年的 6.1% 逐渐提升至 2000 年的 9.6%。其三，2000 年以来，交通运输 / 仓储 / 邮电通信业所占比重继续下降，金融业所占比重先降后升，至 2009 年又重回到 20% 以上。房地产业则持续上升，2005 年以来进入平稳发展时期，在第三产业中的比重在 15% 上下波动。社会服务业呈现出较快的发展势头，占第三产业的比重由 2000 年的 9.6% 快速提升至 2009 年的 20.3%。可见，以金融业和社会服务业为主的生产性服务业增长迅速并成为服务业之中的主导产业，成为进入 21 世纪以来上海市产业发展的重要特征。

全球化背景下上海城市正在进行深刻的产业转型，表现在产业结构变化方面的特征是，服务业在城市经济中初步取得支配与主导地位，制造业在就业与产值两个方面开始退居于次要地位，服务业特别是生产性服务业开始成为上海城市经济增长的主要推动力量。在城市服务业发展过程中，金融业、房地产业、社会服务业都是拉动城市经济增长与促进就业的重要产业形式。城市服务业从业人员日益增加，对城市经济的贡献日益明显，服务业成为上海城市经济增长的支柱行业。但是，如果把第三产业的就业人数占整个就业人数的比重与发达国家的全球城市相比较，可以发现上海的比重是偏低的。2009 年，上海第三产业就业人数占总就业人数的比例 59.4%，其中金融业和房地产业从业人员占全部服务业从业人员的比例只有 5.5%。对于全球城市纽约与伦敦来说，早在 1996 年纽约的第三产业就业人数占总就业人数的百分比就达到 80.3%，其中金融业、保险业和房地产业就业人数占总就业人数的百分比是 17%；1996 年伦敦的第三产业就业人数占总就业人数的百分比就达到 88.5%，其中融业、保险业和房地产业占总就业人数的百分比是 11.7%[1]。与全球城市相比较，上海不仅第三产业的发展，而且在生产性服务业的发展上也是缓慢的。参照世界发达国家国际大都市的经济发展阶段[2]，上海经济正处于由工业经济的服务化升级（工业化后期）向后工业化时期过渡的发展阶段。而那些已经形成或成熟的国际大都市都已经进入以服务业为中心的后工业化时代，这些国际大都市正逐渐演化为世界经济结构中高度集中的指挥和控制中心，并形成与全球化经济活动中心相匹配的服务业，尤其是以生产性服务业为主导的产业体系。也就是说，这些国际大都市的发展依赖于服务经济主导的产业基础，而上海则面临着一个产业基础的根本性转换，即从以工业经济主导转向服务经济为主导。

3.2.2　产业融合趋势

1. 生产性服务业的快速发展

上海是在产业政策制定过程中，形成自己对生产性服务业的

---

[1] 数据来源：[美] 丝奇雅・沙森 . 全球城市：纽约，伦敦，东京［M］. 上海：上海社会科学院出版社，2005：191–192。

[2] 国际大都市经济发展阶段包括：第一阶段："以制造业为中心" 的工业时代；第二阶段："以制造业为中心，加上服务业的多元化经济" 的工业化后期时代；第三阶段：以服务业为中心，又有某些制造业的多元化经济的后工业化时代。

划分标准。早在2003年，上海市政府制定了《上海工业产业导向及投资指南》，专门新增了生产性服务业，主要包括汽车服务、工程配套服务、工业信息服务、技术服务、现代物流、工业房地产、工业咨询服务等；2005年，上海市政府在《上海生产性服务业重点发展指南》中，指出将重点发展生产性服务业中的六类行业；2007年，为了推动生产性服务业的发展，引导社会和投资者了解生产性服务业的发展重点和发展目标，上海市经济委员会和上海市统计局根据国家现行的《国民经济行业分类》标准，并结合上海实际情况，对生产性服务业进行了行业界定，认为该产业主要包括金融和保险服务、商务服务、物流服务、科技研发服务、设计创意服务和职业教育服务等与先进制造业密切相关的6大行业。2008年，上海市政府办公厅关于转发市经委、市发展改革委制订的《上海产业发展重点支持目录（2008）》，明确了生产性服务业中重点支持的产业门类。从近两年上海生产性服务业的发展来看，2008年实现营业收入3188.94亿元，同比增长14.3%；利润272.15亿元,同比增长13.2%。2009年实现营业收入3450亿元，同比增长8.2%；实现利润287.91亿元，同比增长16.7%[1]。

近年来上海生产性服务业进入了快速发展时期，生产性服务业已成为上海服务业的重要支撑，在上海经济总量中起到了关键作用。从图3-16来看，“十一五”期间，上海生产性服务业规模水平快速增长，2009年生产性服务业增长值达到4628.60亿元，比2006年增长约69%，年平均增速超过15%。同时，2006～2009年，上海生产性服务业增加值占第三产业产值的比重保持平稳，已超过50%，而占上海市生产总值的比重也逐年增

[1] 这里的生产性服务业，包括其中不同行业的营业收入、利润等计算的依据，是2008年制订的《上海产业发展重点支持目录（2008）》中明确的生产性服务业中重点支持的产业门类。以上数据来源:《2009上海工业发展报告》、《2010上海工业发展报告》。

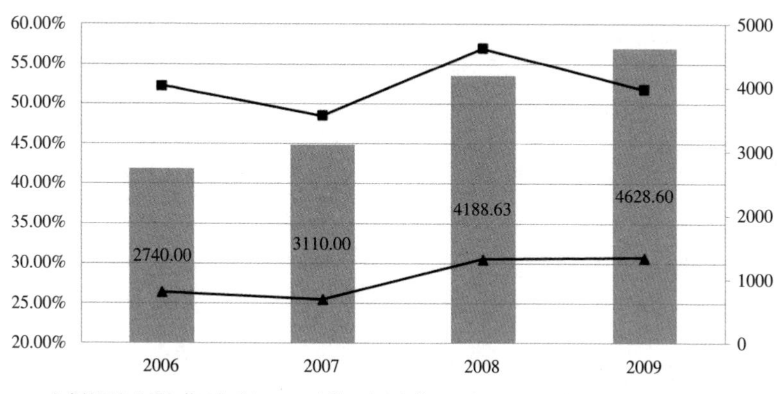

图 3-16　2006 ~ 2009 年上海生产性服务业产值的变化

资料来源：上海统计年鉴（2007 ~ 2010）

加，已超过 30%。

2. 开发区生产性服务业的发展

在上海城市产业转型过程中，随着工业生产过程的不断复杂化，社会分工的深化与泛化使原来制造业内部中间产品与服务的生产剥离或外包给专业化企业生产成为可能，也能有效降低成本与提高生产效率。同时为适应制造业内部生产外部化的需求，尤其是市场需求的不断扩大以及专业化程度的不断提高，使得生产过程中对中间性服务性投入的需求也越来越多。在生产性服务业供给与需求双重力量的作用下，生产性服务业逐渐正从制造业内部分离出来，并将快速发展。这主要表现为上海工业开发区在制造业快速发展的同时，都出现了向生产性服务业转变、提升的趋势，生产性服务业成为上海工业开发区转型升级的重要支撑。

如市北工业园区的产业类型直接从传统制造产业为主转变为发展企业总部、研发中心、服务外包等集聚的生产性服务业为主，2010 年营业收入为 493 亿元。在开发之初，市北工业园区接纳的是传统制造业领域，园区内集聚的也大都是传统制造业领域的企业。2003年市北工业园区提出发展2.5产业（即生产性服务业），目前已形成以信息软件、设计创意、金融服务为主的服务外包产业，以铁路通信、光电通信和自动化技术为主的通信电子高新技术产业，以新材料、新能源为主的节能环保产业，以信息技术为支撑的物流服务产业，并逐渐向生产性服务业的高端形式——总部经济发展。再如张江高科技园区2010年生产性服务业营业收入870.51亿元，增长91.2%，形成了信息服务、微电子设计和研发服务为主体的生产性服务业，通过引进设计、研发等生产性服务业向集成电路、信息技术及相关高科技产业渗透，为张江高科技园区内企业建立公共服务和技术研发创新平台。

上海城市产业转型已经体现出产业结构服务化的特征，服务业在城市经济体系中的地位不断上升并成为了产业结构的主体。与此同时，上海城市产业过程中还体现出生产型产业的服务化的特征，表现为制造业内部服务性活动的发展与重要性增加，制造过程中包含了越来越多的技术与服务，制造成本在产品成本中的比重不断缩小，而产品研发、设计、营销和服务在产品成本中的比例会进一步增加。在此基础上，城市产业结构也开始出现去边界化的趋势，这种趋势实际上就是产业融合的发展趋势，体现为制造业和服务业之间的不断融合。在产业融合趋势下，生产性服务业不断从制造业中分离出来，并得到了快速发展，生产性服务业与制造业之间相互影响、相互作用的互动关系也逐渐走向融合。生产性服务业作为介于工业与服务业之间的产业，其发展是第二、第三产业融合的关键所在和桥梁纽带，也是制造业技术升级和服务经济快速发展的重要支撑。生产性服务业不仅可以带动制造业的发展，同时由于其在服务业的主导地位，还可以更有效地发展服务业本身。尤其是与制造业关系密切或者是从制造业中直接分离出来的生产性服务业，并与制造业相互融合将是未来上海城市产业转型过程中一个明显的趋势。

3.3　城市产业转型的空间效应

3.3.1　城市产业转型与工业集聚区的空间发展轨迹

上海城市产业转型，包括产业结构变化和产业融合趋势与城市工业集聚区的空间发展过程有着紧密的联系。现代上海城市发展起源于黄浦江。上海最早的工业用地就是随着内河运输的发展在苏州河、黄浦江沿岸逐步兴起。到 1920 年代末，在上海城市集中建设区边缘已出现空间集中度较为明显的三个工业基地（图 3-17），即沪东工业集聚区（又称杨树浦工业区）、沪西工业集聚区、沪南工业集聚区（又称南市工业区），这成为上海现代工业布局的最早雏形。1953 年，上海市政府批准建设北新泾工业基地，这是上海第一个独立于城市集中建设区以外的工业基地，此后，又启动了桃浦工业基地等规划建设。1950 年代后期至 1960 年代，在《上海市（1956 到 1957 年）近期规划草图》中提出了建立近郊工业备用地、开辟卫星城的规划构想。按照“卫星城”的规划理念，上海工业基地的布局首次从近郊推向中远郊（距市中心区约 30km 左右），形成近郊工业区[1]的布局模式（图 3-18）。同时，也强化了近郊工业基地对城市中心区的圈层布局模式。此后，上海逐步形成了闵行（机械）、松江（轻工业）、嘉定（科研）、吴泾（化工）、安亭（汽车）5 个工业卫星城和彭浦、漕河泾、闵桥、吴淞、

[1] 1957 年，上海市政府提出建立的 8 个近郊工业区基本上是产业方向十分明确的专业化工业区，即高桥的石油化工区、彭浦的重型机械工业区、北新径的精细化工区、周家渡的钢铁工业区、庆宁寺的造船工业区、长桥的煤炭化工区、漕河径的微电子工业区和五角场的机电工业区。

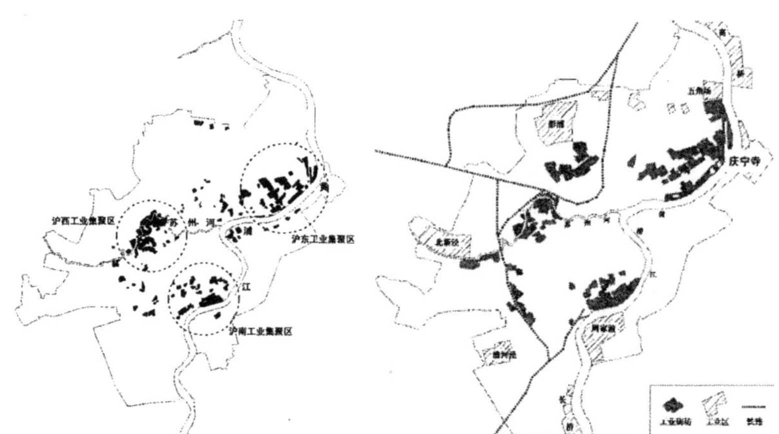

图 3-17　1920 年代末上海的三个工业集聚区

资料来源：张仁桥，2007

图 3-18　1957 年上海近郊工业区的空间布局

资料来源：张仁桥，2007

高桥、周家渡等 15 个近郊工业基地。进入 1970 年代，上海金山石油化工总厂和宝山钢铁总厂的选址建设，在延续沿黄浦江轴向发展的基础上，进一步促进形成了上海“南北两翼”发展的格局，并为滨江沿海产业和城镇发展奠定了最初基础。

从计划经济时期进入 1980 年代以来，持续加速的工业化进程，使得上海城市的生产功能不断强化，工业用地主要集中于城市建成区，城市形成了以工业用地为主导，居住、交通和商业等功能用地配套布置的空间布局结构。1980 年代初期，上海工业布局开始调整，主要以“三废”工业搬迁调整为主，对一些耗能高、污染严重、布局于城市建成区工业进行外迁。同时，在浦东地区和郊区初步投资设立一些工业园区（如星火工业区、周家渡工业区）和卫星城（如金山、安亭、吴淞等），吸收吸引工业企业的迁入。1980 年代中期，国务院先后批准了闵行经济技术开发区、虹桥经济技术开发区、漕河泾新兴技术开发区（表 3-10），有别于传统的工业基地，成为上海城市工业集聚区的最初基础。虽然经过调整，并取得了一定成效，但由于 1980 年代中期的城市发展战略偏重于市中心区，郊区工业布局则缺乏系统性和科学性，致使上海城市工业布局并没有本质改变。市区工业产值逐年下降，但其占上海工业总产值的比重仍然过高；工业企业在市区的数量也有减少，但仍可以看到市区工业企业的绝对数量还是很大，市区工业集中度仍偏高。工业企业依然沿江（黄浦江）、沿河（苏州河）分布，几乎全部集中分布于黄浦江及其支流沿岸。

1980 年代上海市的经济技术开发区　　表 3-10

开发区名称	批准规划面积（hm^2）	设立时间	所在区（县）	区位选择
闵行经济技术开发区	308.00	1986年1月	闵行区	近郊区
虹桥经济技术开发区	65.20	1986年8月	长宁区	中心城区
漕河泾新兴技术开发区	1330.00	1988年6月	徐汇区	中心城区边缘

资料来源：张仁桥，2007。

进入 1990 年代以来，以大力发展第三产业为导向的产业结构战略性调整，以及以浦东开发开放为标志的上海新一轮经济发展的来临，推动了上海城市空间以圈层式急剧地向外扩张。城市外围地区新兴工业区和郊区特大型工业企业的建立和发展，带动了中心城区工业用地的外迁，加上中心城区第三产业的迅速集聚发展共同推动了上海城市内部的功能空间重组。1990 年代初期，上海迎来了最大规模的工业用地扩张时期。1991 年起，随着浦东地区的开发、开放，上海先后启动了金桥出口加工区和张江高科技园区为主的国家级工业园区的建设，并在郊区县分别设立了 9 个工业园区（图 3-19），郊区乡镇工业园区也得到发展。到 1990 年代后期，随着第二产业高新技术升级和高端化升级的趋势日益明显，中心城区则继续产业的服务化聚集，伴随而来的是上海中心城区和郊区功能空间的继续调整与优化。据统计，至1997年末，上海已形成了7个国家级工业区、11个市级工业区、12个传统工业基地和174个分布在郊区乡镇的一般规模工业园区，工业总用地近400km^2（姚凯，2008）。工业的空间类型和数量之多，是改革开放前30年无法比拟的。

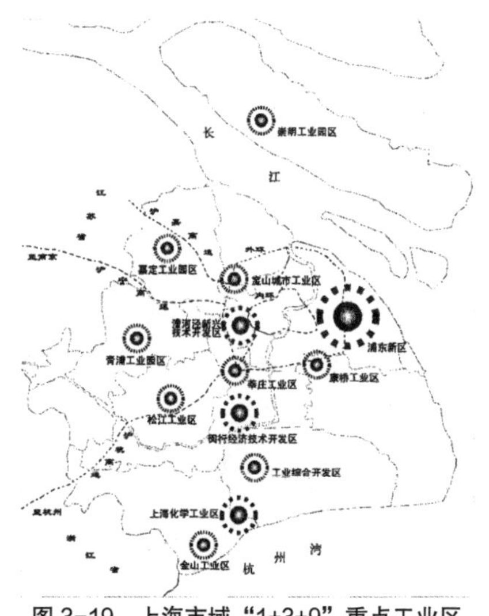

图 3-19　上海市域“1+3+9”重点工业区

资料来源：张仁桥，2007

进入21世纪以来，作为全球化得以实现的技术保障，信息化已经成为上海城市产业转型的核心内容，信息与人力资本含量较高的生产性服务业增长迅速并成为服务业之中的主导产业，成为进入21世纪以来，上海市产业发展的重要特征。结合全球产业变迁趋势，随着产业结构的继续调整和高级化，以及“四个中心”建设的深入和区域性综合服务职能的提升，上海城市工业集聚区的空间发展已逐渐从中心城区600km^{2}向整个市域6000km^{2}区域进行全方位战略转移。其工业布局调整相应地实现了从零散分布向更加集中、优化的组团式、集聚化发展，形成了以重大产业基地[1]（图3-20）为龙头、市级以上开发区为先导、生产性服务业功能区为配套，其他工业区为补充的空间发展新格局。其中，生产性服务业功能区的

[1] 重大产业基地是指上海市“4 + 4”重点工业基地，包括已建成微电子、汽车制造、石油化工、精品钢铁四大工业基地和正在加快建设的装备、船舶制造、航空、航天等新的工业基地。

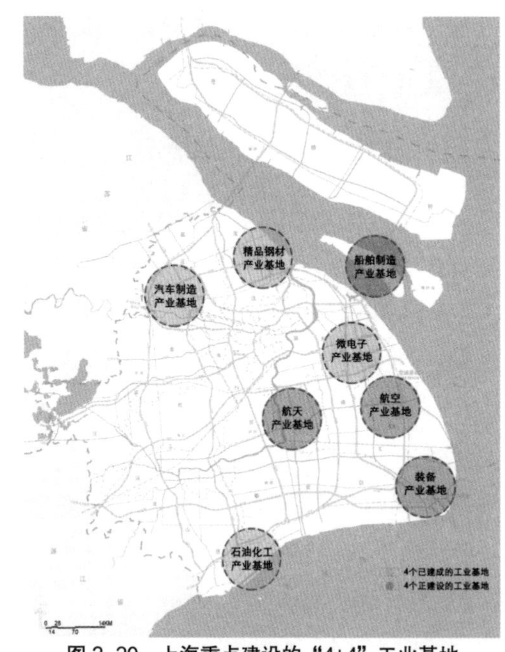

图 3-20　上海重点建设的“4+4”工业基地

出现与近年来产业融合趋势有关，发展生产性服务业要结合上海制造业发达的基础和产业结构升级转型的需要，充分依托现有的工业用地、工业区、工厂等，突出产业转型、产业升级以及产业链的延伸和功能完善。经过 10 年多的发展，目前上海生产性服务业功能区已形成四大类型：一类是位于国家级开发区、部分市级开发区当中的生产性服务业功能区，重点发展以科技研发型为主的生产性服务业；二是位于中心城区的生产性服务业功能区，重点是改造中心城区老的工业用地，淘汰传统制造业，进行产业的置换和产业的升级；三是位于近郊区的生产性服务业功能区，重点是依托重大的枢纽型基础建设重点发展特色、专业型生产性服务业功能区；四是位于远郊区的生产性服务业功能区，重点发展为产业基地配套专业物流、技术研发等生产性服务业。此外，上海市域范围内不同空间地域上产业发展的不平衡性，也使得三次产业结构及产业内部结构的调整和高级化存在着明显的地域差异，并在整体上呈现出空间扩散化趋向。事实上，以上海为中心的产业结构的扩散化进程已经在更广大的区域层面——长三角地区展开，伴随着产业结构空间扩散范围的扩大，反过来也将对上海工业集聚区的空间发展产生更为剧烈的影响[1]。

3.3.2 工业集聚区的发展概况

为了便于看清目前上海工业集聚区的空间发展情况和后面章节具体分析工业集聚区的空间发展过程，本书根据上海市域范围内不同空间地域的实际特征，将上海市域划分为4个不同的空间地域，即中心城区的核心区和边缘区、郊区的近郊区和远郊区。内环线以内的地区为中心城区的核心区；内外环线之间的地区为中心城区的边缘区；外环线以外都归为郊区。其中，近郊区包括外环线以外的浦东新区（不包括原南汇区）、闵行、宝山、嘉定4个区；远郊区包括外环线以外的松江、金山、青浦、奉贤4个区和崇明县，以及浦东新区的原南汇地区。中心城区核心区和中心城区边缘区构成了中心城区；近郊区和远郊区则统

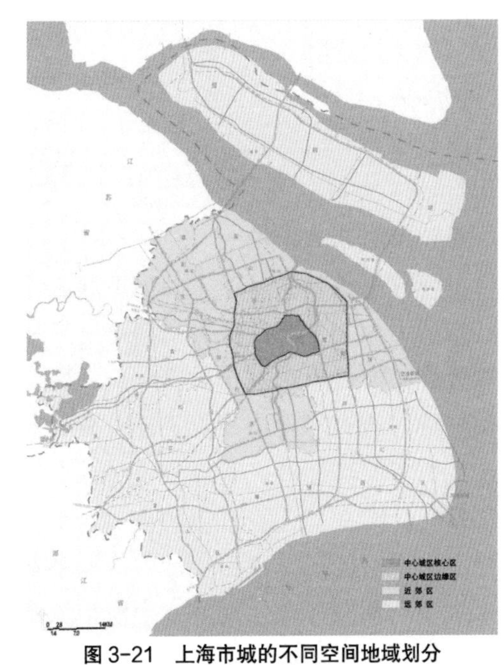

图3-21 上海市城的不同空间地域划分

[1] 以苏州昆山、吴江等为代表的上海周边县市已经成为颇具实力和规模的“世界工厂”；而在周边县市提升制造业实力的同时，也加速了上海的产业结构调整步伐：一方面要继续强化区域性综合服务职能，另一方面也推动了制造业内部结构的高新技术升级。

称为郊区（表 3-11 和图 3-21）。

上海市域的不同空间地域划分　　表 3-11

空间地域		界定（区县）
中心城区	核心区	内环线以内
	边缘区	内外环线之间
郊区	近郊区	外环线以外的浦东新区（不包括原南汇区）、闵行区、宝山区、嘉定区
	远郊区	外环线以外的松江区、金山区、青浦区、奉贤区、崇明县、原南汇区

注：此处中心城区与按照行政区划定义的中心城区不同。

2008 年上海市开发区六大重点产业工业总产值　　表 3-12

	开发区（亿元）	增长（%）	全上海市（亿元）	增长（%）	开发区占全上海市比重（%）
电子信息	4870.58	5.49	6162.84	11.50	79.03
汽车制造	1511.11	–4.84	1740.53	–0.90	86.82
精细化工	1305.60	13.18	2851.00	5.40	45.79
精品钢材	313.01	5.03	1673.40	–7.90	18.71
成套设备	2322.87	5.31	2799.23	19.10	82.98
生物医药	188.07	17.86	437.27	9.50	43.01
合计	10511.24	4.93	15664.26	7.90	67.10

资料来源：上海市经济和信息化委员会，2009。

到 2008 年年末，在上海市域范围内不同空间地域上形成了市级以上开发区 41 个[1]，其中的 38 个为工业开发区，规划面积约为 560km^2，包括 12 个国家级的和 26 个市级的。从表 3-12 来看，

[1] 是指 2004 年以来，经国家对开发区进行清理整顿，国家发展改革委、国土资源部审核公布的开发区。

2008年上海41个开发区六大重点发展行业的工业总产值10511.24亿元，占到全上海市六大重点发展行业工业总量的67.10%。又从表3-13来看，自2005年以来，38个工业开发区实现的工业总产值占全上海市工业总量的比重逐年上升，近年已接近50%。可见，开发区已成为上海市六大支柱产业的重要空间载体，38个工业开发区逐渐成为上海城市工业的主要空间载体（图3-22和表3-14）。

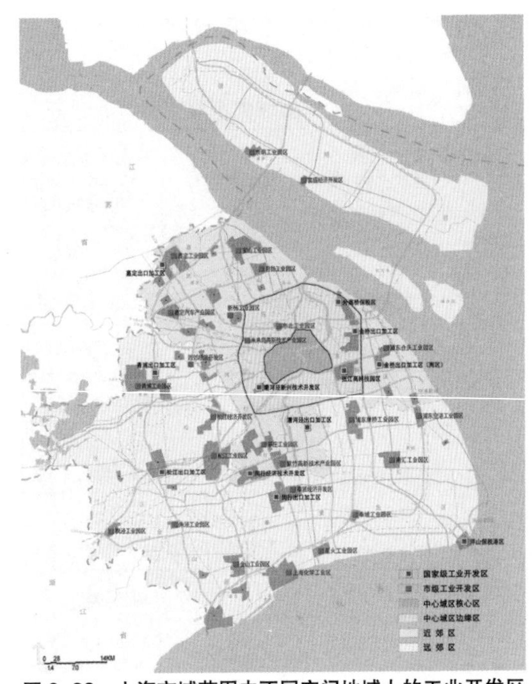

图3-22 上海市域范围内不同空间地域上的工业开发区

工业开发区工业总产值占全上海市工业总量的比重变化　　表3-13

年份	38个工业开发区实现工业总产值（亿元）	全上海市工业总量（亿元）	比重（%）
2005	6051.98	16876.78	35.86
2006	8620.49	19631.23	43.91
2007	11392.93	23108.63	49.30
2008	12626.56	25968.38	48.62
2009	12309.50	24888.08	49.46

资料来源：上海统计年鉴（2006～2010）。

上海市域 38 个工业开发区基本情况表（2008 年）　　表 3-14

空间地域		工业开发区		成立时间（年）	空间规模（hm^2）		空间效率（亿元/km^2）	
		国家级	市级		规划面积	已开发面积	单位土地固定资产投资	单位工业用地工业产值
中心城区	核心区	–	–	–	–	–	–	–
中心城区	边缘区	漕河泾新兴技术开发区	–	1988	1158	792	67.23	267.98
中心城区	边缘区	张江高科技园区	–	1992	2500	2277	77.31	120.40
中心城区	边缘区	外高桥保税区	–	1990	1103	896	86.35	129.82
中心城区	边缘区	金桥出口加工区	–	1990	2458	2140	49.45	208.32
中心城区	边缘区	–	市北工业园区	1992	130	125	10.88	20.77
中心城区	边缘区	–	未来岛高新技术产业园区	2001	97	97	11.32	60.74
中心城区	边缘区	小计		–	7446	6327	–	–
中心城区	边缘区	平均		–	–	–	50.42	134.67
郊区	近郊区	闵行经济技术开发区	–	1986	350	350	79.55	199.00
郊区	近郊区	漕河泾出口加工区	–	2003	270	105	93.54	1342.64
郊区	近郊区	金桥出口加工区（南区）	–	2002	280	232	17.67	23.85
郊区	近郊区	嘉定出口加工区	–	2005	303	301	11.72	25.89
郊区	近郊区	–	新杨工业园区	1995	92	103	16.87	21.78
郊区	近郊区	–	宝山工业园区	1995	2909	1341	18.84	26.95
郊区	近郊区	–	月杨工业园区	1994	855	728	20.20	29.98
郊区	近郊区	–	浦东合庆工业园区	1993	452	402	20.63	61.99
郊区	近郊区	–	嘉定工业园区	1992	5952	3099	11.37	47.47

续表

空间地域		工业开发区		成立时间（年）	空间规模（hm^2）		空间效率（亿元/km^2）	
		国家级	市级		规划面积	已开发面积	单位土地固定资产投资	单位工业用地工业产值
郊区	近郊区	–	嘉定汽车产业园区	1994	2264	1894	11.64	25.49
		–	莘庄工业园区	1995	1645	1825	44.51	67.61
		–	紫竹高新技术产业园区	2001	846	677	67.28	129.63
		小计		–	16218	11057	–	–
		平均		–	–	–	37.13	166.86
郊区	远郊区	松江出口加工区	–	2000	695	973	77.23	804.68
		青浦出口加工区	–	2003	300	287	34.25	53.60
		闵行出口加工区	–	2003	275	201	140.39	176.95
		洋山保税港区	–	2005	812	804	35.34	79.49
		–	崇明工业园区	1996	997	376	4.30	6.65
		–	富盛经济开发区	1994	40	60	2.40	3.29
		–	浦东空港工业园区	2000	801	1006	21.55	38.57
		–	青浦工业园区	1995	5327	3164	12.62	43.62
		–	西郊经济开发区	2001	1673	1231	8.20	49.01
		–	松江工业园区	1992	5678	4421	19.41	112.60
		–	松江经济开发区	1993	409	396	5.57	34.06
		–	浦东康桥工业园区	1992	2688	2036	34.44	105.04
		–	南汇工业园区	1994	820	733	24.18	28.83
		–	星火开发区	1984	720	878	38.67	53.00
		–	奉贤经济开发区	1995	1444	1493	15.11	41.15

续表

空间地域		工业开发区		成立时间（年）	空间规模（hm^2）		空间效率（亿元/km^2）	
		国家级	市级		规划面积	已开发面积	单位土地固定资产投资	单位工业用地工业产值
郊区	远郊区	–	奉城工业园区	1997	162	663	18.78	39.72
		–	金山工业园区	2003	2581	2278	26.79	35.84
		–	枫泾工业园区	1993	920	920	20.56	37.42
		–	朱泾工业园区	2006	247	240	150.76	15.64
		–	上海化学工业区	1996	2902	1963	94.27	89.34
		小计		–	29491	24123	–	–
		平均		–	–	–	39.24	92.43
总计				–	53155	41507	–	–
平均				–	–	–	42.26	131.32

注：金桥出口加工区（南区）包含在金桥出口加工区中；漕河泾出口加工区包含在漕河泾新兴技术开发区中；松江出口加工区包含在松江工业区中；闵行出口加工区包含在工业综合开发区中；嘉定出口加工区包含在嘉定工业区中；青浦出口加工区包含在上海青浦工业园区中。

资料来源：上海市经济和信息化委员会的《2009 上海开发区发展报告》；上海开发区官方网站（www.sidp.gov.cn）；各工业开发区网站（www.smudc.com、www.caohejing.com、www.zjpark.com、www.jdepz.com、www.shibei.com、www.shspark.com、www.shxinyang.com 等）。

近年来，上海工业开发区正在加快转型，在这转型过程中以工业开发区为载体发展起来的生产性服务业功能区❶，成为上海发展生产性服务业和生产性服务业的空间集聚发展的另一个显著现象。如张江高科技园区、金桥出口加工区、漕河泾新兴技术开发区等工业开发区在制造业快速发展的同时，都出现了向生产性服务业转变、提升的趋势。据统计，这些国家级工业开发区的生产性服务业占其工业开发区产值的 90%，成为上海工业开发区发展

❶ 上海在 2008 年《关于推进本市生产性服务业功能区建设的指导意见》中提出，“生产性服务业功能区是指依托现有工业基础，充分利用现有开发区和产业用地，以生产性服务业为发展重点，服务生产经营主体，突出产业转型、产业升级以及产业链延伸，建设形成空间布局合理、产业特色明晰、配套功能完善的功能区域”。

生产性服务业的主要支撑[1]。到 2010 年上海市域范围内重点建设和形成了 28 个生产性服务业功能区，这些生产性服务业功能区既是为制造业配套服务，又是促进制造业加快分离生产性服务业的重要空间载体。其基本情况可见图 3-23 和表 3-15。

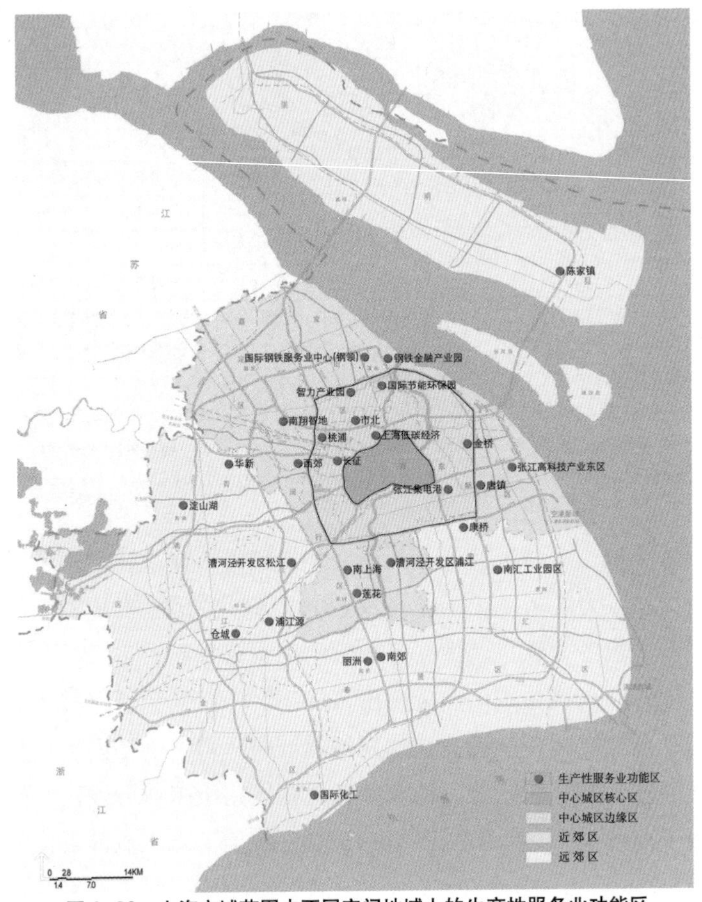

图 3-23　上海市域范围内不同空间地域上的生产性服务业功能区

---

[1] 数据引自：北京市社会科学院“生产性服务业研究”课题组 . 生产性服务业及北京生产性服务业发展研究报告 . 中国服务贸易指南网（http://tradeinservices.mofcom.gov.cn/），2008。

上海市域 28 个生产性服务业功能区基本情况表（2010 年）　表 3-15

空间地域		生产性服务业功能区	产业发展重点	规划面积（hm^2）
中心城区	核心区	–	–	–
		小计		–
	边缘区	金桥生产性服务业功能区	总部经济、商贸营运、研发设计、服务外包	691.41
		张江集电港生产性服务业功能区	集成电路、信息技术、软件	291
		桃浦生产性服务业功能区	商贸流通交易、总部经济、技术服务、金融商务	416
		长征生产性服务业功能区	总部办公、商务服务功能、平台增值、综合配套、水岸经济	179
		市北生产性服务业功能区	服务外包产业、通信电子高新技术产业、总部经济	313
		国际节能环保园生产性服务业功能区	展示交易、研发创新、产业集聚、技术服务、推广宣传、综合配套	35.3
		智力产业园生产性服务业功能区	设计、研发、展示、休闲、服务外包	37.17
		低碳经济生产性服务业功能区	新材料、新能源及节能环保技术的研发设计、环境设计和应用、工程总集成总承包、检验检测	—
		小计		1962.88
郊区	近郊区	西郊生产性服务业功能区	总部经济、营销、研发设计、第三方服务	450
		张江高科技产业东区生产性服务业功能区	现代医疗器械的研发、制造	138
		莲花生产性服务业功能区	总集成总承包、科技研发、总部物流、航空配套	106.28
		漕河泾开发区浦江生产性服务业功能区	总部经济、研发设计、创新孵化、综合服务	31
		南翔智地生产性服务业功能区	企业总部、文化创意、会展博览、信息服务、新能源科技研发、电子商务	110.9
		钢铁金融产业园生产性服务业功能区	钢铁金融服务业	11
		唐镇生产性服务业功能区	电子商务产业	—

续表

空间地域		生产性服务业功能区	产业发展重点	规划面积（hm^2）
郊区	近郊区	国际钢铁服务业中心（钢领）生产性服务业功能区	楼宇经济、总部经济	32.15
		南上海生产性服务业功能区	总部经济、旅游会展、科研服务及创意	—
		小计		879.33
	远郊区	康桥生产性服务业功能区	先进医疗器械制造业和现代医疗服务业	30.32
		南汇工业园区生产性服务业功能区	研发设计、商务咨询、技术服务、金融服务以及企业总部	262.6
		仓城生产性服务业功能区	中小企业总部、商业商务服务、现代物流、综合配套	113
		浦江源生产性服务业功能区	商务流程外包服务、工业设计、现代物流、软件研发、后台服务、办公支持、创意产业	220
		华新生产性服务业功能区	物流仓储（农产品）、交易、总部经济	51.8
		国际化工生产性服务业功能区	信息咨询、化工交易、会议展示、第四方物流、金融担保、人才培训	66
		丽洲生产性服务业功能区	科技研发、氢能源	7
		漕河泾开区松江生产性服务业功能区	科技研发、总部经济	177.91
		淀山湖生产性服务业功能区	总部经济、研发测试、软件和信息服务业	—
		南郊生产性服务业功能区	生物医药研发和生物科技	136.53
		陈家镇生产性服务业功能区	数据产业、总部商务服务、科技研发、健康管理、金融服务	—
		小计		1065.16
总计				3907.37

资料来源：马吴斌等，2009；解放日报“上海市生产性服务业功能区简介”综合报道，2009 年 6 月 9 日；解放日报“上海集聚发展生产性服务业的新天地”综合报道，2011 年 6 月 28 日；规划面积数据来源于上海市经济和信息化委员会的《2011 上海产业和信息化发展报告——服务业》，其中还缺少 5 个生产性服务业功能区的规划面积数据。

第4章　转型期上海工业集聚区的空间演化

工业集聚区的空间演化是动态与静态的协同，是存量与增量的统一，动态上是指工业集聚区的空间演化过程中表现出来的特征和趋势，具体是指不同工业集聚区，甚至不同企业为选择最佳空间区位而在空间地域上的流动、转移或重新组合的配置与再配置过程；静态上是指工业集聚区的空间现象特征和地域上的组合关系。转型期中国城市工业集聚区的空间演化过程中，其现实基础及其约束条件十分重要，不仅在很大程度上规定了其发展模式及其路径选择的范围，而且也在本质上决定了工业集聚区的空间演化特征及规律。我们虽然可以遵循那些较为成熟的国外大城市工业集聚区的一般空间演化规律，但在转型期中国城市工业集聚区的空间发展模式及路径选择上，不能简单仿效国外大城市工业集聚区的空间发展模式，沿袭其发展路径。要提炼出转型期中国城市工业集聚区的空间发展的内在规律性，首先需要深入了解工业集聚区的空间演化具体表征。因此，从本章开始，研究进入到上海工业集聚区的空间发展过程分析阶段，来深入考察全球化背景下城市产业转型及其空间效应的具体特征与表现。本章将以 38 个工业开发区和 28 个生产性服务业功能区来分析上海工业集聚区的空间演化过程。首先从空间分布、空间规模、空间效率这三个方面来分析工业集聚区在上海市域范围内不同空间地域上的静态现状片段和动态演化过程，然后来归纳转型期上海工业集聚区的空间演化具体特征，并提炼出空间演化的规律性内容。

4.1 工业集聚区的空间静态现象

4.1.1 空间区位类型

对上一章 38 个工业开发区和 28 个生产性服务业功能区的空间发展概况进一步归纳，按照其在上海市域范围内不同空间地域上的空间位置，上海工业集聚区的空间区位类型可以分为 4 种。

一是核心型工业集聚区，就是该工业集聚区位于中心城区核心区的内部，依托中心城区原有的道路设施布局，一般规模都比较小，功能比较为单一。由于中心城区地价昂贵，不可能发展大规模工业，故多是利用核心区的科技、人才等资源发展，其是以研究开发和中试为主要任务的技术创新中心和企业管理、市场销售的中心，随着产业的发展，有可能进一步转变为专为小企业创办提供特殊环境设施的孵化器。其优点是可以很好地利用各种核心区设施和功能，投资小，效率高，可以方便的获得广泛的信息和合作交流的机会，有利于形成合作的网络；缺点是发展空间有限，会受到诸多城市问题的干扰。这类工业集聚区对核心区原有空间形态及功能影响不大，多依附于大学、科研机构的周边，其建设往往和城市问题的解决、城市复兴以及基础设施的改造相结合。从目前上海工业开发区和生产性服务业功能区的空间位置来看，没有核心型工业集聚区。

二是边缘型工业集聚区，就是该工业集聚区位于中心城区边缘区的内部，一般是在中心城区（城市建成区）的边缘地带且与中心城区连绵成片，直接依托中心城区道路和基础设施扩展，或者被城市建成区空间包围。该工业集聚区的道路和中心城区道路形成纵横交错的网络化体系，成为中心城区路网的有机组成部分。

由于可以利用到中心城区的道路和基础设施，以及其他服务功能，该工业集聚区多采取纯产业区的开发模式，就是不需要形成自我完善的多功能区域，只需要构建发达的生产区，其他服务功能依托中心城区解决，与中心城区高度一体化发展。而其缺点在于如果没有与中心城区形成有机的空间系统，拥挤、污染等城市问题也会迅速出现，面临着空间置换的压力。这类工业集聚区在上海城市产业转型过程初期最为常见，国家级工业开发区及以其为载体或依托发展形成的大量生产性服务业功能区都是这类工业集聚区。目前，上海市域范围内共有 14 个边缘型工业集聚区，占总数的 21.21%,其中包括了 6 个工业开发区和 8 个生产性服务业功能区。

三是近郊型工业集聚区，就是该工业集聚区位于近郊区的内部，建设在市域的边缘地带，或者是依托近郊区城镇建设的工业集聚区。该工业集聚区与中心城区道路通过对外交通线沟通连接，相互之间具有频繁便捷的公交联系，是中心城区居民日常就业和居住出行的重要目的地。采用这种空间关系的优点是很明显的，既可以得到充足而廉价的发展用地和扩展空间，又可以充分享受中心城区的物质基础和精神文化生活。这类空间开发的规模较大，作为市域的一部分，总体上延续市域原先的空间脉络，内部空间形态与市域的其他地区形成鲜明对比，混合布局各种功能单元，拥有完善和先进的基础设施及附属设施，往往发展成为具有特定功能的新城区。由于这类工业集聚区仍然对中心城区有较强的依赖性，所以中心城区局部地区尤其是与工业集聚区位置较近地区的建设和环境改善会直接影响到该工业集聚区的发展速度。目前上海市域范围内共有 21 个近郊型工业集聚区，占总数的 31.82%，基本上是依托近郊城镇形成的市级工业开发区和生产性服务业功能区。

四是远郊型工业集聚区，就是该工业集聚区位于远郊区的内部，其远离中心城区独立布局，大多依托远郊区的中小城镇，与中心城区通过单一的对外交通连接，以城与城之间定点定时的交通模式为主。该工业集聚区需要考虑与中心城区的隔离，形成自我支撑的基础设施、城市功能和社会文化体系，往往与郊区中小城镇建设相结合而共同发展。空间与环境的融合成为规划的重点，良好的自然景观成为建设目标，工业集聚区规划面积一般都比较大，能够提供良好的居住工作空间和环境。该类工业集聚区的建设成本巨大，社会代价高，有相当风险，往往由于社会文化的巨大差异造成与当地的隔阂。因此，打破僵化封闭的氛围，形成完整具有活力的城市社会经济生活功能是这类工业集聚区取得成功的关键。很多空间规模大，拥有郊区中小城镇支撑的市级工业开发区都属于这种类型，大多数的生产性服务业功能区也属于这种类型。目前共有 31 个远郊型工业集聚区，占总数的 46.97%，是上海市域范围内最多的工业集聚区类型。

以上只是在一个时间片段内对工业集聚区的空间区位类型划分，然而随着时间的推移，工业集聚区的空间区位是动态发展的，即工业集聚区在上海市域范围内不同空间地域上的空间位置会随着上海城市的发展和市域的空间一体化进程而变化。随着城市经济和产业的快速发展，原来优美高效的工业集聚区环境可能变得拥挤，激烈的竞争集聚可能导致地价攀升成本加大，工业集聚区面临新的发展，是蔓延式的扩散还是等级式的飞跃，没有固定的模式或必然的成功可循。同时，城市空间也在不断发展，原先的近郊区可能被包含在中心城区内部，原先独立的工业集聚区也有可能发展成为城市新的核心。因此，本书所涉及的工业集聚区实质为改革开放以来所形成的工业开发区和生产性服务业功能区，具体研究对象的范围限定为边缘型、近郊型和远郊型工业集聚区（图 4-1 和表 4-1）。

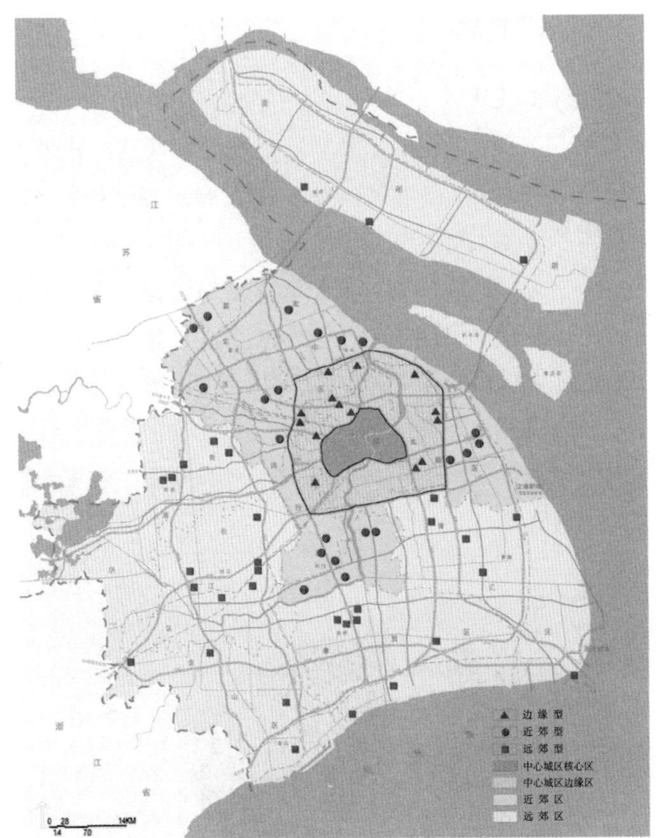

图 4-1　上海市域范围内工业集聚区的空间区位类型

上海市域范围内工业集聚区的空间区位类型统计　　表 4-1

类型	合计	工业			生产性服务业
		小计	国家级工业开发区	市级工业开发区	生产性服务业功能区
核心型	0	0	0	0	0
边缘型	14	6	4	2	8
近郊型	21	12	4	8	9
远郊型	31	20	4	16	11
总计	66	38	12	26	28

4.1.2 空间静态现象

1. 空间分布现象

从 38 个工业开发区在上海市域范围内不同空间地域上的空间分布现状来看（表 4-2 和图 4-2），绝大部分工业开发区都位于郊区，占到总量的 84.21%。其中位于远郊区的工业开发区最多，有 20 个，占总量的 52.63%，位于近郊区的工业开发区有 12 个，占总量的 31.58%。而中心城区有少量的工业开发区，只有 6 个工业开发区，仅占总量的 15.79%，且都位于中心城区边缘区，中心城区核心区内没有工业开发区。这种工业开发区分布特征实际上体现了上海“繁荣繁华看市区，经济实力看郊区”的工业经济布局战略指导思想❶。

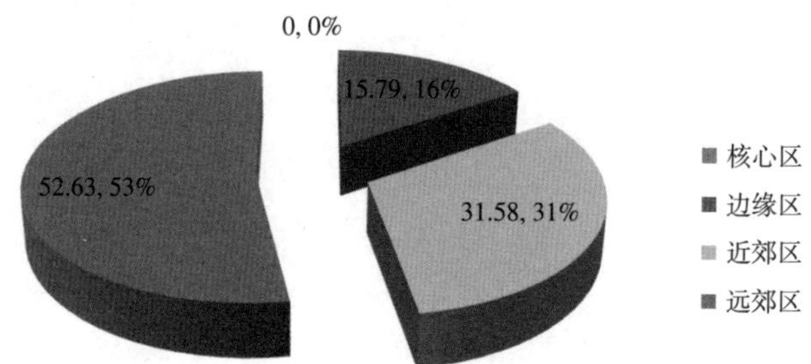

图 4-2　不同空间地域上的工业开发区分布比重

不同空间地域上的工业开发区分布　　表 4-2

空间地域		国家级	市级	总计	所占总计比重（%）
中心城区	核心区	0	0	0	0
	边缘区	4	2	6	15.79

❶ 为了增强城区的辐射功能，实现城乡联动发展，21 世纪初，上海提出了“繁华繁荣看市区，经济实力看郊区”，突出解决“600 同 6000”的关系问题，即 600km² 的城区发展现代服务业的楼宇经济，6000km² 的郊区发展第二产业的工业经济。

续表

空间地域		国家级	市级	总计	所占总计比重（%）
郊区	近郊区	4	8	12	31.58
	远郊区	4	16	20	52.63
总计		12	26	38	100

此外，从不同级别工业开发区的空间分布来看（图 4-3），12 个国家级工业类开发区平均分布于中心城区边缘区、近郊区和远郊区，数量都为 4 个，各占到 1/3。而 26 个市级工业开发区则主要位于远郊区和近郊区，只有 2 个工业开发区位于中心城区边缘区，其余 24 个工业开发区都位于远郊区和近郊区，超过总量的 90%。其中，位于远郊区和近郊区的工业开发区数量分别占到总量的 61.54% 和 30.77%。

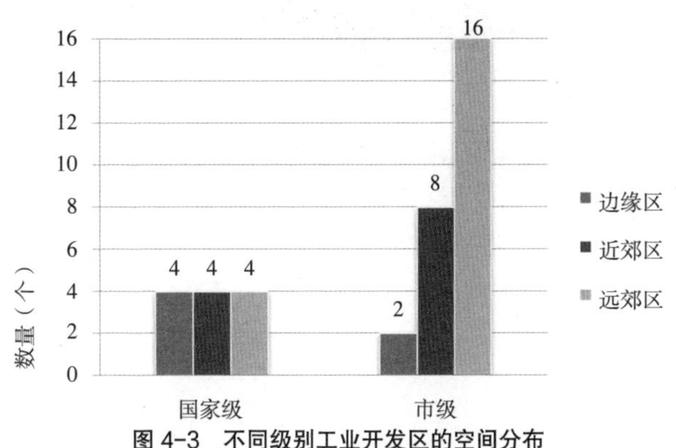

图 4-3　不同级别工业开发区的空间分布

而从近年来（至 2010 年）年形成的 28 个生产性服务业功能区在上海市域范围内不同空间地域上的空间分布来看（表 4-3 和图 4-4），位于远郊区的生产性服务业功能区最多，有 11 个，占总量的 39.29%，位于近郊区的次之，有 9 个，占总量的

32.14%，位于中心城区边缘区的生产性服务业功能区最少，有8个，占总量的28.57%。可见，这些与工业开发区关系密切的生产性服务业功能区的空间分布特征类似于工业开发区，其主要是为不同空间地域上的工业开发区提供服务，如在金桥出口加工区、张江高科技园区、漕河泾新兴技术开发区、康桥工业园区、南汇工业园区、金山工业园区等工业开发区内部或周边的生产性服务业功能区。

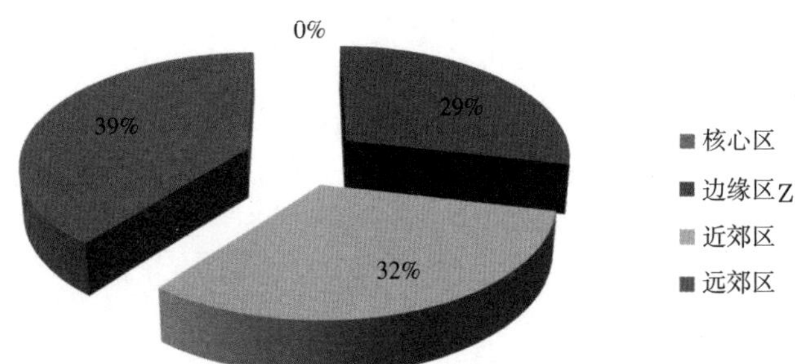

图 4-4 不同空间地域上的生产性服务业功能区分布比重

不同空间地域上的生产性服务业功能区现状分布　　表 4-3

空间地域		生产性服务业功能区（个）	所占总计比重（%）
中心城区	核心区	0	0
	边缘区	8	28.57
郊区	近郊区	9	32.14
	远郊区	11	39.29
总计		28	100

2. 空间规模现象

从上海市域范围内不同空间地域上38个工业开发区的规划面积和已开发面积情况来看（表4-4和表4-5），工业开发区规模从中心城区到近郊区再到远郊区呈现逐渐增大的趋势，即除中心城区核心区没有工业开发区外，位于中心城区边缘区的工业开发区规模小于位于近郊区的，而位于近郊区的工业开发区规模又小于位于远郊区的。其中，位于远郊区的工业开发区规划面积和已开发面积最大，分别为 29491hm^2 和 24123hm^2，分别占总规划面积和已开发总面积的 55.48% 和 58.12%；位于近郊区的工业开发区规划面积和已开发面积次之，分别为 16218hm^2 和 11057hm^2，分别占总规划面积和已开发总面积的 30.15% 和 26.64%；位于中心城边缘区的工业开发区规划面积和已开发面积最小，分别为 7446hm^2 和 6327hm^2，分别占总规划面积和已开发总面积的 14.01% 和 15.24%（图 4-5）。

不同空间地域上的工业开发区规划面积　　表 4-4

空间地域		国家级（hm^2）	市级（hm^2）	总计（hm^2）	所占总计比重（%）
中心城区	核心区	0	0	0	0.00
	边缘区	7219	227	7446	14.01
郊区	近郊区	1203	15015	16218	30.51
	远郊区	2082	27409	29491	55.48
总计		10504	42651	53155	100.00

不同空间地域上的工业开发区已开发面积　　表 4-5

空间地域		国家级（hm^2）	市级（hm^2）	总计（hm^2）	所占总计比重（%）
中心城区	核心区	0	0	0	0.00
	边缘区	6105	222	6327	15.24
郊区	近郊区	988	10069	11057	26.64
	远郊区	2265	21858	24123	58.12
总计		9358	32149	41507	100.00

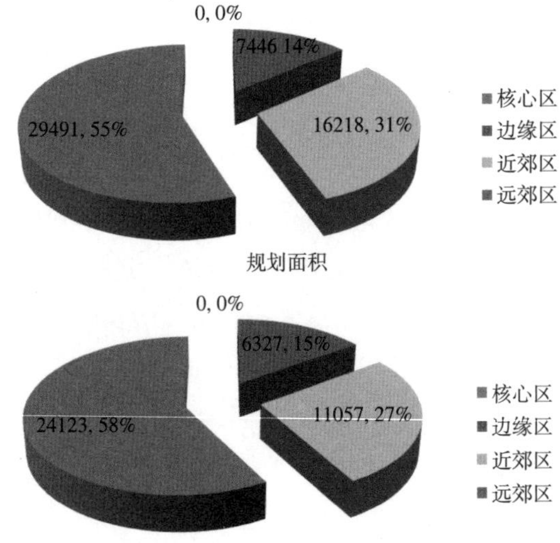

图 4-5 不同空间地域上的工业开发区规划面积和已开发面积

从上海市域范围内 38 个工业开发区的土地开发情况来看（图 4-6），平均土地开发率（已开发面积比上规划面积）为 78.09%，位于中心城区边缘区和远郊区的工业开发区开发率都超过了平均值，位于中心城区边缘区的工业开发区开发率最高，为 84.97%，位于远郊区的次之，为 81.80%，而位于近郊区的工业开发区开发

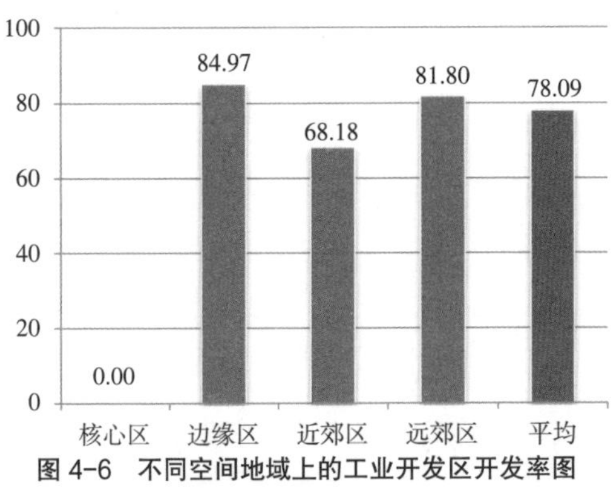

图 4-6 不同空间地域上的工业开发区开发率图

率为 68.18%，低于位于中心城区边缘区和远郊区的工业空间开发率，以及平均土地开发率 10 个百分点左右。

从上海市域范围内不同空间地域上 28 个生产性服务业功能区的规划面积及其占总规划面积的比重来看（表 4-6 和图 4-7），位于中心城区边缘区的生产性服务业功能区规模明显大于位于郊区的，占总规划面积的 50.24%，这是由于中心城区边缘区多是依托国家级工业开发区发展形成的生产性服务业功能区。同时，位于远郊区的生产性服务业功能区规模大于位于近郊区的，分别占总规划面积的 27.26% 和 22.50%。

不同空间地域上的生产性服务业功能区规划面积　　表 4-6

空间地域		生产性服务业功能区（hm^2）	所占总计比重（%）
中心城区	核心区	0	0
	边缘区	1962.88	50.24
郊区	近郊区	879.33	22.50
	远郊区	1065.16	27.26
总计		3907.37	100

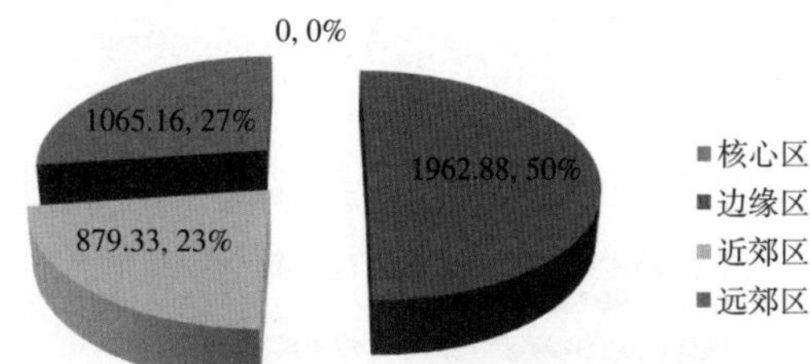

图 4-7　不同空间地域上的生产性服务业功能区规划面积比重

3. 空间效率现象

从表 4-7 和图 4-8 可以看出，上海市域范围内 38 个工业开发区的单位土地固定资产投资和单位工业用地工业产值分别为 42.26

亿元/km² 和 131.32 亿元/km²。其中，位于中心城区边缘区的工业开发区土地投入产出值都高于平均值，单位土地固定资产投资和单位工业用地工业产值分别为 50.42 亿元/km² 和 134.67 亿元/km²。而位于远郊区的工业开发区投入产出值都低于平均值，单位土地固定资产投资和单位工业用地工业产值分别为 39.24 亿元/km² 和 62.43 亿元/km²。位于近郊区的工业开发区土地投入最少，却有最多的产出，单位土地固定资产投资和单位工业用地工业产值分别为 37.13 亿元/km² 和 166.86 亿元/km²。这主要是由于位于近郊区的工业开发区有很多是以先进制造业、高新技术产业为主的工业集聚区，同时还有多个国家级出口加工区，其土地投入产出值相对比较高。

不同空间地域上的工业开发区土地投入产出　　表 4-7

空间地域		单位土地固定资产投资（亿元/km²）	单位工业用地工业产值（亿元/km²）	投入产出比（N值）
中心城区	核心区	0	0	0
	边缘区	50.42	134.67	2.6
郊区	近郊区	37.13	166.86	4.5
	远郊区	39.24	92.43	2.4
平均		42.26	131.32	3.1

注：投入产出比数量常用“1 ∶ N”的形式表达，N 值越大，空间效率越高。

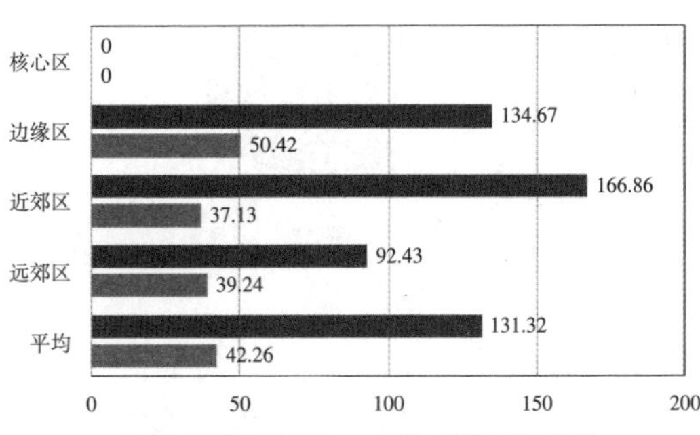

图 4-8　不同空间地域上的工业开发区土地投入产出图

上海市域范围内 38 个工业开发区的空间效率可以从其土地投入产出水平来看。从表 4-7 和图 4-9 的投入产出比（N 值）来看，位于近郊区的工业开发区 N 值最大，为 4.5，说明空间效率较高。而位于中心城区和远郊区的工业开发区 N 值分别为 2.7 和 2.4，都低于平均值 3.1，说明空间效率较低。整体上来说，位于近郊区的工业开发区效率大于位于中心城区边缘区的工业开发区效率，位于中心城区边缘区的工业开发区效率又大于位于远郊区的。

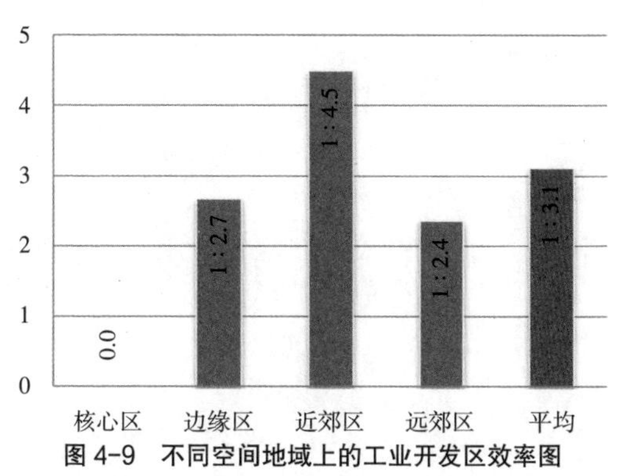

图 4-9　不同空间地域上的工业开发区效率图

4.2　工业集聚区的空间动态演化

4.2.1　空间分布演化

从 38 个工业开发区在上海市域范围内不同空间地域上的空间分布变化来看（图 4-10 和表 4-8），1980 年代的 10 年间，市域范围内只建成了 3 个工业开发区，在中心城区边缘区、近郊区和远郊区各分布了一个。1990 年代是工业开发区发展最快的阶段，10 年间共增加了 22 个。其中远郊区增加最快，增加了 11 个工业

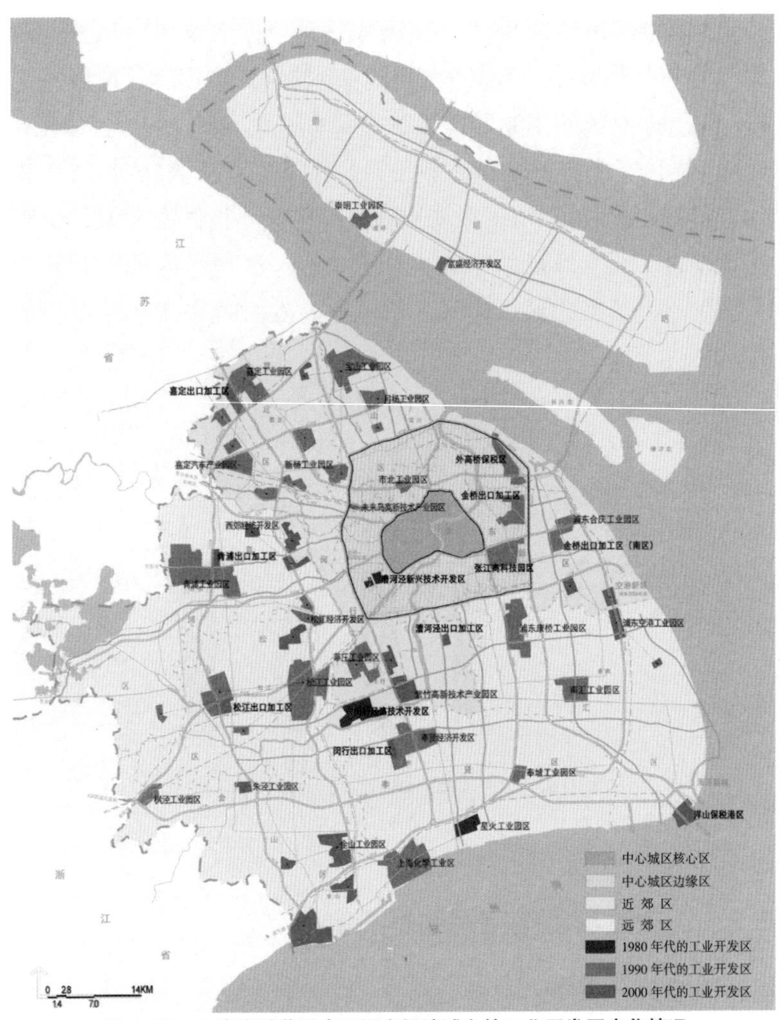

图 4-10　上海市域范围内不同空间地域上的工业开发区变化情况

开发区，其次为近郊区，增加了 7 个工业开发区，中心城区边缘区增加最少，增加了 4 个工业开发区。进入到 21 世纪以来，工业开发区继续稳步增加，这个 10 年间共增加了 13 个工业开发区。其中也是远郊区增加最快，增加了 8 个工业开发区，近郊区增加了 4 个工业开发区，而中心城区边缘区仅增加了 1 个工业开发区。因此，30 年来上海市域范围内不同空间地域上的工业开发区分布变化，呈现出远郊区快于近郊区又快于中心城区边缘区的特征，郊区（尤其是远郊区）的增加速度明显快于中心城区。

不同空间地域上的工业开发区分布变化　　表 4-8

空间地域		空间分布		
		1980年代（至1989年）	1990年代（至1999年）	2000年代（至2009年）
中心城区	核心区	0	0	0
	边缘区	1	5	6
郊区	近郊区	1	8	12
	远郊区	1	12	20
总计		3	25	38

4.2.2　空间规模演化

从 38 个工业开发区在上海市域范围内不同空间地域上的空间规模变化来看（表 4-9），1980 年代，上海市域范围内的 3 个工业开发区的总规划面积仅为 2228hm^2。1990 年代的 10 年间工业开发区的空间规模发生了显著的变化，总规划面积快速增加到 42905hm^2，是 1980 年代总规划面积的近 20 倍。其中，近郊区的增加速度最快，增加了近 40 倍的规划面积，远郊区也增加较快，增加了近 30 倍的规划面积，而中心城区边缘区的总规划面积增加较慢，但也增加了近 6 倍的规划面积。进入到 21 世纪以来，工业开发区的空间规模变化没有 1990 年代明显，总规划面积增加速度约为 24%。其中，远郊区的工业开发区增加速度最快，规划面积增加速度约为 38%，其次为近郊区的工业开发区，规划面积增加速度约为11%，中心城区边缘区的工业开发区的空间规模变化不大，规划面积增加速度不到9%。可见，30年来上海市域范围内不同空间地域上的工业开发区规模变化过程中，规划面积的增加速度呈现远郊区快于近郊区，又快于中心城区边缘区的变化特征。

不同空间地域上的工业开发区规模变化　　表4-9

空间地域		规划面积（hm^2）		
		1980年代（至1989年）	1990年代（至1999年）	2000年代（至2009年）
中心城区	核心区	0	0	0
	边缘区	1158	7349	7446
郊区	近郊区	350	14169	16218
	远郊区	720	21387	29491
总计		2228	42905	53155

4.2.3 空间效率演化

不同空间地域上的工业开发区空间效率变化　　表4-10

空间地域		单位工业用地工业产值（亿元/km^2）		
		1989年	1999年	2009年
中心城区	核心区	0	0	0
	边缘区	1.59	7.89	53.69
郊区	近郊区	1.96	1.72	15.62
	远郊区	0.94	0.88	17.94
平均		1.50	3.50	29.08

注：由于开发区统计数据的获取限制，1989年和1999年的数据会有少许出入，2009年则缺少某些出口加工区的数据。此处空间效率是用工业总产值比总规划面积来表示的，与表4-7计算方式不一样，会有一定误差，但不影响总体变化特征分析。

数据来源：1989年的来源于《上海对外经济贸易志》；1999年的来源于《上海年鉴2000》；2009的来源于《上海统计年鉴2010》和《2009上海开发区发展报告》。

从 38 个工业开发区在上海市域范围内不同空间地域上的空间效率变化来看（表 4-10），1989 年 38 个工业开发区的平均单位工业用地工业产值仅为 1.50 亿元 /km^2，到 1999 年平均单位工业用地工业产值变化也不大，为 3.50 亿元 /km^2，仅增加了 2 亿元 /km^2。而到 2009 年平均单位工业用地工业产值变化较为显著，是 1999 年的 8 倍多。其中，处于中心城区边缘区的工业开发区的空间效率的增加数额最大，1999 年的单位工业用地工业产值比 1989 年增加了 6.30 亿元 /km^2，2009 年的单位工业用地工业产值更是比 1999 年增加了近 46 亿元 /km^2；处于近郊区和远郊区的工业开发区的空间效率变化特征相似，由于 1990 年代郊区工业开发区的快速扩张，1999 年的单位工业用地工业产值相比 1989 年都有所减少，但变化很小。然后经过 21 世纪 10 年间的调整，2009 年的单位工业用地工业产值都比 1999 年有明显增加，都增加了 15 倍左右。可见，30 年来上海市域不同空间地域上的工业开发区空间效率变化过程中，单位工业用地工业产值的增加速度呈现中心城区边缘区明显高于近郊区和远郊区的空间变化特征。

此外，近年来上海生产性服务业功能区的空间演化过程实际上是其依托工业开发区的空间形成和发展过程，一是由工业开发区直接转变而形成生产性服务业功能区，或者就是由老工业区（核销工业区）和高能耗、高污染的老工业企业直接调整形成的；二是在工业开发区内部形成与制造业在空间上集聚布局的生产性服务业功能区；三是在工业开发区外部形成生产性服务业功能区，发展与该工业开发区制造业关系密切的相关生产性服务业，或者就是独立形成并拥有自身产业特色的生产性服务业功能区。这样，生产性服务业功能区也相应的在上海市域范围内不同空间地域上形成不同的空间演化特征。但是，由于生产性服务业功能区是新时期出现的工业集聚区，还没有完整的经济产出数据，因此，在本书中缺少了其空间演化的分析。

4.3 工业集聚区的空间演化特征及规律

4.3.1 空间演化特征

1. 工业集聚区的空间集散特征

根据前两节的分析，可以看出转型期上海工业集聚区的空间演化是在上海市域范围内不同空间地域上的集聚与扩散的不断演替过程。在这一过程中，工业集聚区首先在城市中不同的位置区位上进行空间集聚，即工业以集聚的形式达到规模效应，促使相应的空间集中建设。然后，随着城市规模拓展带来不同空间地域范围的变化和城市转型带来结构的变化，集中的效益逐渐不明显，发展的侧重点逐步转向区位条件和区位环境的改善，工业集聚区开始寻求低成本的空间区位，在不同空间地域上呈现分散化的空间发展。综合转型期上海工业集聚区的空间演化过程，可以得出以下具体特征：

一是郊区扩散化特征，即工业集聚区从原来集中在中心城区逐渐向郊区扩展开来，郊区逐步成为上海发展工业的主要空间地域。上海市域的工业集聚区基本上经历了一个由中心城区核心区（3个老工业区）向中心城区边缘区（8个专业化工业区）、近郊区（7个工业卫星城）和远郊区（6大工业基地）方向发展的过程，这表明，随着上海经济、社会发展和城市空间的扩展，工业集聚区处在整个上海市域范围内不同空间地域上的空间整合和优化的进程中。在这一过程中，工业集聚区与城市中心的距离随之不断增加。3个老工业区与城市中心（人民广场）的距离平均值为5km，8个专业化工业区的距离平均值为10km，7个卫星城的距离平均值已达 30km。而 6 大工业基地中除微电子产业基地外，其余 5 个大型工业基地均布局在远郊区。这说明，上海市域范围内工业集聚区的郊区分散化发展十分明显，目前在郊区形成了大批工业集聚区，而且在工业集聚区的依托和支撑下，郊区城镇发展加速，同时工业集聚区本身也成为各级城镇新的发展空间。其中，38 个工业开发区很多都是依托郊区城镇发展形成的，与郊区新城相配套。6 大工业基地除钢铁、化工分别依托已具有良好基础的宝山、金山，船舶制造还在建设外，其余 3 个基地分别和上海先行的 3 个新城相配套。松江新城——微电子、临港新城——装备制造、嘉定新城——汽车，每一个新城都有强大的工业支撑，并且都有（或规划中的）轨道交通线路将新城和中心城区连在一起。同时，基本上每个新城发展都有一个市级工业开发区作为支撑，如青浦新城——青浦工业园区、松江新城——松江工业区、南桥新城——奉贤经济开发区等。可以预见，郊区工业集聚区和新城发展的联动，将成为转型期上海工业集聚区未来发展的一个重要趋势。

二是园区集中化特征，即郊区形成的工业集聚区，其功能集聚与周边空间产生“位势差”，带动其周边的生产要素向园区内集聚。在“退二进三”或土地置换的政策驱动和城市总体规划的引导下，上海市政府对原有工业布局进行整体调整，克服“遍地开花”的局面，以集中建设各类开发区[1]为导向，制造业企业逐步集聚。一开始这种集聚仅是地理上的集中，是缺乏产业联系和规模效益的集中。随着经济和产业的发展，工业集聚区的建设越来越突出产业集聚，进入产业集群的良性发展阶段。一开始为了

[1] 这些开发区有经济技术开发区、高新技术产业开发区、出口加工区、保税区、工业园区等多种类型，其在开发建设总目标一致的前提下，在产业发展上各有侧重。

达到规模效应和集约化用地的要求，使得工业制造业向工业集聚区集中，在不同空间地域上逐步形成了行业和地域相对集中的工业集聚区。早在1990年代上海市政府提出的郊区“三个集中”发展战略[1]中,就包含了“工业向园区集中”的发展思路。从“十五”开始，工业增量主要是向“1+3+9”工业区和“东南西北”4大工业基地集中。“十一五”期间不仅制造业开始升级，而且不同区域之间专业化生产的空间集聚走向更加明确。到目前为止，上海工业制造业进一步向市域的8个重点工业基地，38个市级以上工业开发区，104个工业区块[2]（图4-11）集中。2009年国家级、市级开发区（41个开发区）实现工业总产值12845.28亿元，占全上海市工业总量的51.61%，工业向重点工业基地和开发区集中度为72.43%，单位土地工业产值57.87亿元/km^2，主导产业集聚度达到86.29%，工业开发区成为上海先进制造业的重要空间集聚载体。从表4-11来看，1999～2009年的10年间，工业开发区实现的工业总产值占全上海市工业总量的比

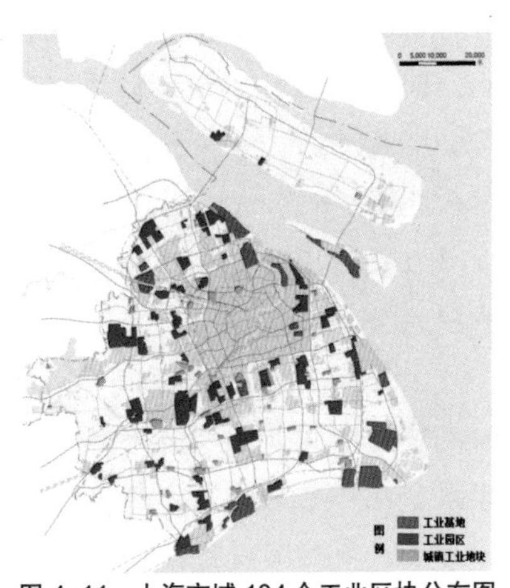

图4-11 上海市域104个工业区块分布图

资料来源：上海工业区发展“十二五”规划

[1] “三个集中”是指：加快新建工业和乡镇工业向工业园区集中，以提高经济集聚效益；促进耕地向规模经营的农户和农场集中，以提高农业规模效益和劳动生产率；引导农民居住向城镇集中。简称“工业向园区集中，农业向规模经营集中，农民向城镇集中”。

[2] 2009年，上海市政府结合工业区块梳理和“两规合一”，在41个国家公告开发区的基础上规划确定了104个工业区块，包含了工业基地、工业园区、城镇工业地块，规划总面积约为764km^2，已建成工业用地面积约为357km^2。

重逐年上升，最近 3 年已接近于 50%。可见，工业制造业正逐步向不同空间地域上的工业集聚区进行相应的空间集聚。

1999 ~ 2009 年工业开发区工业总产值占上海市工业总量的比重变化　　表 4-11

年份（年）	工业开发区实现工业总产值（亿元）		全上海市工业总量（亿元）	比重（%）
	9大工业园区	38个工业开发区		
1999	251.29		6213.24	4.04
2000	308.55		7022.98	4.39
2001	394.30		7806.18	5.05
2002	549.04		8730.00	6.29
2003	852.25		11708.49	7.28
2004	995.51		14595.29	6.82
2005		6051.98	16876.78	35.86
2006		8620.49	19631.23	43.91
2007		11392.93	23108.63	49.30
2008		12626.56	25968.38	48.62
2009		12309.50	24888.08	49.46

数据来源：上海市统计年鉴（2000 ~ 2010）。

注：2005 年前统计资料上的数据为郊区 9 大工业园区，2005 年开始统计资料的数据变为 38 个工业开发区。

2. 工业集聚区的空间转型特征

随着上海城市空间向外扩展，工业的布局调整从城市建成区扩大到整个市域范围。在这一过程中，城市规划对工业的布局变化起到了限制和引导作用。尤其是 1990 年代中、后期，城市规划突出了工业布局调整，其规划的编制及实施促使中心城区工业企业的大幅度外迁和郊区工业集聚区的集中开发建设。尤其是顺应工业郊区化趋势而发展的城市交通网络和基础设施，改善了郊区的区位条件，使得中心城区的工业逐步向外围郊区疏解。这样，中心城区的工业集聚区由于工业企业的外迁，就出现了很多闲置的工业用地和工业厂房，面临自身产业结构调整转型与空间结构更新演变的问题。另外，即使没有工业企业外迁的工业集聚区，由于产业转型升级和二次开发的需求，也面临着自身转型的需求，而这是中心城区和郊区经过多年发展的工业集聚区共同面临的问题。

近年来，上海工业集聚区的空间演化过程中出现了一个新特征，就是随着上海城市功能的提升和产业结构的调整，工业开发区开始向生产性服务业功能区转型，如中心城区的市北工业区、桃浦工业区等旧工业区直接向生产性服务业功能区转变；中心城区的张江高科技园区、漕河泾经济技术开发区等和郊区的工业区开始加强生产性服务业的空间集聚，在工业开发区内部或周边配套发展生产性服务业功能区。此外，从服务上海城市整体的产业转型出发，形成了一些以潜力空间大、市场需求旺盛的生产性服务业（主要是科技研发）为主的专业性生产性服务业功能区，如丽洲、淀山湖生产性服务业功能区等（表 4-12）。

近年来上海新出现的生产性服务业功能区　　表 4-12

出现形式	相关的工业开发区或旧工业区（闲置的工业用地和工业厂房）	生产性服务业功能区
直接转变	市北工业区	市北生产性服务业功能区
	长征工业区	长征生产性服务业功能区
	江桥工业园区	西郊生产性服务业功能区
	桃浦工业区	桃浦生产性服务业功能区
	上海铁合金厂	宝山国际节能环保园生产性服务业功能区
	上海纺织原料公司纪蕴路仓库	宝山智力产业园生产性服务业功能区
	上海机床电器厂、永红煤矿机械厂、东风农药厂和申兴制药厂地块	南翔智地生产性服务业功能区

续表

出现形式	相关的工业开发区或旧工业区（闲置的工业用地和工业厂房）	生产性服务业功能区
直接转变	上海汽车工业集团总公司的废弃工业厂房、原上海灯具城	低碳经济生产性服务业功能区
配套发展	张江高科技园区	张江集电港生产性服务业功能区
	浦东康桥工业园区	康桥生产性服务业功能区
	金桥出口加工区	金桥生产性服务业功能区
	浦东合庆工业园区	张江高科技产业东区生产性服务业功能区
	南汇工业园区	南汇工业园区生产性服务业功能区
	华新工业园区	华新生产性服务业功能区
	奉贤经济开发区	丽洲生产性服务业功能区
		南郊生产性服务业功能区
	漕河泾新兴技术开发区	漕河泾开发区浦江生产性服务业功能区
		漕河泾开发区松江生产性服务业功能区
	金山工业园区和上海化学工业区	国际化工生产性服务业功能区
	紫竹高新技术产业园区	莲花生产性服务业功能区
	莘庄工业园区	南上海生产性服务业功能区
专业发展	—	仓城生产性服务业功能区
	—	浦江源生产性服务业功能区
	—	钢铁金融产业园生产性服务业功能区
	—	国际钢铁服务业中心（钢领）生产性服务业功能区
	—	唐镇生产性服务业功能区
	—	淀山湖生产性服务业功能区
	—	陈家镇生产性服务业功能区

（1）产业置换 - 直接转变

在现代基础设施日趋完善、工业郊区化加速发展、商务成本日益高涨的影响下，中心城区的制造业面临着边际效益不断下降，工业开发区对于传统产业领域企业的吸引力也在不断削弱。这就使得中心城区大部分工业企业开始外迁，而各类服务活动则开始进一步向中心城区的工业开发区集聚，更多的商业设施、商务设施取代了之前的工业用地，促使金融、信息、咨询等生产性服务业在中心城区的迅速发展与不断集聚。随着中心城区大量工业企业的外迁，出现了大量工业闲置划拨土地，为生产性服务业企业在中心城区的集聚提供了必要的空间载体。从中心城区来看，工业用地和厂房资源相对比较丰富，发展生产性服务业也有一定的制造业基础，而生产性服务业企业的介入又能和传统制造业转型相结合。因此，中心城区的一些旧工业区是依托其空间地域内现有工业用地和厂房资源，淘汰和调整其中的传统制造业，通过产业置换，集聚发展生产性服务业，从而直接转变成生产性服务业功能区。

（2）产业渗透 - 配套发展

近些年来，上海工业开发区在其加工制造业快速发展的同时，也纷纷提出产业转型发展理念，试图能够通过产业转型升级来进一步提升其综合竞争力。目前以高新技术产业为主导的工业开发区，凭借其特有的制造业基础较好、跨国公司集中、高新技术发达等优势，在其高新技术制造业已取得高度发达的同时，开始注重向生产性服务业转型发展。其他工业开发区也吸引了相关服务企业的空间集聚，知识密集型生产性服务业，如知识产权、风险投资、管理咨询、信息服务等得到了快速发展。因此，一些工业开发区开始通过生产性服务业向制造业的产业渗透，进行自身功能的提升和拓展，重点发展为技术密集型高新技术产业提供支持的生产性服务业，如研发与设计服务、专业技术服务等，生产性服务业逐渐在工业开发区的周边或内部集聚而形成生产性服务业功能区。这些功能区主要是为工业开发区配套的，并且基本上是朝着综合性的科技研发型生产性服务业功能区的方向发展。

（3）产业延伸 - 专业发展

随着上海市域范围内工业的外移、产业功能升级进程的加快，将产生大量专业服务的需求。同时，郊区新城的建设将会促进资金、人才、技术等要素向郊区集聚，从而带来大量专业服务的供给。在多方面因素的共同作用下，郊区生产性服务业发展的速度将加快，成为未来上海发展生产性服务业最主要的增量空间。因此，郊区生产性服务业功能区的形成，依托的是郊区的工业基础、资源享赋和新城建设，重点发展的是为资本密集型的工业提供支持的特色专业型生产性服务业以及潜力空间大、市场需求旺盛的新兴生产性服务业。其中，郊区重要的工业基地或工业开发区产生了大量如物流、信息咨询、展示等专业服务的需求，通过生产性服务业向制造业的延伸，集聚发展生产性服务业，从而在工业基地或工业开发区周边形成了特色专业型生产性服务业功能区。

4.3.2　空间演化规律

将前两节分析的结论进行综合，可以看出，转型期上海工业集聚区的空间演化过程与不同空间地域上的区位条件，存在比较明显的相关性规律，本书将其称为转型期上海工业集聚区的空间区位选择规律：

从静态上来看，首先，转型期上海工业集聚区具有较强的空间区位指向，总体上看，位于郊区的工业开发区，无论是空间分布数量，还是空间规模的增长速度，都明显高于中心城区，同样生产性服务业功能区也多数布置在郊区。其次，不同空间地域上的区位条件与工业集聚区的发展效益相联系，从工业开发区的空间效率来看，中心城区边缘区和近郊区的空间效率及其提高速度明显高于远郊区，同样中心城区的工业开发区最先向生产性服务业功能区转型，与中心城区日益增长的空间区位成本相关。因此，空间区位与工业集聚区的空间现象密切相关，对工业集聚区获得相对低廉的土地，享受城市原有设施的支撑，降低自身开发成本具有重要作用。

从动态上来看，在目前上海城市整体处于产业和功能转型的历史时期，不同时期工业集聚区的空间区位选择与不同空间地域上的区位条件变化密切相关。改革开放以来，随着上海城市经济的快速发展，中心城区的土地价格逐步提高，工业集聚区的运营成本也开始上升，而郊区相对于中心城区土地价格低廉，可利用土地较宽裕，加上顺应工业郊区化趋势而发展的城市交通网络和基础设设施，改善了郊区的区位条件，对工业集聚区布局的吸引力逐渐增大，也成为中心城区的工业向外疏解的主要承接地，从而为中心城区的工业集聚区转型提供了前提条件。

从工业集聚区具体的空间区位选择来看。一方面，在经济全球化和城市产业转型背景下，上海工业集聚区的空间演化呈现出在市场规律的支配下自主选择空间区位的过程，这类似于国外全球城市。为了获取最大利润，工业集聚区（区位主体）开始根据自身的区位要求和付租能力，寻找市域范围内不同空间地域上的最佳区域——中心城区边缘区。在土地需求大于供给的情况下，同一空间地域的土地面临着多个竞争者，在竞标地租理论支配下，地价上升，竞标地租最后决定能够支付地租且能获得最大利润的若干个工业集聚区胜出，布局在中心城区边缘区，并形成集聚效应，吸引更多的同类、互补和依附性制造业或生产性服务业集聚；随着集聚的进一步增强，中心城区边缘区的地价被再次抬高，出现规模不经济，工业集聚区的运营成本上升；信息和交通技术应用提高了郊区的信息可获得性和交通易接近性，增强了工业集聚区进行空间区位选择的灵活性，一部分工业集聚区由于难以承受高昂的运营成本，在信息和交通技术的引导下迁出中心城区边缘区，选择在近郊区或者远郊区；而另一部分依赖于中心城区的高度密集信息与高质量服务的工业集聚区，继续留在中心城区边缘区，集聚强化（图 4-12）。以上空间区位选择过程中，工业集聚区作为区位主体在市场规律的支配下，根据不同区位条件，分别选择在中心城区边缘区、近郊区、远郊区，从而体现出工业集聚区在不同空间地域上的空间演化特征。另一方面，转型期上海工业集聚区的空间演化是城市政府的政策推动作用下的空间区位选择过程。上海市政府为改善城市中心城区的环境条件，对中心城区的污染工业企业通过计划指令实施搬迁。为调整产业结构和提升城市功能，进行"退二进三"的土地空间置换，原处于城市中心城区的工业集聚区，特别是占地大、土地产出效率较低的工业开发区纷纷被迁至外围郊区。在城市外围郊区设立工业集聚区是上海市政府实施工业空间优化布局的主要方式，通过实施土地、税收等优惠政策，提供良好的基础设施和专门的政府服务使其成为工业企业强烈吸引区。政府为了改善城市对外联系，提高城市

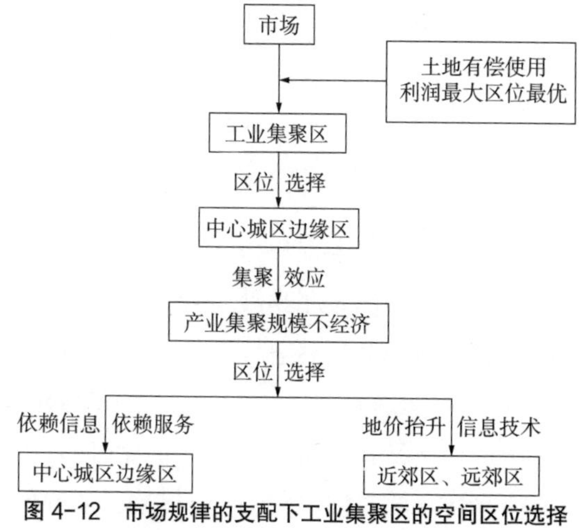

图 4-12　市场规律的支配下工业集聚区的空间区位选择

中心城区的辐射和影响，中心城区外围高等级公路、高速公路等交通设施逐步完善，成为吸引工业集聚区作为区位主体选择在不同空间地域上进行布局的重要考虑因素。以上体现了工业集聚区从中心城区转移到外围郊区的空间区位变化过程（图 4-13）。虽然以上是一种政府主导的工业集聚区的空间区位选择过程，但是由于上海市政府考虑了中心城区边缘区、近郊区、远郊区不同空间地域的区位条件优劣性，并且通过城市规划的作用，也能引导工业集聚区进行合理的空间区位选择，从而体现出工业集聚区在市域范围内不同空间地域上的空间演化具体特征。

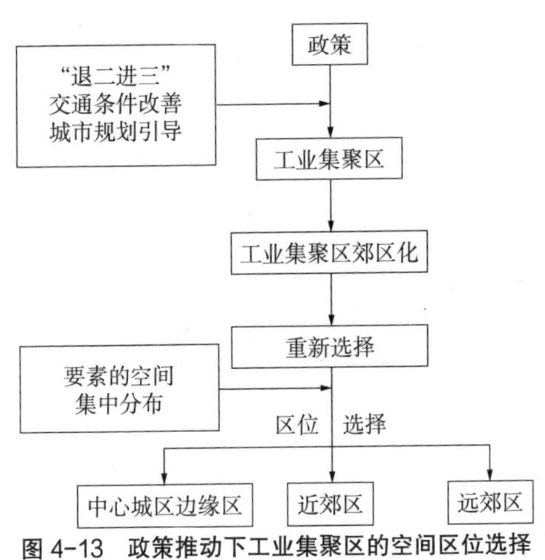

图 4-13　政策推动下工业集聚区的空间区位选择

虽然上述空间区位选择规律决定了转型期上海各个工业集聚区的区位类型，也相应地决定了这些工业集聚区在上海市域范围内不同空间地域上的空间演化轨迹。但转型期具有复杂性和多样性，并不是所有工业集聚区的实际演化轨迹是严格按照上面总结的空间区位选择规律进行，导致许多工业集聚区往往在发展的要素之间存在一种选择上的错位：按照工业集聚区所处的空间区位，应该选择甲种发展模式，但其实际的开发中却选择乙种模式，比如一些处于近郊区的工业集聚区，应该发挥依托中心城区的优势，大力发展工业生产，但由于其空间区位比较利于吸引房地产投资，因此实际开发中住宅开发项目远远多于工业项目，工业集聚区成了以商品住宅区为主的园区。另外一些地处远郊区的工业集聚区，应该建设配套的居住和服务功能，以吸引人口和生产要素，但实际开发中却只注重大项目的引进，导致空间缺乏持久的凝聚力等情况。这样，虽然工业集聚区也在发展，但有可能却大大降低了工业集聚区整体的空间组织效率。此外，上述规律是针对各工业集聚区在静态非竞争条件下的分析，实际上，在不同空间地域上，甚至在同一空间地域上就有多个工业集聚区相互竞争。现实的空间竞争往往会导致工业集聚区偏离符合其客观区位的发展模式，而采取与竞争者针锋相对的战略，导致工业集聚区的整体发展效益下降。工业集聚区之间的恶性竞争主要原因就是工业集聚区的数量和密度过大、功能相似，造成了一种同类商品之间“供过于求”的环境，使工业集聚区的消费市场成为一种绝对有利于投资商的需求经济（王兴平，2005）。工业集聚区都希望选择在交通条件好，能享受中心城区设施的空间地域上，这些空间地域成为工业集聚区大量滋生的场所，工业集聚区之间的空间竞争当然就不可避免。工业集聚区在中心城区边缘区的蔓延和竞争，虽然有利于促进各工业集聚区积极改进自身的环境，但空间竞争则会导致中心城区的环境受损，空间被肢解。从不同空间地域上的 28 个生产性服务业功能区来看，无不把发展商务办公，甚至是总部经济作为重点发展方向之一。2006 年上海总部经济促进中心发布上海首张总部经济地图，“圈定”了 16 家予以重点扶持的总部经济基地，包括嘉定西郊生产性服务业功能区、宝山钢铁总部基地、闵行紫竹等。此外，桃浦、市北的发展定位中都是把总部经济列为重点发展方向之一。中心城区的长征、桃浦、市北等谋求向“生产性服务业”转型的旧工业区，均是发展大规模的商务办公。普陀区桃浦和长征明确提出旧工业区集体转性，合计可转的工业建筑量达到近 500 万 m^2。据统计，包括已经转型、准备转型和可能转型的，旧工业区转型将建设近 1500 万 m^2，而 2009 年全上海市现状商务办公总量仅 3650 万 m^2。目前，已经形成的生产性服务业功能区，其认定采取的是“自下而上”的申报方式，不可避免的会面对重复建设导致的资源浪费与恶性竞争问题。同时，如果不从全市层面进行规划与统筹，控制商务办公的总建设规模，也将会对上海城市产业转型和商务空间的健康有序发展产生不良影响。

第5章　转型期上海工业集聚区的内部空间变化

转型期上海工业集聚区的空间发展整个过程既包括了工业集聚区在上海市域范围内不同空间地域上的空间演化，也包括了工业集聚区自身的内部空间变化。一方面，为了适应新的历史时期上海城市的功能转型和产业转型的需求，上海城市的工业布局需要进行新的调整，中心城区需要腾出更多的空间来发展现代服务业，而曾经占据中心城区的旧工业区就面临着产业结构调整转型与空间结构的更新演变。另一方面，在空间资源日益紧张的新形势下，上海部分基础条件较好的工业集聚区在经历了早期创业和快速增长阶段之后普遍进入调整转型时期，尤其是国家级、市级工业开发区经过二十年的发展，普遍面临着产业升级和二次开发的需求，例如张江高科技园区、金桥开发区，工业用地更新调整的需求最为强烈和典型。近年来，由于生产性服务业的发展对于工业集聚区的产业结构升级、增长方式转型和土地利用结构优化起着至关重要的作用，越来越多的原有工业集聚区开始发展生产性服务业，某些工业开发区逐步向生产性服务业功能区转型，工业集聚区的内部空间随之也发生了变化。本章在上一章归纳出工业集聚区的空间转型特征的基础上，结合具体案例来探讨工业集聚区的空间转型过程中相应的内部空间变化。首先选取上海的三个案例分别来探析工业集聚区的不同内部空间变化过程，然后来分析工业集聚区内部哪些空间要素发生了变化，最后归纳出转型期上海工业集聚区的内部空间变化特征，并提炼出内部空间变化的规律性内容。

5.1 工业集聚区的内部空间变化过程

在经济学者研究产业融合形式（马健，2006；聂子龙等，2003；胡汉辉，2003；胡永佳，2008）的基础上，研究将生产性服务业与制造业的融合分为三种形式：一是置换融合形式，即传统制造业直接置换成生产性服务业，最为典型的就是商务、商业服务业等产业取代被淘汰的生产型产业；二是渗透融合形式，即生产性服务业向制造业产业渗透、融合，并形成新的产业。最为典型的就是信息技术对传统工业的渗透而产生电子商务、物流业等新型产业；三是延伸融合形式，即生产性服务业向制造业的延伸，最为典型的表现为相关的生产性服务业向制造业的生产前期研究、生产中期设计和生产后期的信息反馈过程展开全方位的渗透，金融、法律、管理、培训、研发、设计等服务在制造业中的比重和作用日趋加大，相互之间融合成不分彼此的新型产业体系。

对应于生产性服务业与制造业的三种融合形式，研究选取了下面上海的三个案例（图5-1）：第一个是市北工业园区，在中心城区大部分工业外迁的前提下，面临着自身产业结构调整转型与空间结构更新演变的问题，需要进行产业转换和

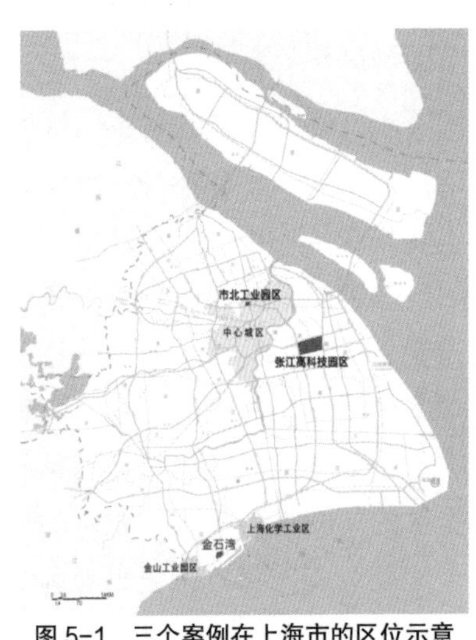

图 5-1　三个案例在上海市的区位示意

功能转变，这是置换融合形式的典型案例；第二个是张江高科技园区，在经历了早期创业和快速增长阶段之后，面临着产业升级和二次开发的需求，需要引进设计、研发等配套生产性服务业来向内部产业进行渗透，从而向价值链上端提升，这是渗透融合形式的典型案例；三是金石湾，由于郊区重大工业基地产生了大量如物流、信息咨询、展示等专业服务的需求，需要通过生产性服务业向制造业的延伸，促进产业集群价值链升级，这是延伸融合形式的典型案例。

5.1.1　置换融合到空间转型：市北工业园区

随着上海城市的快速发展,工业集聚区所在的地区由原来“边缘地带”迅速成为城市中心区或片区中心，区位条件较好；工业集聚区面临着工业生产成本上升、工业效益下降、产业升级或转型、环境污染等生存的和来自社会的压力。在上述条件下，工业集聚区本身的产业和功能远远不能适应该工业集聚区所处地段土地增值的变化趋势；工业集聚区周边已形成一定的商业氛围，通过实施更新改造，有条件发展较原有工业收益价值更高的生产性服务业，充分挖掘工业集聚区土地的潜在利益。由此，工业集聚区开始强调降低内部工业制造业的比重，打破原有以工业制造业为主的空间格局，对内部功能和产业结构进行调整优化。基本的原则是“退二进三”和“优二兴三”，按照实施更新改造的难易程度依次对工业用地进行功能置换，并相应进行产业转型，发展附加值更高的生产性服务业。因此，工业集聚区内部置换融合过程具体表现为：主要发生在原有工业集聚区的整体发展上，淘汰和调整原有工业集聚区中的传统制造业，进行产业转换和功能转变，并相应进行用地更新置换，集聚发展总部办公、商务服务、研发设计等生产性服务业（图 5-2）。通过工业集聚区的内部置换

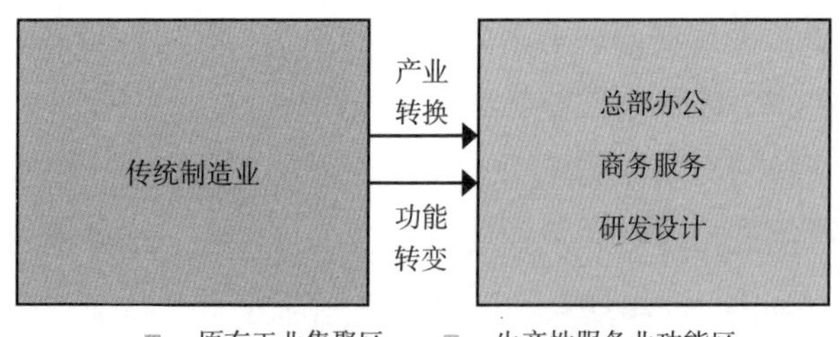

图 5-2 工业集聚区的内部置换融合过程

融合过程，上海一些工业集聚区直接置换成生产性服务业功能区。这些工业集聚区主要是位于上海市域范围内的中心城区边缘区，主要以原工业开发区或老工业区（核销工业区）、老工业企业的产业置换为特点。原有工业集聚区为生产性服务业功能区提供直接的空间载体，而生产性服务业功能区的形成又促进了工业集聚区的产业转换和功能转变。

市北工业园区[1]最早作为上海彭浦工业基地的组成部分，集聚的是轻工、电器、纺织、服装等传统制造业。1992 年以来，园区产业结构一直在调整，第二、三类工业逐渐迁建、退出，但直到 21 世纪初，园区内传统制造业的比重还占到 40% 左右。2003 年，园区开始发展 2.5 产业，聚焦传统制造业向生产性服务业的产业转型。2009 年成立的市北生产性服务业功能区主要发展服务外包产业、物流服务产业和总部经济。到 2013 年，园区内生产性服务业企业比重已超过 90%（图 5-3）。

市北工业园区是距离上海中心城区最近的城市工业集聚区之一，处在城市中部轴线和中环线的交汇处，区位条件优越，交通条件便捷。随着城市的快速发展，园区所在的地区由原来"边缘

[1] 本研究选取的市北工业园区（1.26km^2）是现在市北高新技术服务业园区的一部分。市北高新技术服务业园区总用地面积为 3.13km^2。以共和新路高架为界分东西两部分园区，共和新路以西即原"上海市北工业区"，共和新路以东即原"北上海现代物流园区"。

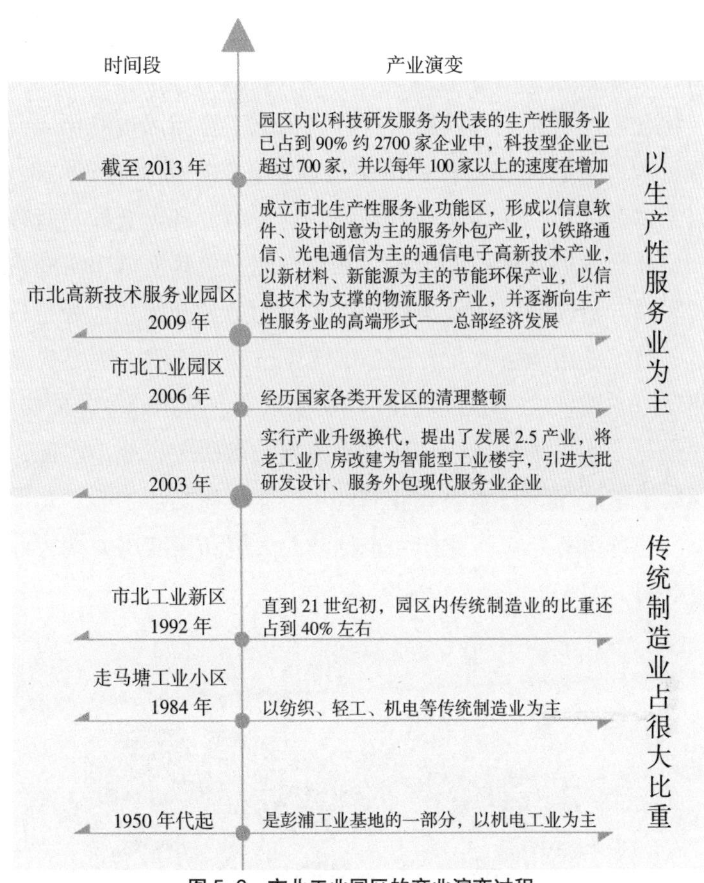

图 5-3 市北工业园区的产业演变过程

地带”迅速成为城市中心区，区位条件优势愈发明显，为生产性服务业的发展提供了天然的条件。同时，园区也面临着工业生产成本上升、工业效益下降、环境污染等生存的和来自社会的压力，产业和功能已不能适应其所处地段土地增值的变化趋势。而且周边已形成一定的商业氛围，通过实施更新，有条件发展较原有制造业收益价值更高的生产性服务业，充分挖掘土地的潜在利益。由此，园区逐步开始对内部传统制造业进行置换，发展附加值更高的生产性服务业，功能也从生产功能向投资、管理、研发设计、数据分析等服务功能转变。

随着上述产业的置换融合过程，市北工业园区也经历着空间转型过程。当时园区处在城市中工业企业集中成组布置的地段，空间主要由生产厂房、运输设施、动力设施、各类仓库、管理设施、绿地及发展备用地等组成，并在功能上与其他城市空间有密切的联系。目前园区用地虽然仍以工业用地和仓储用地为主，但其中一类工业用地占总工业用地的比重已超过50%，而且大多为近期新建的楼宇式厂房，实际使用功能基本上都是商务办公楼宇，入驻企业多为电子、通信和研发等高新技术服务企业。由此，园区形成了市北高新技术服务业园区、市北半岛国际中心、总部经济园、信息服务外包产业园、企创动力大厦和聚能湾大厦等商务办公空间（图 5-4）。

图 5-4　市北工业园区的空间转型

5.1.2 渗透融合到空间转型：张江高科技园区

上海具有较好的产业基础，如高新技术产业的工业集聚区，内部产业也符合上海城市产业发展方向，但是随着城市经济发展的需求，需要对原有产业在产业链上进一步提升，实现地区产业发展需求以及产业结构的升级。在上述条件下，工业集聚区会维持原有产业的类型和功能不变，同时对工业集聚区内部的产业进行适当的升级，向价值链上端提升，从工业型经济向服务型经济转变，多转向生产性服务业，其目的是区内商务环境和投资环境的改善，维持区内原有企业的吸引力，同时吸引新的企业入驻，从而增强工业集聚区的活力,不断提升工业集聚区的竞争力。因此，工业集聚区的内部渗透融合过程具体表现为:技术研发、总部办公、商务服务等生产性服务业向原有工业集聚区中的制造业基础、先进制造业和高新技术产业等产业进行渗透和融合，并形成生产性服务业的空间集聚。通过工业集聚区的内部渗透融合过程，在原有工业集聚区内部发展生产性服务业，并以科技研发型产业为主，从而形成生产性服务业的空间集聚，即在工业集聚区的内部逐步形成生产性服务业功能区（图 5-5）。这些生产性服务业功能区主要是以增强工业集聚区综合配套服务功能为特点，即为区内企业提供公共服务和技术研发创新平台（表 5-1），从而提高生产性服

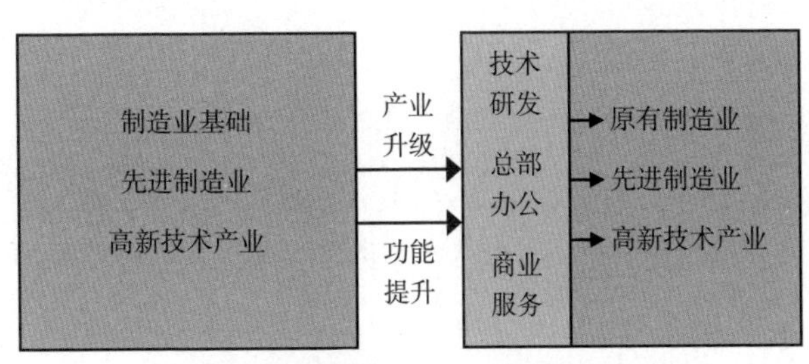

图 5-5 工业集聚区的内部渗透融合过程

务业对制造业的渗透带动力。原有工业集聚区也为生产性服务业功能区提供直接的空间依托，而生产性服务业功能区在工业集聚区内部的形成又促进了工业集聚区的产业升级和功能提升。

上海工业集聚区建立的公共服务和技术研发创新平台　　表 5-1

工业集聚区	平台名称
张江高科技园区	软件增值服务平台、生物医药公共服务平台、清华IC多目标封装检测中心、知识产权平台、生物医药孵化基地Ⅱ期、开放式集成电路工艺研发平台、信息安全公共服务平台Ⅰ期、新药Ⅰ期临床试验中心、国际人类抗体组药物产业化平台、国际金融IT服务平台等
紫竹高新技术产业园区	硅知识产权交易中心（SIP平台）、EDA工具软件平台、IP产品验证国家级重点实验室、创业投资中心等
漕河泾新兴技术开发区	漕河泾新兴技术开发区科技创业中心、SGS产品测试平台、生物医药公共服务平台、基因测序平台、纳米技术平台等
国际汽车城	机动车检测中心、汽车工程中心、上汽汽车工程研究院、上海地面交通工具风洞中心、磁悬浮轨道交通试验线、新能源汽车核心零部件产业基地和开发体系、优华-劳斯亚太研发中心等
化学工业区	华东理工研发基地、中石化上海石油化工研究院、SGS上海石油化工产品中心实验室、职业技术培训平台、化工人才服务中心等
莘庄工业区	手机行业制造与研发创新、以平板显示制造为主、航天产业领域、船舶工业的制造研发方面、印刷包装方面等的技术平台
临港产业区	产业区综合信息、保税港金融、装备制造共性、供应商联盟等服务平台

资料来源：上海市经委工业区管理处，2008。

张江高科技园区[1]成立于1992年7月，最初就确立了信息技

---

[1] 本研究选取张江高科技园区开发建设较为成熟的北区部分，主要范围为龙东大道以南，川杨河以北，罗山路以东，外环线以西区域。1992年7月，国家级高新区——上海市张江高科技园区开园，面积约25km^2。1999年，上海市委、市府实施“聚焦张江”战略。2006年，上海高新技术产业开发区更名为上海张江高新技术产业开发区，上海市张江高科技园区成为核心园。2011年11月，上海市政府批准在张江高科技园区的基础上扩大范围，张江园区总面积扩大为75.9km^2。主要包括上海市张江高科技园区北区和中区、张江南区、康桥工业区、上海国际医学园区、合庆工业园区、张江光电子产业园和银行卡产业园。

术、生物医药、低碳新能源等领域的产业发展方向，这些高新技术制造业在一段时期都占据着绝对优势地位。虽然最初开发的 7 年，园区的产业发展缓慢，但发展方向逐渐清晰，开始形成生物医药、信息产业和科技创业 3 个特色基地。2000 年以来，园区产业发展经历了快速成长期，形成了生物医药创新链，集成电路产业链和软件产业链的产业框架。但制造业在园区内仍然占据绝对优势地位，工业销售收入占总经营收入的大部分。2006 年开始，依托于生物医药、集成电路等高新技术产业的一些信息安全、金融信息服务、文化创意等产业开始发展。近年来，生产性服务业在园区集聚和快速发展，2011 年园区第三产业经营收入达到 1177 亿元，占总收入的 62.3%，其中，生产性服务业实现的收入占第三产业的比重超过 80%（图 5-6）。

张江高科技园区位于浦东新区核心腹地，具有优越的交通区位，是国家级高科技产业开发区，具有较好的产业基础，内部产业也符合上海产业发展的方向，但是随着城市经济发展的需求，需要对园区原有产业进一步提升，以实现地区产业发展需求和产业结构的升级。而且随着园区企业入驻的增多，各类企业需求服务日益增加，如高新技术企业发展、出口加工服务功能、服务外包功能以及自身重点发展的服务领域。由此，园区在维持原有产业类型和功能不变的基础上，对其内部产业进行适当升级，向价值链上端提升，其目的是园区内商务、投资环境的改善，维持原有企业的吸引力，同时吸引新的企业入驻，从而增强园区的活力和提升园区的竞争力。随后园区产业向中高端升级，内部形成的生产性服务业功能区，通过引进设计、研发等配套生产性服务业向集成电路、信息技术及相关高科技产业进行渗透，主要是为园区企业建立了公共服务和技术研发创新平台，从而增强了园区的综合配套服务功能，反过来又提高了生产性服务业对制造业的渗

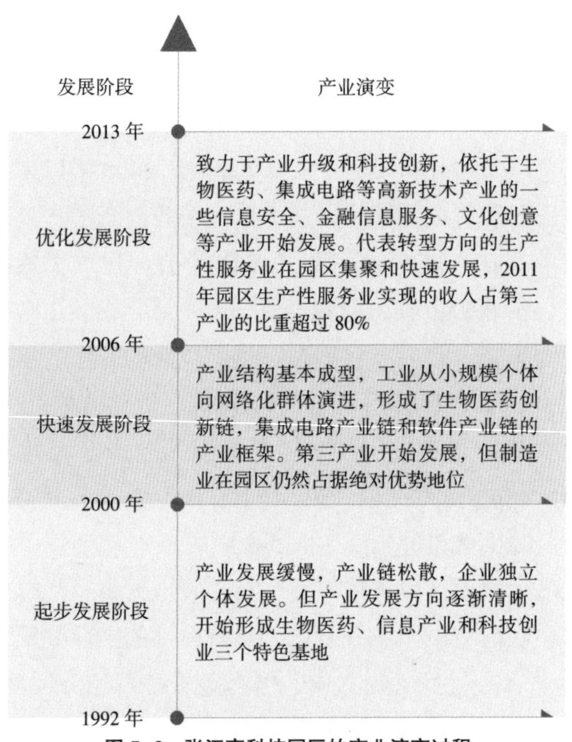

图 5–6　张江高科技园区的产业演变过程

透带动力，促进了园区整体的功能提升。

随着上述园区内部产业的渗透融合过程，张江高科技园区也经历着空间转型过程。与市北工业园区不同的是，张江高科技园区从开始建设就是按照高新技术产业园区的要素进行配置的，其主要的功能就是进行科技研发和高新技术成果的产业化转化。因此，科技研发机构、成果孵化机构、产业化基地是园区最初主要的空间构成。而为了科研机构的创新活动需要，需要健全的通信设施和科技人员的交流场所，以及与生产性服务功能特点相一致的高质量的生态环境。因此，高质量服务设施、交流空间与生态空间开始在园区中形成。目前，园区正逐渐形成以科研教育、技术创新、总部经济、知识社区、高科技产业集聚及科技成果孵化为基础功能，以居住、生活服务、商务服务、生产性服务等为发展重点，集科研、生活、居住、文化休闲、服务各种功能为一体的城市社区。总体来看，园区基本空间已经变为由管理与生产服务中心、研发与孵化基地、产业化基地、休闲交流空间、生态空间构成（图 5-7）。

图 5-7　张江高科技园区正形成的空间构成

5.1.3　延伸融合到空间转型：金石湾

工业集聚区通过产业间的互补和延伸，实现产业间的融合，往往发生在工业集聚区的产业链自然延伸的部分，并且通过赋予工业集聚区内部原有产业新的附加功能和更强的竞争力，形成融合型的产业新体系。这更多地表现为工业集聚区发展服务业来向制造业的延伸和渗透，如相关服务业加速向制造业的生产前期研究、生产中期设计和生产后期的信息反馈过程展开全方位的渗透，金融、法律、管理、培训、研发、设计、客户服务、技术创新、储存、运输、批发、广告等服务在制造业中的比重和作用日趋加大，相互之间融合成不分彼此的新型产业体系。因此，工业集聚区的内部延伸融合过程具体表现为：通过制造业与生产性服务业之间的互补和延伸，实现原有工业集聚区与生产性服务业功能区的互动，往往发生在工业集聚区中制造业发展各阶段的产业链延伸上（图 5-8）。而且，生产性服务业功能区可以独立于工业集聚区，在其外部发展，但两者产业和功能联系紧密，通过产业链相联系。这些生产性服务业功能区主要是以服务先进制造业、高新技术产业为特点的，重点发展为工业开发区和工业基地配套服务的专业物流、技术研发等生产性服务业。通过这一延伸融合过程，工业集聚区为生产性服务业功能区提供空间的依托，而生产性服务业功能区在工业集聚区外部的形成又促进了工业集聚区的产业链延伸和功能拓展。

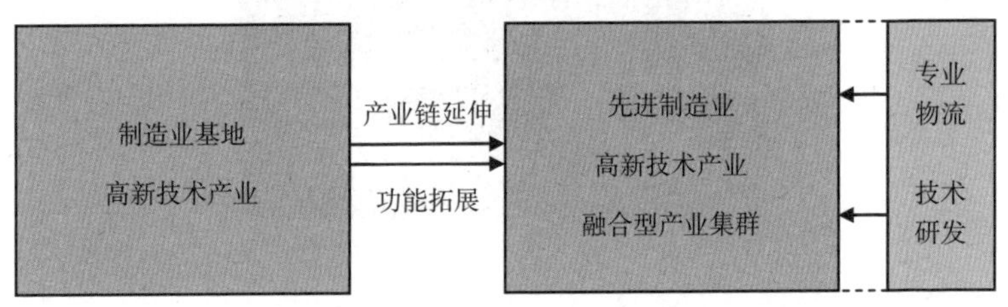

图 5-8 工业集聚区的内部延伸融合过程

金石湾（上海国际化工生产性服务业功能区）是 2009 年上海首批 19 个生产性服务业功能区之一，位于金山工业园区和上海化学工业区的中间地区。依靠金山工业园区、上海化学工业区等工业集聚区形成的石油化工产业基地是一个以循环经济为特色的石油化工及精细化工产业集群，主要包括了化学原料及化学制品制造业和石油加工、炼焦及核燃料加工业。随着石油化工产业集群进一步发展，需要把产业上下游企业和相关服务配套性企业汇聚起来，有效整合交易服务-商务配套-储运物流-展示交流-研发生产-配套服务等各功能平台，形成自身循环的产业链，实现产业组合最优化，为化工企业提供更为便捷、有效、低成本、全方位的配套服务。由此，金石湾通过发展信息咨询、化工交易、会议展示、第四方物流、金融担保、人才培训等生产性服务业，为石油化工产业基地（包括金山工业园区、上海化学工业区等）提供专业物流、技术研究等配套服务，从而促进产业基地从制造加工环节向研发设计、品牌营销等环节延伸，并将产业基地的功能拓展到系统设计、资源集成、设备成套、贸易服务等多个方面。目前金石湾以化工品贸易、化工研发和化工相关的电子信息为产业主导，金山区 504 家危险化学品管理也统一集聚于此。可见，金石湾通过产业间的互补和延伸，实现生产性服务业与制造业的融合，使工业集聚区的产业链得到自然延伸，并通过赋予石化产业新的附加功能和更强的竞争力，形成融合型的产业新体系。

可见，金石湾是在上述产业的延伸融合过程的前提下，由生产性服务业的空间集聚而独立形成的新工业集聚区——生产性服务业功能区，其内部空间内容与城市原来的工业集聚区有所不同。金石湾主要的功能就是为石油化工产业基地进行配套服务，因此，商务办公空间、商贸交易空间、绿化景观空间是其主要空间内容，包括综合会展中心、综合服务中心、核心研发中心、总部企业中心、商业休闲中心、生活服务中心 6 大中心。金石湾借鉴国际先进的总部商务概念，为化工企业提供的是低密度花园式商务园区，主要建设的是花园式独栋总部办公楼、标准办公楼、定制式办公楼等商务办公空间（图 5-9）。

图 5-9 国际化工生产性服务业功能区的建设

5.2 工业集聚区的内部空间要素变化

工业集聚区转型后，或者从工业开发区转型为生产性服务业功能区后，由于生产性服务业与制造业本身类型的差异，空间要素差异也就较大。与传统工业开发区比较，生产性服务业功能区具有独特的空间要素，这些独特的空间要素，主要取决于工业聚集区转型后的产业类型与功能，以及独特的运行机制。从上面分析可以看出，工业集聚区的内部空间要素主体、构成、组合都发生了明显的变化。

5.2.1 空间要素主体

从上面分析来看，在工业集聚区的内部空间变化过程中，空间要素主体正由以工业企业、生产功能为主向以生产性服务业企业、服务功能为主转变。

市北高新技术服务业园区作为上海彭浦工业基地的组成部分，早期工业企业主要集中在轻工、电器、纺织、服装等传统劳动密集型产业。随着上海城市建设的发展以及产业布局的调整，园区内的第二、三类工业逐渐迁建、退出，园区产业结构不断调整和转型。从引进第一家典型的生产性服务企业，到引进第一家研发设计、第一家离岸外包企业，再到引进第一家跨国企业功能性总部，园区逐渐集聚了一批代表高技术、高附加值的企业，实现了从传统的工业园区向以研发设计、服务外包、总部型企业为主导的生产性服务业功能区的转变。从 2010 年上半年引进的 120 多家企业来看，涵盖了电子信息、机械、医药、化工、广告、文化等多个行业门类，几乎没有纯制造类的企业，公司主要业务多是总部办公、产品销售、技术服务、科技研发、产品设计、管理咨询等，占据附加值价高的价值链两端，基本摒弃了低端制造环节。

张江高科技园区在成立之初就确立了信息技术、生物医药、低碳新能源等领域的产业发展方向，这些高新技术制造业在一段时期都占据着绝对优势地位。随着上海城市功能的提升和产业结构的转型升级，园区内产业结构发生了重要转变，园区内依托于生物医药、集成电路等高新技术产业的一些信息安全、金融信息服务、文化创意等新型产业开始发展，代表园区转型方向的生产性服务业在园区集聚和快速发展。2011 年园区第三产业经营收入达到 1177 亿元，占园区总收入比重的 62.3%。其中，以电子商务为引领的新型业态带动商贸业高速发展实现总收入 246 亿元，科技服务与研发实现收入 142 亿元；信息创术、计算机服务及软件业实现收入 560 亿元。尤其是在园区内部形成了张江集电港生产性服务业功能区，其通过引进设计、研发等生产性服务业向集成电路、信息技术及相关高科技产业渗透，为张江高科技园区内企业建立公共服务和技术研发创新平台，从而增强了张江高科技园区的综合配套服务功能。

5.2.2 空间要素构成

在工业集聚区的内部空间变化过程中，空间要素构成也发生了很大变化。首先是信息和技术成为重要的生产要素独立出来，技术创新和信息交流取代了能源与原材料成为空间发展的基础，研发机构和信息中心成为工业集聚区内部的重要空间要素。其次，社会分工的深化与泛化使原来制造业内部中间产品与服务的生产剥离或外包给专业化企业生产成为可能，而市场需求的不断扩大以及专业化程度的不断提高，使得生产过程中对中间性服务性投入的需求也越来越多。在生产性服务业供给与需求双重力量的作用下，生产性服务逐渐正从制造业内部分离出来，物流服务、信息服务、研发服务、商务服务成为重要的空间组成要素。此外，商务办公、研发机构要求良好的环境，因此生态空间也成为工业集聚区内部不可或缺的空间要素。因此，工业集聚区基本的功能空间逐渐变为商务空间、研发空间、生产空间、生态空间、居住空间、管理空间。

从市北高新技术服务业园区成立之初来看，其是共同建设和利用厂外公用工程（铁路专用线）而组成的工业区，当时是上海城市中工业企业集中成组布置的地段，主要由生产厂房、运输设施、动力设施、各类仓库、管理设施、绿地及发展备用地等组成，有共同的厂外公用工程设施，并在功能上与城市其他部分有密切的联系。尤其是共和新路东部的北上海物流园区，是依托全国最大的铁路零担货运站——上海铁路北郊站而形成的工业区，区内散布着许多仓库、运输企业，仓储企业用地间插花有零星市政、公共服务设施、居住及部队等用地。从目前来看，园区内仍然主要以工业用地和仓储用地为主，但是一类工业用地已占一定比例，尤其是共和新路西部的市北工业园区，在江场西路以南以一类工业用地为主，而且大多为近期新建的楼宇式厂房，入驻企业多为电子、通信和研发等高新技术服务企业，从而形成了市北高新技术服务业园区、市北半岛国际中心、总部经济园、信息服务外包产业园、企创动力大厦和聚能湾大厦等商务办公设施（图 5-10）。同时，园区规划建设是按照高新技术服务业园区的要素来配置的，构建了高技术服务与总部经济、综合配套、商务服务与总部经济、高技术服务和商务服务拓展、生产性服务业、生活配套 6 大功能片区和两个涵盖金融管理、后勤服务、教育咨询培训等多种功能的公共服务中心所组成的整体空间（图 5-11）。

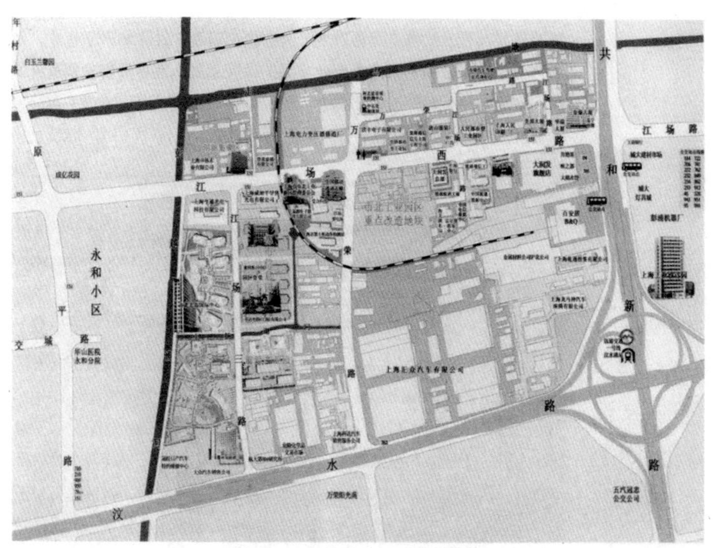

图 5-10 市北工业园区地图

张江高科技园区与市北高新技术服务业园区不同的是，其从开始建设就是按照高新技术产业园区的要素进行配置的，其主要的功能就是进行科技研发和高新技术成果的产业化转化，因此，科技研发机构、成果孵化机构、产业化基地是张江高科技园必需

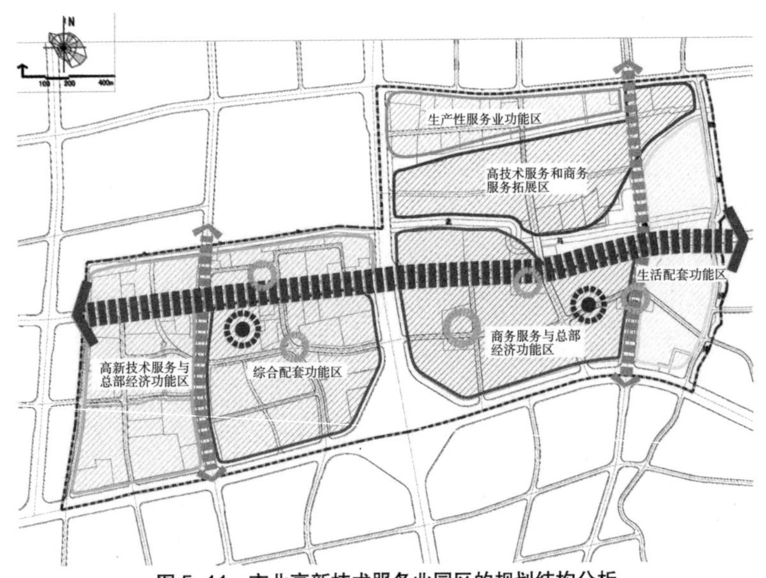

图 5-11 市北高新技术服务业园区的规划结构分析

资料来源：市北高新技术服务业园区控制性详细规划，2012

的空间构成要素。而为了科研机构的创新活动需要，必须有健全的通信设施和科技人员的交流场所，以及与高技术特点相一致的高质量的生态环境，因此，高质量服务设施、交流空间与生态空间也成为必需。顾朝林（1998）认为，高新技术产业园区在空间上一般由工业、研究与开发、高等教育、居住以及城市服务五个方面组成。从起步阶段 7 年规划对园区内部空间的调整来看，1992 年的结构规划简单地将园区划分为科研区、工业区和居住区三大功能组团，各功能要素之间缺乏关联和互动。而后的调整结构规划方案，以主次干道为界分为四个功能区，分别是高科技产业研究、开发生产紧密结合的产业区、科技产业出口加工区（包括安置原有地方企业乡镇工业升级换代）、科研教育区和商业、游憩居住区。1995 年再次调整规划，首次在产业区和研发区中心布置了集中的商业配套设施。到目前为止，张江高科技园区逐渐形成以科研教育、技术创新、总部经济、知识社区、高科技产业集聚以及科技成果孵化为基础功能，以居住、生活服务、商务服务、生产性服务等为发展重点，集科研、生活、居住、文化休闲、服务各种功能为一体的城市社区。总体来看，张江高科技园区基本空间要素由管理与生产服务中心、研发与孵化基地、产业化基地、休闲交流空间、生态空间组成。

5.2.3　空间要素组合

当然，工业集聚区不仅空间要素构成在转型前后具有较大的差异，在空间要素组合上，也是不尽相同。最为突出的是，与一般城市空间按照基本功能区布局和传统工业园区按照生产协作要求组团不兼职的空间法则不同，工业集聚区转型后，除了按照基本功能区块进行整体空间的组织外，工业集聚区的生产空间内部还按照产业群以及产业链环节进行空间布置。比如，按照产业群形成的生命科学园、信息产业园区、软件园等“一区多园”模式，按照产业链环节布置的研发基地、孵化基地、产业化基地、物流基地等空间组合。市北高新技术服务业园区的西部园区就已经形成了市北高新技术服务业园区、市北半岛国际中心、总部经济园、信息服务外包产业园、企创动力大厦和聚能湾大厦等商务办公区。而张江高科技园区内部形成了三个不同特色产业群的产业区（图 5-12）：一是以芯片设计与制造为核心，跨越生物医药产业、射频识别、集成电路、光电子等研发与制造产业区；二是以生物技术和医药研发为核心，包括现代中药、化学制药、生物技术、医疗器械、诊断试剂等研发创新产业区；三是以软件为核心的文化创意、软件信息安全和金融信息服务等研发与应用产业区。同时，张江高科技园区产业的价值链在空间上出现了较为明显的分异，在中心区形成了“人”字形的服务配套廊道，吸引和保留了企业

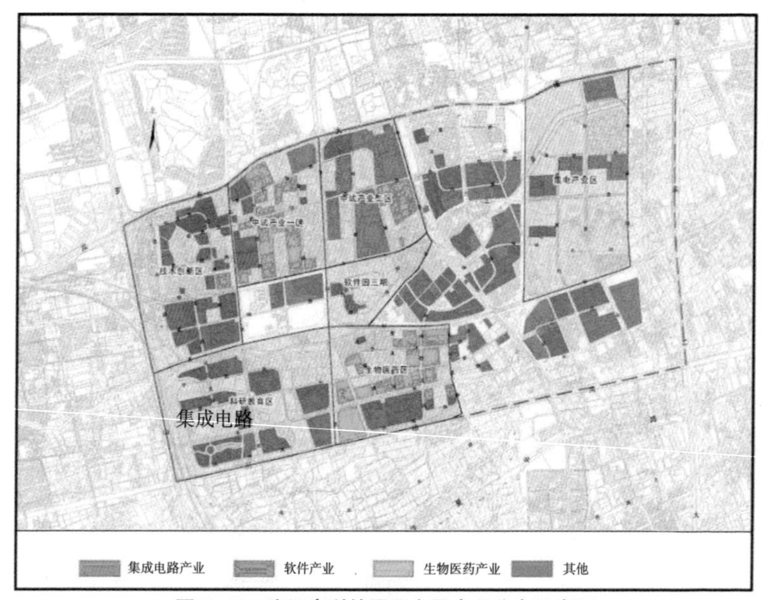

图 5-12 张江高科技园区主导产业分布示意图

资料来源：罗翔，2012

总部、展示、销售功能以及大量的生产性服务业，围绕着服务配套廊道则分布了大量的中试和生产基地，边缘发展区则有绿地系统与其他城市空间相隔离。

5.3 工业集聚区的内部空间变化特征及规律

5.3.1 内部空间变化特征

根据上述分析，本书认为转型期上海工业集聚区的内部空间变化主要体现在工业集聚区内部的生产性服务业与制造业之间的发展关系上，在空间上体现在原有工业开发区与生产性服务业功能区的空间关系变化上，其可以归纳为置换、渗透、延伸 3 种主要的内部空间变化过程（表 5-2）。

转型期上海工业集聚区的内部空间变化过程　　　　表 5-2

空间变化过程	置换	渗透	延伸
工业开发区对于生产性服务业功能区	直接的空间载体	直接的空间依托	间接的空间依托
生产性服务业功能区对于工业开发区	产业转换	产业升级	产业链延伸
	功能转变	功能提升	功能拓展
空间关系特征	一体发展	内部发展	外部发展
具体案例	市北工业园区与市北生产性服务业功能区	张江高科技园区与张江集电港生产性服务业功能区	上海化学工业区等与国际化工生产性服务业功能区

可见，工业集聚区的内部空间变化特征取决于工业开发区与生产性服务业功能区的空间关系变化中产业类型和功能的变化，主要是生产性服务业与制造业的互动关系。从上面章节中上海市域 28 个生产性服务业功能区的产业发展重点来看，生产性服务业功能区主要发展的是为制造业配套服务的生产性服务业、产业公共服务平台等，以及金融、航运、物流、信息等服务业中涉及服务生产经营主体的相关行业。同样，工业开发区的制造业中分离出来的重点服务行业是物流服务、信息服务、研发服务、商务服务以及环保、维修和工程服务（上海经济和信息化委员会，2011）。随着经济规模特别是制造业的扩大，对生产性服务业的需求会迅速增加，这将会促进生产性服务业的发展；而生产性服务业的发展为制造业的发展创造良好的环境，提供高质量、低成本的中间投入，提升了制造业部门的竞争力，进一步加速了制造业部门的发展。而随着信息技术的发展和广泛应用，生产性服务业与制造业之间的边界越来越模糊，两者之间甚至是在空间上都出现了融合趋势。这种互动关系和融合趋势，决定了工业开发区和生产性服务业功能区之间会有一定的互补关系，在生产性服务业从制造业内部逐渐分离出来的同时，生产性服务业与制造业在

空间上、地域上也渐渐分离，从而逐步形成了生产性服务业功能区。同样，这些形成的生产性服务业功能区与相应工业开发区之间也表现为相互作用、相互依赖、共同发展的互动关系（图 5-13）：工业开发区为发展生产性服务业功能区提供载体和依托，生产性服务业功能区促进工业开发区的产业集聚和功能提升。

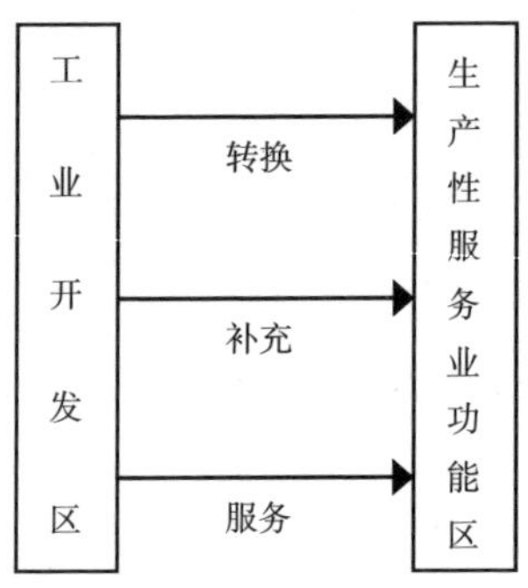

（a）工业开发区为发展生产性服务业功能区提供载体和依托

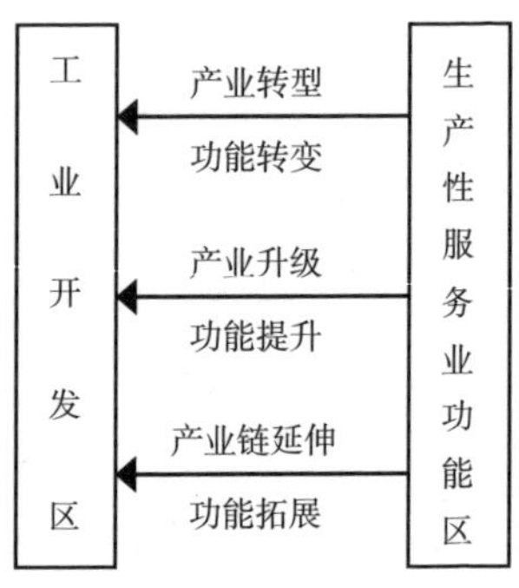

（b）生产性服务业功能区能促进工业开发区产业集聚和功能提升

图 5-13 工业开发区与生产性服务业功能区之间的互动关系

一方面，工业开发区为发展生产性服务业功能区提供载体和依托，具体指工业开发区与生产性服务业功能区之间的互动关系有三层含义：一是两者之间是转换关系，由于效益、环境等问题，中心城区的工业开发区已不适合发展传统制造业，从而开始进行产业转型，从主要发展传统制造业转而发展以研发设计、信息服务等为主的生产性服务业。这就使得工业开发区直接转变为生产性服务业功能区，工业开发区成为发展生产性服务业功能区的直接空间载体。二是两者之间是补充关系，由于工业开发区进一步发展的需求，需要在工业开发区中逐步发展生产性服务业，形成生产性服务业的空间集聚，成为该工业开发区未来发展的一部分。在这种补充关系中，工业开发区是生产性服务业功能区发展的依托。三是两者之间是服务关系，也是由于工业开发区进一步发展的需求，但在工业开发区内部拓展发展生产性服务业功能区的可能性很小，因而在该工业开发区外部形成专业性的生产性服务业功能区，配套服务于该工业开发区。在这种服务关系中，工业开发区也是生产性服务业功能区发展的依托。

另一方面，生产性服务业功能区能促进工业开发区的产业集聚和功能提升，具体指工业开发区与生产性服务业功能区之间的互动关系也有三层含义：一是生产性服务业功能区能促进工业开发区的产业转型和功能转变，促进不适合发展传统制造业的工业开发区，尤其是中心城区的工业开发区进行产业转型，发展关联性强、创新性强的生产性服务业，转变形成生产性服务业功能区，从而促进工业开发区的功能向投资、管理、研发设计、营运中心、人力资源、市场调研、数据分析等功能转变。二是生产性服务业功能区能促进工业开发区的产业升级，以盘活土地资源为重点，调整优化土地管理政策，发展生产性服务业功能区，为工业开发区搭建公共技术服务业和交流合作平台，提高生产性服务业对制造业的渗透带动力，从而促进工业开发区的功能提升。三是生产性服务业功能区能促进工业开发区产业链的延伸和功能完善，生产性服务业功能区在工业开发区中的形成和发展，可以促进工业开发区中的制造业从制造加工环节向研发设计、品牌营销等环节延伸，使工业开发区逐步具备系统设计、资源集成、设备成套、贸易服务以及提供“解决”方案的多种功能，从而拓展工业开发区的整体功能。

5.3.2　内部空间变化规律

将前两节分析的结论进行综合，可以看出，转型期上海工业集聚区的内部空间变化过程和生产性服务业与制造业的互动关系及融合趋势，存在比较明显的相关性规律，本书将其称为转型期上海工业集聚区的内部空间融合规律。

首先，从工业集聚区内部生产性服务业的发展来看，可以发现，生产性服务业的发展以在工业集聚区内部或周边为主，生产性服务业功能区的集聚发展受到工业开发区自身发展的影响。特别是在转型背景下，由于先进技术的引入，工业开发区中制造业的生产过程发生了很大变化，为区别于传统制造业，人们将这一变化过程中所形成的制造业称之为先进制造业[1]（也有称之为现代制造业）。在技术支撑下，先进制造业生产过程与要素禀赋有机结合，部分制造业能够超越过去能源与运输成本的约束，根据客户需要选择合适的地点进行生产。先进制造业采取了新的工业区位空间逻辑，即生产过程分散到不同空间区位，同时通过信息技术联系又重新整合为一个整体。其中，如研发、创新与原型制作等生产性服务业，就选择在工业开发区的内部、周边集聚形成生产性服务业功能区。此外，由于日益受到地方政府的关注，其发展在很大程度上也受到政策的影响，为了成为提升工业开发区功能和工业企业延伸发展生产性服务业的空间载体，生产性服务业一般选择在工业开发区内部、周边逐渐集聚形成生产性服务业功能区。

其次，不同空间地域上工业集聚区的内部空间融合过程也不同。

（1）中心城区边缘区的工业集聚区

随着上海城市的快速发展，原有产业和功能已经不能适应中

[1] 先进制造业是相对于传统制造业而言，指制造业不断吸收电子信息、计算机、机械、材料以及现代管理技术等方面的高新技术成果，并将这些先进制造技术综合应用于制造业产品的研发设计、生产制造、在线检测、营销服务和管理的全过程，实现优质、高效、低耗、清洁、灵活生产，即实现信息化、自动化、智能化、柔性化、生态化生产，取得很好经济社会和市场效果的制造业总称。

心城区土地价格的上涨趋势，运营成本开始上升，工业集聚区随之开始转型。但由于中心城区的工业集聚区具有较好的区位条件，尤其是交通联系优势和享受城市设施优势，能够吸引生产性服务业企业和相关功能，这保证了工业集聚区的转型得以顺利进行。中心城区边缘区的工业集聚区以内部空间置换和内部空间渗透两个过程为主。一是内部空间置换过程，工业集聚区的产业、功能从制造业、生产功能直接转换成生产性服务业、服务功能，工业开发区直接转变为生产性服务业功能区；二是内部空间渗透过程，工业集聚区从内部进行产业结构升级、转变增长方式、优化土地利用结构，产业和功能转向生产性服务业，并形成生产性服务业功能区来提升工业开发区的活力和竞争力。

（2）近郊区的工业集聚区

由于近郊区比中心城区土地价格低，而且与中心城区的空间联系比较便捷，成为中心城区的工业企业向外疏解的最主要承接地。但是，近郊区由于距离城市中心区较远，享受不到城市中心区的设施和服务，又得不到郊区新城的要素支撑，因此，工业集聚区主要以内部空间渗透过程为主，产业和功能向生产性服务业转变、提升，工业开发区逐步向多功能园区转变，融合了商办、研发等生产性服务业功能。

（3）远郊区的工业集聚区

由于远郊区距离城市中心区最远，与中心城区的空间联系也最不便捷。但是，由于其土地价格最低，工业集聚区对空间规模需求大的工业企业吸引力比较大。随着上海工业集聚区的外移、产业转型升级进程的加快，远郊区建设了多个大型工业基地，随之产生了大量配套服务的需求，同时，郊区新城的建设又会促进资金、人才、技术等要素集聚，从而带来了大量供给。因此，在需求和供给的共同作用下，远郊区的工业集聚区主要以内部空间延伸为主，产业和功能向生产前期研究、生产中期设计和生产后期的信息反馈过程拓展，为工业开发区和工业基地配套发展专业物流、技术研发等生产性服务业功能区。同时，针对转型期上海工业集聚区的发展现状，本书认为，边缘型和近郊型工业集聚区的置换过程和渗透过程是工业集聚区内部空间变化和转型的理想模式。远郊型工业集聚区则应该在需求和供给平衡的状态下，进行内部空间延伸，而不是成为工业用地的增量空间，造成土地利用不集约。

然而，目前，上海工业集聚区的内部空间变化过程中并没有完全体现出生产性服务业与制造业的空间融合规律。从市北高新技术服务业园区的内部空间变化过程来看，只是在城市产业结构调整和城市更新的有利时机下，对旧工业用地、旧厂房进行集中更新改造，置换成楼宇形式的商务办公空间。在产业上，通过园区招商的定位来吸引某些特定行业的相关企业入驻，如区域性及功能性总部、研发机构等生产性服务业企业，但是这些生产性服务业与原来园区内的制造业并没有关系。张江高科技园区的内部空间变化过程中也只是初步体现出了生产性服务业与制造业的互动关系和融合趋势，内部集聚形成的张江集电港生产性服务业功能区主要是为区内企业建立公共服务和技术研发创新平台服务。这是目前上海工业集聚区在面临产业升级和二次开发需求的情况下进行转型最普遍的一种做法。具体来说，随着国际国内市场的产业结构迅速升级，张江高科技园区内的加工制造业，由于其开发时间较早，提升能级的需求也越来越高。为此，张江高科技园区适时推出了产业腾笼换鸟、二次创业的一些了政策文件，以鼓励园区内企业进行二次创业。如位于张江集电港生产性服务业功能区内的仪电控股（集团）公司剑腾研发基地，2002 年开始建设时为剑腾液晶显示（上海）有限公司，由于企业产业更新的发展需求，原有进行制造加工的生产业形态已不适应新形势的需求，迫切需要调整产业结构，从制造加工为主向科技研发转型，相应为配合转型的实现，将原有用地属性从生产制造的一类工业用地调整为科研设计用地（图 5-14）。

图 5-14 张江集电港剑腾研发基地的用地更新

造成上述空间不能很好融合的原因有两个方面：一是支撑空间融合的体制保障和环境氛围不足。生产性服务业与制造业的互动和融合，十分需要内生性市场创新和市场创新，需要有一个放松管制、富有弹性的环境为其土壤，继续需要体制创新。但是上海目前支持创新、市场创新的氛围还不够，目前生产性服务业在准入、经营、定价等方面都受到较多规制，而传统的多重规制及过度规制在较大程度上抑制了生产性服务业的发展，从而减少了竞争。特别是城市政府支持生产性服务业及其功能区发展相关的法律、税收和所有权等制度基础薄弱，管理体制尚不能适应产业融合和空间融合的需要，导致上海尚未形成以生产性服务业企业、激发市场主体活力、支持智力资源发挥作用的体制环境，在一定程度上制约了上海生产性服务业与制造业的融合发展，也使得工业开发区和生产性服务业功能区的空间融合缺乏基础和政策推动。二是具体操作过程中存在问题。尤其是目前上海市政府建设生产性服务业功能区的普遍做法都是大量将资金投入到空间的更新改造上，挂上“生产性服务业功能区”的招牌，往往还伴随着一番商业化的改造和炒作，这种只注重对园区物质空间的建设而忽略生产性服务源头的模式，没有吸引到真正的生产性服务业企业，需要政府扶持的生产性服务源头。事实上，政府鼓励发展生产性服务业功能区，有很大的一个意图是园区的集聚效应和孵化功能，一些小的生产性服务业企业可以通过园区搭建的平台，展示和推销自己，把品牌逐渐做大。同时，生产性服务业产生之初选择在工业开发区，最重要的原因是空间成本，空间使用成本的降低可以使生产性服务业企业把有限的资金运用到真正的服务中。但是由于利益驱动，在区位条件较好，且靠近中心城区的工业集聚区在发展生产性服务业的过程中，实际开发量最大的就是商务办公，都是楼宇经济，形成园区内只见大楼，不见服务，更不见生产性服务业的集聚现象。（1）在旧工业区内部空间改造的过程中，基于企业自身利益需求的闲置工业用地改造具有一定局限性。同时，现有的旧工业区内部空间改造，尤其是在工业企业搬迁后，用地规划与调整都是单独进行的，缺乏整体规划的协调与控制，很容易在市场近期利益的驱动下造成重复开发和过度开发。（2）相关政策与法规之间衔接不足。政策、法规制定部门与相关管理部门繁多，例如，土地政策法规由国土局制定，产业发展政策由发展改革委制定，空间布局规划由规划局制定等，政出多门，容易导致政策衔接不足，缺乏统一筹划。（3）相应规划指标要求有待进一步探讨，包括用地容积率规划控制要求和服务配套要求。根据上海市城市规划技术管理规定要求，中心城区内环以内工业用地容积率不应超过 2.0，这一要求在中心城区的旧工业区将逐步由传统制造业向生产性服务业转型过程中已不符合实际。根据国土资源部关于发布的《工业项目建设用地控制指标》的规定，工业项目所需行政办公及生活服务设施用地面积不得超过工业项目总用地面积的 7%。而对于以生产性服务业功能区来说，集中了大量有着较高层次需求的白领消费群体，7% 的配套服务比例远不能满足功能区的配套需求。

第6章　转型期上海工业集聚区的空间发展机制

时代背景的变迁导致了城市的功能和产业转型，与城市转型过程相适应，城市工业集聚区开始不断进行空间集聚和扩散，与新的城市功能和产业相适应，新的产业空间要素便开始不断集聚和扩张，形成了新的工业集聚区。与此同时，由于城市产业转型的需要，原来的工业集聚区内部的功能和产业也开始转型，其内部空间也随之发生了变化。这就是在特定城市经济社会背景下各种力量的交织及其变动作用于工业集聚区的空间发展和变化过程。转型期上海工业集聚区的空间发展过程是有形的、可见的，但是真正导致这种空间变化的力量是无形的，工业集聚区的空间演化和内部空间变化所表现出来的不同特征，正是其内在的机制所引起的。基于前面章节对上海工业集聚区的空间现象分析和讨论，接下来将更深入地进行工业集聚区的空间发展机制解析。因此，本章将主要来探讨转型期上海工业集聚区的空间发展综合机制，通过产业转型的直接作用、因素变化的影响作用、城市政府的能动作用这 3 个方面与工业集聚区的空间发展过程的相关性分析，分别来归纳工业集聚区的空间演化和内部空间变化的内在机制。

6.1　工业集聚区的空间演化机制

6.1.1　空间演化：产业转型对工业集聚区的直接作用过程

城市产业发展的变化需要空间的支撑，任何一个城市产业发展的变化均可以理解为一种空间的演化过程。城市产业转型必然伴随着空间发展的变化，工业集聚区就是城市产业转型战略在地域空间上的具体展开，工业集聚区的空间演化过程是城市产业结构变化的空间效应。因此，产业结构变化（包括产业结构升级和工业不断升级）对工业集聚区的直接作用过程构成了工业集聚区的空间演化的内在机制。

1. 产业结构升级

上海城市功能的提升，尤其是全球化带来的城市功能重新定位，需要上海城市产业结构相应地进行调整升级，从而推动着工业集聚区的空间演化。改革开放以来，上海城市产业结构经历了战略性的迅速调整历程。1980 年代以来，上海城市的生产功能不断强化，虽然市区工业产值逐年下降，但其占上海工业总产值的比重仍然过高，工业企业在市区的数量也有减少，但工业用地仍主要集中于城市建成区。1990 年代中期以后，上海城市经济增长的最显著特征就是主要由第二产业拉动，逐渐转变为第二、第三产业共同推动,并形成了“二、三并重”共同推进经济增长的“二、三、一”产业结构特征。受产业结构迅速调整进程的影响，城市周边地区新兴工业区和郊区特大型工业企业的建立和发展，带动了中心城区工业的外迁，加上中心城区第三产业的迅速发展共同推动了中心城区工业的空间重构。1990 年代后期以来，随着上海“四个中心”发展战略的整体部署和实施，第二产业的高新技术升级和高端化升级的趋势日益明显，而中心城区则继续产业的服务化聚集，伴随而来的是中心城区和外围郊区工业空间的继续调整与优化。同时随着1990年代后期信息产业成为上海城市经济增长最快的产业门类，带动了支柱产业的快速发展，有力地推动了产业结构的服务化转型与技术升级。与此同时，生产性服务业的快速发展和空间集聚使中心城区核心区成为生产性服务业的主要聚集区域。因此，上海城市产业结构的迅速调整和服务化转型，加快了中心城区的工业外迁和产业发展的服务化聚集，使上海工业集聚区在整体上呈现出从中心城区向郊区扩散的空间演化特征。同时，中心城区的工业外迁主要是向郊区的工业集聚区转移，而新增工业也选择在外围郊区的工业集聚区，从而使上海工业集聚区又呈现出园区集中的空间演化特征。工业外迁主要是向上海市域范围内已形成的38个工业开发区集聚，这也加快了工业开发区的自身产业集聚。2009年41个市级以上开发区（含38个工业开发区）实现工业总产值12845.28亿元，占全上海市工业总量的51.61%，工业向重点产业基地和开发区集中度为72.43%，单位土地工业产值57.87亿元/km^2，主导产业集聚度[1]达到86.29%（上海市经济和信息化委员会，2010）。这些工业开发区开发得最成功，其产业集聚度也是最明显的（图6-1），如微电子产业基地中的张江高科技园区、漕河泾新兴技术开发区和松江工业园区；石油化工产业基地中的上海化学工业区及金山工业园区；汽车制造业产业基地中的嘉定汽车产业园区和精品钢材产业基地中的宝山工业园区等，都是产业特色明显、产业集聚性强的工业开发区。在工业开发区主导产业集聚度提升的同时，上海市各区县工业也在不断向工业开发区集中。上海市工业向工业开发区集中度已达

[1] 上海工业开发区的主导产业集聚度是指工业类开发区中六大主导产业（上海市六个主导工业产业是电子信息产品制造业、汽车制造业、石油化工及精细化工制造业、精品钢材制造业、成套设备制造业及生物医药制造业）的产值（统计值按园区内规模以上工业企业来计算）占园区总产值的比率。

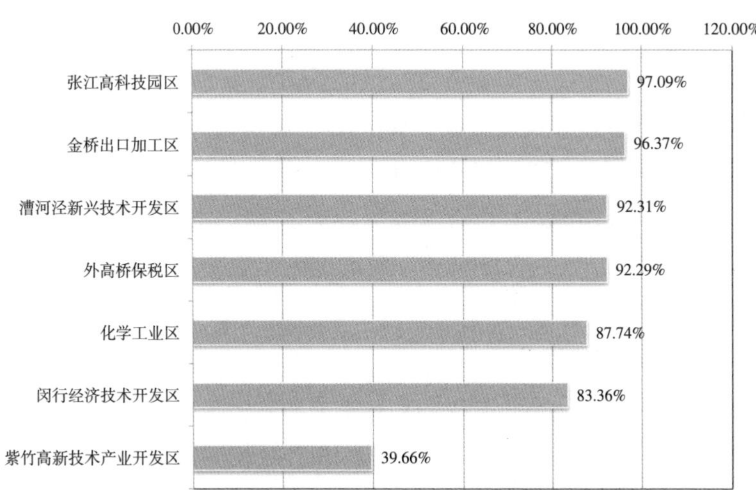

图 6-1　上海主要工业开发区的主导产业集聚度（2012 年）

75.49%，2012 年全上海市工业总产值为 33186.41 亿元，其中 104 个工业区块工业总产值为 25050.63 亿元。从各区县工业向开发区集中度分布来看（图 6-2），除普陀区和徐汇区外，其他区县集中

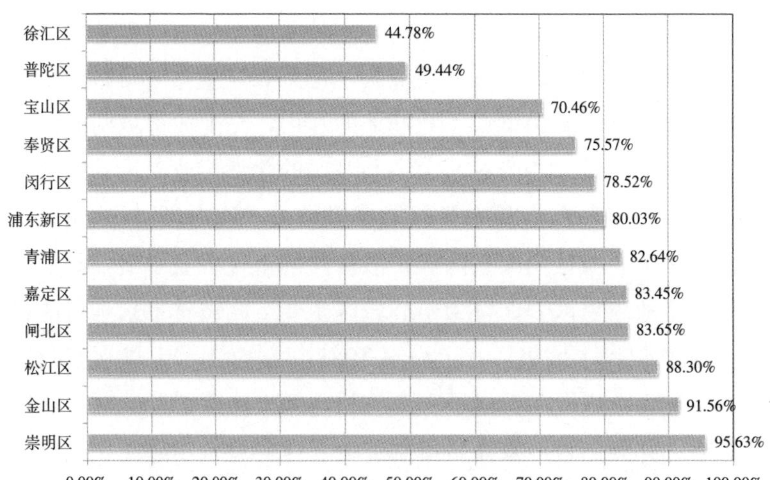

图 6-2　上海各区县工业向工业开发区集中度分布（2012 年）

度均在 75% 以上。其中金山区和崇明县工业向开发区集中度甚至超过了 90%。可见，工业开发区已成为承载上海工业发展和经济增长的重要载体。这些工业开发区在自身集聚的同时，还释放出比一般工业开发区更大、更强和更远的辐射力，通过这种产业集聚、辐射的良性循环，工业开发区逐渐成为上海城市产业结构调整的“动力源”，并成为上海市域范围内工业集聚区重要的空间演化机制。

2. 工业不断升级

上海市的工业不断升级同样推动着市域范围内工业集聚区的空间演化过程。从新中国成立后到 1980 年代中期，上海从依靠进口原材料生产的轻纺工业基地发展成为集轻纺、机电、仪表、金属和化工工业在内的生产门类较为齐全的制造业体系，形成了以劳动密集型制造业和重化工业为主导的工业特征。改革开放以来，在 1980 年中期之前，上海工业重点发展的是轻纺织产品，科技产品和先进工业产品也成为发展重点，经济发展逐步转移到现代化的先进技术上来，集中力量建设宝山钢铁和金山石化项目，并着重进行大规模集成电路、高精度成套仪表、电子计算机等尖端技术的攻关，发展新型金属、化工和建筑等新材料。金山石化工业基地和宝山钢铁工业基地的建设，在上海市域南北两侧形成了吸引力较大的产业，为中心城区的化学工业向远郊区南部聚拢、冶金工业向近郊区北部汇集提供了“磁力极”，从而造就了一条由中心城区向南北两侧扩散转移的重化工业溢出带和形成了很多工业集聚区，而且为中心城区工业空间调整带来难得的机遇。1980 年代中期以后，上海在 1985 年制定了“促进新兴制造业的发展，重点发展微电子和新型材料两大产业群”的制造业发展战略，并开始重点发展轿车制造业、通信设备制造业、微电子和计算机制造业、电站设备制造业、石油化工工业、化学工业及机电一体化转变工业、家用电器、精细化工等行业。汽车制造业对上海市经济产生了强大的推动作用，其带动了汽车零部件、金属冶金、化学工业等相关产业的发展，拉动了商业、金融保险业等第三产业的发展。汽车制造业作为上海支柱工业后，在近郊区西部的嘉定成为汽车工业基地，为上海市域范围内 403 家汽车零部件制造业企业的集聚与整合提供了空间，拉开了上海西部劳动密集型工业集聚区建设的序幕，形成了嘉定汽车产业园区等一系列工业集聚区。从 1990 年代中期开始，从制造业内部结构的比较优势[1]出发，上海确立了汽车、电子通信设备、钢铁、石油化工及精细化工、电站设备及配件和家用电器制造 6 大支柱工业行业,形成了重化工业和技术密集型的工业特征。进入 21 世纪以来，2000 年上海又对上述 6 大支柱工业进行了调整，确立了以电子信息产品制造、汽车制造、石油化工及精细化工制造、精品钢材制造、成套设备制造和生物医药制造为主的新的 6 大支柱工业，突出了高新技术在支柱工业中的作用，促进了工业的深化发展和技术升级。到 2003 年，6 大支柱工业的总产值已经占到上海工业比重的 63.4%。同时，近年来以电子计算机及办公设备制造业等为主的高新技术产业发展迅速，2003 年高新技术产业工业总产值已经占到全市工业总产值的 26.5%，用高新技术改造和提高传统产业,培育新的经济增长点。在 1990 年代的 6 大支柱工业的基础上，上海形成了“东西（微电子工业基地和汽车工业基地）以吸纳增量为主，南北（化学工业基地和钢铁工业基地）以“吸纳存量和

---

[1] 学者（殷醒民，1999；赵晓雷，2002）的研究表明，从上海制造业的内部结构看，重工业和技术密集型工业在全国制造业中具有明显的比较优势。因此，上海工业的调整方向应是进一步巩固和扩大钢铁、运输设备、化学工业等重化工制造业的比重，增加对重化工业的投资以适应市场的需求；其次，应逐步增加对电子及通信设备、电子机械、仪器仪表等技术密集型制造业的投资，以形成新的比较优势。

增量并举”的发展格局，4 大工业基地以点状增大、增强，根本性地改变了上海工业空间整体格局。可见，城市工业的不断升级相应地会引起工业集聚区在上海市域范围内不同空间地域上的空间演化，包括工业集聚区的空间规模变化与位置移动，以及新的工业集聚区不断产生。

6.1.2 因素变化的影响作用

转型期上海工业集聚区的空间快速演化过程是与时代背景和上海城市经济社会演化进程密切相关的，由于背景变迁和城市经济社会变迁带来的要素变化对工业集聚区的空间发展具有重要的影响作用。从转型期上海工业集聚区的空间演化过程来看，除了传统的原料、市场、劳动力及其运费等区位因素外，地价、资本、技术逐渐成为工业集聚区的空间演化的重要区位因素。上述 3 个因素变化对转型期上海工业集聚区的空间演化起到了重要的影响作用。

1. 地价的变化

转型期上海工业集聚区在市域范围内的位置主要是城市政府的城市规划引导的，当然，早期设立的工业集聚区受到了国家政策的制约。早期设立的工业集聚区，如 1980 年代的闵行经济技术开发区和漕河泾新兴技术开发区，由于受制于制度因素，设立在相对独立于城市中心、便于隔离和封闭管理的空间区位。而 1990 年代以后设立的工业集聚区主要考虑技术、环境和开发成本因素的作用，如金桥出口加工区和张江高科技园区，布局在城市边缘土地高值低价、能够共享城市设施的空间区位，一般都位于城市建成区边缘区、市政设施延伸可及、生态环境较好的地段，其距离城市中心的距离相对较近一些。进入 21 世纪以来设立的工业集聚区则主要考虑集聚、创新、生态等区位因素的作用，如紫竹高新技术产业园区的布局在高等院校创新要素集聚、滨临黄浦江的空间区位，一般都位于近郊区和远郊区的某种产业集聚、创新要素集聚、生态环境良好的地区。总体来看，郊区是上海工业集聚区最密集的区域。形成这种空间区位指向性的原因，可以用不同空间地域上的土地价格来解释。随着离开城市中心距离的增加，城市基础设施的密度不断减小，土地价格、单位面积的地租成本也随之下降，据上海市工业房地产评测研究中心的土地市场报告资料，除近郊区的原浦东新区和闵行区外，2010 年市区工业用地成本都要比郊区各区县高出约 10 倍（图 6-3）。在市场经济条件下，随着土地有偿使用制度的逐步建立，中心城区边缘区单位土地面积产出较低的工业企业特别是传统工业企业越来越难以适应形势发展需要，土地置换的压力空前增加。而近郊区和远郊区由于土地价格低廉，对占地面积大、土地产出效率较低的工业企业吸引力逐渐增大，所以当然成为工业集聚区的集中地。此外，从中心城区边缘区到近郊区再到远郊区，工业集聚区的空间演化在单位用地产值上呈现出明显的圈层结构特征。

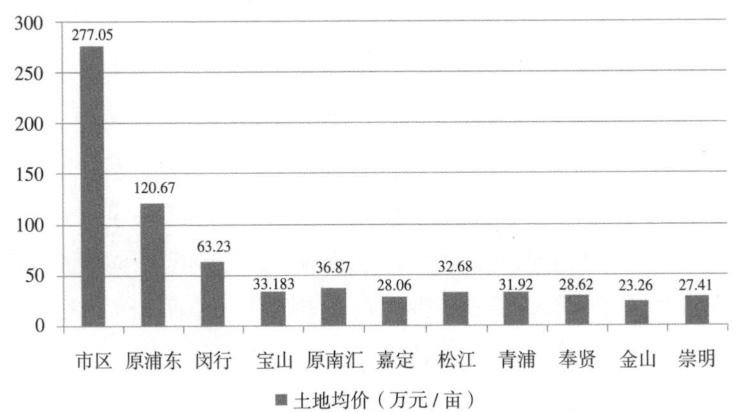

图 6-3　2010 年度上海市各区县工业土地一级市场成交均价

资料来源：上海市工业房地产评测研究中心，2011

2. 资本的变化

高密集的资本投资是影响城市不同空间区位功能和集聚力的重要要素。资本的本质是追求利润的最大化，在市场资本推动下的城市经济发展可以认为是资本追求利润过程中的产物，同样，转型期上海工业集聚区的空间演化也受到了资本的内在本质及其市场规律的深远影响。在全球化背景下，无论是世界产业布局的调整，还是国际资本的流动，其根本动因并不在于推动地区或国家的经济发展，而是国际资本为降低成本和追求更高利润在全球寻找机会的过程（张庭伟，2003）。1990 年代以前，包括基础设施成本、劳动力成本等在内的成本取向是外资进入上海市的主流，中心城区由于具备了坚实的工业制造业基础、优越的地理位置和较为完备的城市基础设施等各种吸引外资的绝对优势，而成为外资的主要流向地。由于外资在城市建成环境的大规模投入，推动了工业集聚区在中心城区的集中建设。1990 年代以后，外资尤其是跨国公司的投资战略发生了重大转向，由关注成本转向更加关注市场的辐射能力，"市场取向"逐渐占据了主导地位。在这种情况下，由于中心城区吸引外资的市场容量已十分有限，加上城市产业布局的调整政策，外资开始出现向郊区分流的趋势。上海郊区县逐渐成为吸引外资的主要区域，外资引进建设的工业集聚区大量出现，引发了郊区产业空间的定向突破，制造业基地的功能日趋突出。总体上，海外资本对上海经济的快速增长和模式转换起到了极其重要的推动作用，海外资本的大量涌入又直接与全球化进程中的全球产业布局调整，以及产业结构升级趋势有着紧密地联系。以制造业为主体的投资模式推动着上海城市产业结构的重组进程，并加速了工业集聚区在不同空间地域上的空间演化过程。

3. 技术的进步

随着工业技术进步，新兴工业部门不断涌现，工业产品技术含量、附加价值不断提高，产品生产成本中运输费用所占比重逐渐下降，企业具有承担更高运输费用的能力，而对商品市场的反应速度快慢愈来愈成为重要因素。上海以高新技术产业为主的工业集聚区大多位于中心城区边缘区及其邻近地带，正是因为高新技术企业除了可以充分地利用该空间区域上现有的科技资源（人才、技术、信息等）外，还可利用这一空间地域内方便快捷的交通运输设施。同时，由于现代工业企业，尤其是高新技术企业对技术创新的依赖，故其空间区位趋势是接近大学、科研机构以及各种研究与开发活动所在地。对于传统工业来说，其也增加了自身研究与开发活动投资，进行技术改造并转向先进技术生产，吸引了其他一些先进技术产业活动的集聚。在技术创新的时代支撑下，生产过程的内部分割表现出空间分离的趋势，从而导致劳动力的空间分工，具体表现为：以知识为基础的研究与设计生产阶段，因需要大量科技人员，其空间区位往往趋向高素质劳动力集中的地区，如紫竹高新技术产业园区，装配线生产阶段因需要大量熟练工人，而这部分劳动力是大量存在、广泛分布的，因此，其空间区位富有弹性，灵活多变；处于中间生产和调试阶段的先进制造业，对劳动力需求量不大，但与研发机构有密切联系，其空间区位往往会接近创新中心。具体到交通技术和信息技术的发展，其对工业集聚区的空间演化产生了深刻的影响。一是交通技术的发展缩短了上海市域范围内来往的时间距离，密切了不同空间地域的相互联系。上海工业布局的最初，水运是最主要的运输方式，许多工业选址受很大限制，工业基本沿江沿河布局。随着公路运输、铁路运输、空运等交通技术的进步和新交通运输方式的兴起，工业的选址具备了更大的灵活性，可在沿交通便利的地方布局。交通技术的发展为工业布局的外扩提供了基础，在中心城区土地成本日益增加的情况下，实现了工业集聚区从中心城区向郊区的扩散。二是信息技术的发展对城市空间起着扩散和集聚的作用，从而推动着工业集聚区的空间演化过程。从扩散层面来看，信息技术缩小了空间距离，加大了工业集聚区的空间区位选择的自由度，减少了其对中心城区的依赖，为工业集聚区从中心城区向郊区扩散提供了有利条件，避免了工业过度集中在中心城区。从集聚层面来看，信息技术提高了中心城区的远程控制能力，加强了中心城区对商务办公的吸引能力，促使高端的商务企业向中心城区集聚，从而也推动了工业集聚区从中心城区外迁到郊区。

6.1.3 城市政府的能动作用

长期以来，中央高度集权的体制下，上海市政府扮演政策执行者的角色。对于城市空间，上海市政府发挥的余地不大。1990年，国务院宣布进行浦东开发，下放了大量权利给上海市政府，权利的扩大强化了上海市政府对城市空间的经营能力和积极性。转型期间，上海市政府在工业集聚区的空间演化过程中扮演了重要角色。第一，中央政府赋予了上海在推动城市发展过程中突破国家传统体制以寻找适应市场经济的体制与方式的权力，使上海市政府根据城市发展需要进行制度创新和改革行动成为可能，从而加快了上海在土地使用制度、现代企业制度等方面的改革创新。其中，土地使用制度的改革，改变了城市内部的用地功能结构，推动着城市土地的优化配置过程，对工业集聚区在城市不同空间地域上的空间演化作用明显。第二，上海市政府按照国家宏观调控政策的要求，在城市发展的不同阶段为推动经济增长和产业结构升级制定并推行了一系列的城市经济和产业发展政策，有力地推动了城市经济的发展和工业集聚区的空间演化。第三，上海市政府通过组织编制和审批各层次规划，对于工业集聚区的空间演化具有重要的引导和整合作用。1992 年编制完成的《浦东新区总体规划》和 1996 年编制完成的上海新一轮城市总体规划，对调控快速发展时期工业集聚区的空间演化发挥了重要的作用。

1. 城市政府对土地使用制度的改革

改革开放以前，中国城市土地实行的是行政划拨、无偿使用的制度。传统的城市土地无偿使用制度造成一系列的弊端，如土地浪费严重，城市内部布局不合理，工业与居住混杂，工厂遍地开花等。1980 年代中期，中国开始实行的城市土地有偿使用制度，城市土地所有权属于国家，由地方政府代为行使国家的土地所有权。使用权与所有权分离，可以流转。此举盘活了土地的巨大价值，促进了工业郊区化，提高了中心城区商业、商务功能，还为此后的房地产市场的蓬勃发展打下了坚实的制度基础。2004 年 8 月 31 日，国家停止了协议出让土地，规定土地使用权必须全部通过“招拍挂”方式流转，进一步加强了市场机制在土地出让中的作用（图 6-4）。1990 年代以来，中国城市的快速发展以及城市空间的快速扩张和空间结构的激烈重组，与所有权和使用权相分离的土地使用制度的确立密不可分，成为市场机制下影响城市空间结构演变

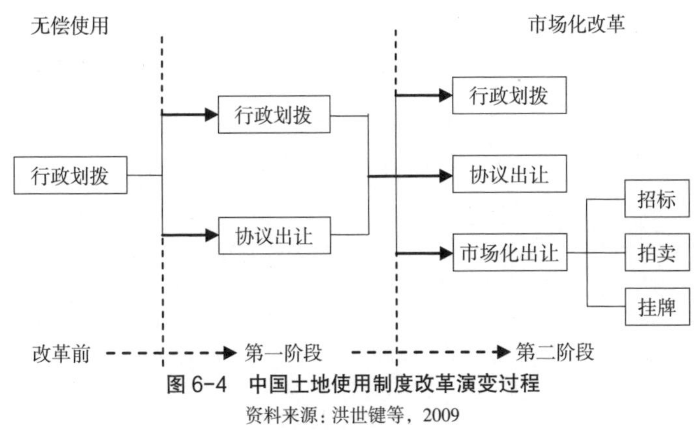

图 6-4　中国土地使用制度改革演变过程

资料来源：洪世键等，2009

的最主要的政策之一。土地使用制度的改革，实际上是把市场机制引入到城市土地的使用过程，开放了城市土地的市场，这无疑给城市建设和发展，城市土地的合理利用与开发带来了新的契机。新的土地产权制度由于引入了市场机制，显化了土地的商品价值，从而减少了由土地划拨制度所造成的任意占用和荒废土地资源现象的发生，并增强了城市发展的内部动力，提高了城市土地的配置效率，推动和顺应了城市功能与结构的优化调整。

改革开放以来，上海市土地使用制度改革的变迁（表 6-1）对于转型期上海工业集聚区的空间演化作用主要表现在：首先，土地市场的形成在一定程度上重塑了上海城市空间结构，最突出的是形成了市场条件下地价的空间分布格局。中心城区核心区的地价最高，越往外围，地价逐渐降低，大致呈现一种环状分布的空间格局。不同工业集聚区的空间分布则建立在地价结构的基础上，各工业集聚区相互作用，并且按市场经济规律将上海市域划分成不同使用效益的圈层，从而形成了同心圆式的区域土地利用模式,该模式可解释上海市域“三环式”的工业空间布局[1]。其次，城市政府对土地有偿使用的制度改革可以很好地解释上海市域范围内不同空间地域上工业集聚区的具体空间演化过程。对地租支付能力的不同导致城市土地使用功能的空间置换，不能承受中心城区边缘区高额土地使用费用的工业企业纷纷外迁，促使中心城区边缘区空间的外延扩展加速。这些都促使占地较大的工业用地迁向近郊区和远郊区，产生各类用地集约布置的趋向。最后，对

[1] “三环工业布局”是指以市中心为轴心，内环线、外环线为空间界线，内环线内（中心城区核心区）发展都市型先进制造业；内外环线之间（中心城区边缘区）重点发展都市型先进制造业和高科技产业，以及与支柱先进制造业相配套的产品，鼓励向高科技产业和都市型先进制造业“转型”发展；外环线以外（近郊区和远郊区）的新增大型先进制造业项目向市级以上工业开发区集中，并按各先进制造业产业功能定位导向布局，同时鼓励围绕“一城九镇”建设进行产业配套。

原有的无偿划拨土地变为土地有偿使用，使得最繁华的城市核心区段的地价往往是近郊区和远郊区同类用地地价的十倍甚至百倍以上。地价的不同导致了土地功能的空间置换，城市中心区较高的地价使得土地产出率较高、能支付较高地价的商业、贸易、金融、保险业等服务向城市中心区集中，而土地产出率相对较低的工业集聚区退出中心区，迁向较低地价的边缘区，甚至是地价更低的近郊区和远郊区。

改革开放以来上海土地使用制度改革的演进过程　　表 6-1

	土地使用制度改革
改革目标	由行政划拨向有偿使用转变
制度演进	1986年，《上海市中外合资经营企业土地使用管理办法》
	1987年，《上海市土地使用权有偿转让办法》
	1990年，《中华人民共和国城镇国有土地使用权出让和转让暂行条例》、《外商投资开发经营成片土地管理办法》
	1990年，《上海市浦东新区土地管理若干规定》
	1992年，《上海市建设用地管理办法》
	1993年，《上海市实施〈中华人民共和国土地管理法〉办法》、《上海市房地产抵押办法》等
	1995年，《上海房地产登记条例》
	1996年，《上海市土地使用权出让办法》
	1997年，《上海市房地产转让办法》
	2001年，《上海市人民政府关于修改〈上海市房地产转让办法〉的决定》
	2002年，《上海市征用集体所有土地拆迁房屋补偿安置若干规定》
	2004年，《上海市土地储备办法》、《关于本市郊区工业用地规划指标核定的若干意见（试行）》
	2006年，《闲置出让土地处置试行规定》
	2007年，《上海市土地资源节约集约利用“十一五”规划》、《上海市城镇土地使用税实施规定》
	2008年，《上海市土地交易市场管理办法》

2. 城市政府对国家开发区整顿政策的应对

近些年来，国家提出了“树立和落实科学发展观”的总要求，加大了国家宏观调控力度，提出了建设“资源节约型和环境友好型”城市的发展方针。2003 年开始的国家宏观调控政策促使了开发区发展模式的转型。中国开发区土地利用对制度和政策因素尤为敏感，在开发区发展过程中，各种政策特别是税收和土地政策起着至关重要的作用。1993 ~ 2006 年间国务院颁布的一系列关于开发区整顿的政策文件（图 6-5），强化了对开发区的清理工作，加强了土地的宏观调控，严格控制土地违规操作，强调了产业用地的经济产出，规范了规划编制和管理审批程序，同时，更加强调要加强总体规划、土地利用规划以及两者的衔接工作。从紧的土地供应政策使得土地使用从外延式扩展向内涵式提升转化。原有的以土地扩张来刺激产业经济发展的粗放式发展模式已经不再适应现有的土地利用形势，取而代之的是更为强调土地的高效集约利用、投入产业率和建设控制指标。因此，减少开发区数量、

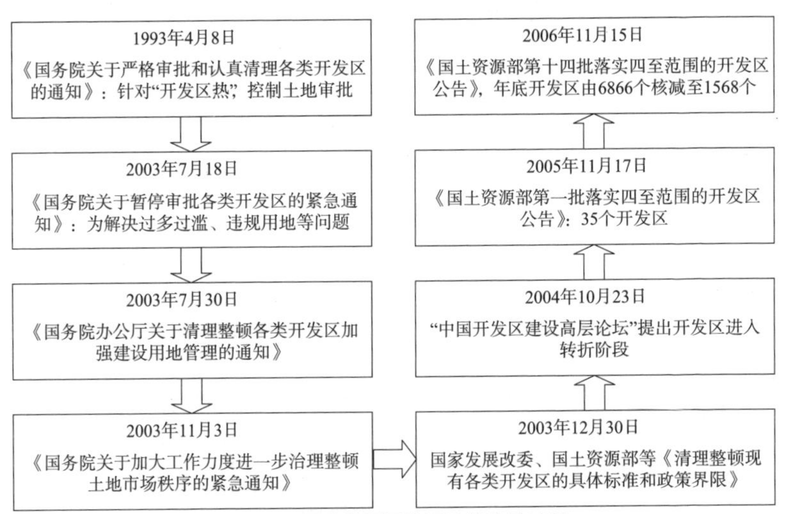

图 6-5　国家整顿开发区政策演进过程

明确各开发区的产业分工、大幅度扩大重点开发区规模成为上海市域范围内工业布局调整的主导方向。

2003 年，上海市政府根据国务院关于清理整顿各类开发区加强建设用地管理的宏观调控政策，加快推进“三个集中”的总体要求，通过国土资源部和建设部的两个规划审核后，将原有各类开发区 177 个核减为 80 个，其中国家级 13 个，市级 17 个，区（县）级 50 个。上海市域范围内原有 177 个开发区规划面积约 1008km^2，80 个开发区通过审核的规划面积约 626.5km^2，核减面积约 381.5km^2，核减约 37.85%。自 2004 年 10 月，开发区清理整顿工作由国土资源部牵头负责的规划审核阶段转为由国家发展改革委牵头负责的设立审核阶段。根据《清理整顿开发区的审核原则和标准》，进一步核减数量。上海市最终保留 40 个开发区[1]，其中国家级开发区 14 个（包括了 2005 年批准的嘉定出口加工区），市级开发区 26 个。经过本次设立审核，将再核减面积约 50.82km^2，最终核减约 42.89%。经过本次开发区清理整顿，上海市各类开发区的平均单位土地产出水平从 2003 年的 37 亿元 /km^2 提高到 2005 年的 49 亿元 /km^2，土地开发率从 45% 提高到 73%，主导产业集聚度从 76% 提高到 84%，工业向开发区集中度从 45% 提高到 54%。可见，国家开发区整顿政策在上海的落实，对于提高上海工业集聚区的土地集约化水平有着重要的影响，并且制约着工业集聚区的空间演化过程。通过工业的空间集聚实现集约用地，而空间集聚到一定程度，就可产生聚集规模效益，扩大经济辐射能力和吸引力。由此逐步实现了

[1] 也有 41 个开发区的说法，主要是国家级开发区又增加了洋山保税港区。按照国务院批准的《清理整顿开发区的审核原则和标准》，上海将原有各类开发区 177 个，经过开发区清理整顿，缩减为 41 个开发区，其中国家级 15 个（包括国务院新批的嘉定出口加工区、洋山保税港区），市级 26 个（整合前为 47 个）。

上海工业集聚区在不同空间地域上的空间优化，这不仅体现在工业集聚区的规模和数量上，更重要的是体现在工业集聚区的空间结构和质量上。

3. 城市经济和产业发展政策的制定

"促进国民经济又好又快发展"是指导当前上海产业发展的基本原则，同时，自主创新能力和节能环保又作为产业发展的重要方针放在了经济发展的首位。按照国家宏观调控政策，上海市政府制定了"三、二、一"的产业发展方针，并确立了工业6大支柱产业促使工业的高技术化改革进程，同时推进工业和第三产业的空间布局调整，培育中央商务区的金融、贸易服务功能，加快工业由中心城区向郊区的工业园区的转移。上海市政府围绕上述产业发展方针，着重提出"优先发展现代服务业和先进制造业"，强调"三产和二产并重发展"，根据"中心城重点发展第三产业，郊区重点发展第二产业"的工作思路，相继出台了一系列城市经济和产业发展的政策文件和实施细则（表6-2）。这些政策为上海市产业发展营造了良好的环境，从而对工业集聚区的空间演化起到了积极的作用。转型时期，上海市产业继续呈现快速发展的势态，试点工业园区、出口加工区等一系列工业集聚区的规划建设进一步促进了城市产业结构的加速调整和空间布局重组，从而推动着工业集聚区的空间演化。随着国家宏观调控政策的贯彻实施，上海市政府从清理整顿开发区、设立6大产业基地、现代服务业集聚区、合并工业园区等方面着手，逐步归并上海已有的工业集聚区，实现"腾笼换鸟"的战略思想，更多地考虑在已有的工业集聚区上推动产业结构的优化而升级。与此同时，原有的支柱工业（如成套设备制造）扩大为包括装备制造业、汽车、船舶、钢铁、化工、航空航运在内的先进制造业。相应地，在上海市域范围内不同空间地域上逐步形成了"4 + 4"重点工业基地，包括已建成微电子、汽车制造、石油化工、精品钢铁 4 大工业基地和正在加快建设的装备、船舶制造、航空、航天等新的工业基地。

改革开放以来上海市政府制定的主要经济和产业发展政策　　表 6-2

	主要经济和产业发展政策
政策演进	1985年，《关于上海经济发展战略的汇报提纲》
	1986年，《关于上海市扩大吸引外资规模的请示》、《上海市关于进一步推动横向经济联合的试行办法》
	1988年，《关于深化改革扩大开放，加快上海经济向外向型转变的报告》
	1989年，《关于今明两年工业结构调整工作的意见》
	1990年，《开发浦东规划方案》
	1992年，《关于加快发展第三产业的决定》、《关于发展科学技术、依靠科技进步振兴上海经济的决定》
	1993年，《上海中心城区工业布局调整实施规划（初稿）》
	1995年，《关于促进本市工商企业积极开拓国内市场的若干政策》
	1998年，《上海市促进高新技术成果转化的若干规定》
	1999年，《关于建设上海新高地的报告》
	2003年，《上海工业方向导向及投资指南》
	2005年，《关于上海加速发展现代服务业的若干政策意见》、《加速发展现代服务业实施纲要》、《上海优先发展先进制造业行动方案》、《上海先进制造业技术指南》、《上海“十一五”生产性服务业发展重点与空间布局规划》
	2006年，《关于加快本市产业结构调整盘活存量资源的若干意见》
	2007年，《上海市产业结构调整专项扶持暂行办法》、《上海市促进张江高科技园区发展的若干规定》、《上海工业产业导向及布局指南（2007年修订本）》
	2008年，《关于加快推进上海高新技术产业化的实施意见》、《上海产业发展重点支持目录（2008）》、《上海市先进制造业标准化行动计划（2008～2010年）》、《关于推进本市生产性服务业功能区建设的指导意见》、《关于促进节约集约利用工业用地、加快发展现代服务业的若干意见》
	2009年，《关于推进上海加快发展现代服务业和先进制造业建设国际金融中心和国际航运中心意见》、《关于推进信息化与工业化融合促进产业能级提升的实施意见》、《关于加快推进上海高新技术产业化的实施意见》、《关于加快推进本市技术改造工作的实施意见》

续表

	主要经济和产业发展政策
政策演进	2010年，《关于试行鼓励制造业分离生产性服务业若干财政扶持政策》、《关于进一步推进本市生产性服务业功能区建设的指导意见》
	2011年，《贯彻〈国务院关于促进企业兼并重组的意见〉的实施意见》、《关于推进上海规划产业区块外产业结构调整转型的指导意见》、《关于在张江国家资助创新示范区试点进一步开展产业用地节约集约利用的若干意见》
	2013年，《上海市工业区转型升级三年行动计划（2013～2015年）》、《关于统筹优化全市工业区块布局的若干意见》、《关于增设研发总部类用地相关工作的试点意见》

4. 城市规划的引导和整合作用

改革开放以来，根据各个时期不同的国际、国内背景和上海城市功能的变化，上海市政府组织编制完成的历年城市总体规划对转型期上海工业集聚区的空间演化发挥了重要的引导作用（表6-3）。尤其是2001年批准的城市总体规划突出了城市工业布局的调整，成为工业集聚区从中心城区向郊区演化极其重要的推动力量。随后的规划实施推进，又进一步推动着工业集聚区的空间演化。

上海各时期城市总体规划引导下工业集聚区的空间演化　　表6-3

城市总体规划	规划的背景变化	工业集聚区的空间演化
1986年 上海城市总体规划方案（1986～2000）	（1）十一届三中全会开启改革开放历史新时期，上海经济和社会发展发生了重大变化； （2）先后规划建设了闵行和虹桥经济技术开发区、漕河泾新兴技术开发区； （3）经济发展战略的转变，到20世纪末要把上海建设成为开放型、多功能、产业结构合理、科学技术先进、具有高度文明的社会主义现代化城市	（1）冶金工业，包括有金属工业，结合宝钢建设，调整布局，迁往吴淞地区； （2）化学工业，着重发展金山卫石油化工基地，有控制地发展高桥工业区，规划开发漕泾工业区； （3）机械、仪表工业主要在闵行、安亭发展； （4）电子工业主要在嘉定、闵行等地区发展； （5）轻纺工业在星火农场（钱桥一带）以及金山卫等卫星城规划建设 （6）在闵行规划建设出口加工区

续表

城市总体规划	规划的背景变化	工业集聚区的空间演化
1992年 浦东新区 总体规划 （1991～2020）	（1）1990年代初的中国正面临新科技革命带来的经济全球化，世界性产业结构大调整，形成全球性供大于求的买方市场，发达国家正在寻找新的投资方向，很多资本在找出路，跨国公司把眼光投向改革开放中的中国、投向各方面条件较好的上海； （2）《上海市城市总体规划方案》提出"当前特别要注意有计划地建设和改造浦东地区"，"使浦东成为现代化新区"； （3）中共中央和国务院同意开发开放浦东的重大决策，在浦东新区实行经济开发区和某些经济特区的政策	（1）确定建设陆家嘴金融贸易区、外高桥保税区、金桥出口加工区、张江高科技园区； （2）陆家嘴金融贸易区是上海中央商务区的重要组成部分； （3）外高桥保税区是开放度最大的保税区，出口加工区，同时建设有大型港区、电厂、修造船基地等综合工业区； （4）金桥出口加工区以吸收外资为主，发展技术先进的产品； （5）张江高科技园区发展高技术产业和新兴工业以及相应的科学研究机构
2001年 上海市城市 总体规划 （1999～2020年）	（1）经济全球化进一步加强和新的国际生产劳动分工形成； （2）战略地位的巨大变化：十四大提出以上海浦东开发、开放为龙头，进一步开放长江沿岸城市，尽快把上海建成国际经济、金融、贸易中心之一，带动长江三角洲和整个长江流域地区经济新飞跃； （3）社会经济变化对产业布局提出新的要求：土地有偿使用制度的推进使得工业布局调整进程加快，市区的产业结构和空间布局发生了较显著的变化。随着郊区经济的迅速发展，郊县各类城镇的社会经济和人口、用地等规模都有了很大发展，产业布局在全市域范围拓展	（1）贯彻"三、二、一"产业发展方针，巩固二、三产业共同推动经济增长的格局，中心城体现繁荣繁华，郊区体现实力和水平； （2）强化中心城的金融、商贸、信息、管理等功能，大力发展现代服务业，适度发展无污染、高附加值都市型工业； （3）加快推进重大产业基地建设：张江微电子产业基地、安亭国际汽车产业基地、上海化学工业区石化产业基地、精品钢铁产业基地、临港新城产业基地、上海船舶产业基地； （4）鼓励大型新增高技术、高附加值工业项目向"1+3+9"国家级、市级工业园区集中； （5）浦东新区、漕河泾高新技术开发区、闵行经济技术开发区、上海化学工业区和嘉定、宝山、金山、闵行、松江等九大市级工业区，将作为上海工业建设发展的主要基地

资料来源：上海城市规划志（www.shtong.gov.cn）；上海市城市总体规划（1999～2020年）文本和说明书。

（1）规划调控下的空间演化

1980 年代，在改革开放的推动下，上海编制完成了《上海城市总体规划方案》，并于 1986 年经国务院批复原则同意后开始实施，这是上海有史以来第一个报经国家批准的城市总体规划。在这一规划的引导下，上海市域范围内开始调整工业的空间布局、开发新的功能区域，并规划建设了闵行、虹桥、漕河泾三个经济技术开发区，为迈向 21 世纪的上海奠定了工业集聚区的基本空间框架（图 6-6）。

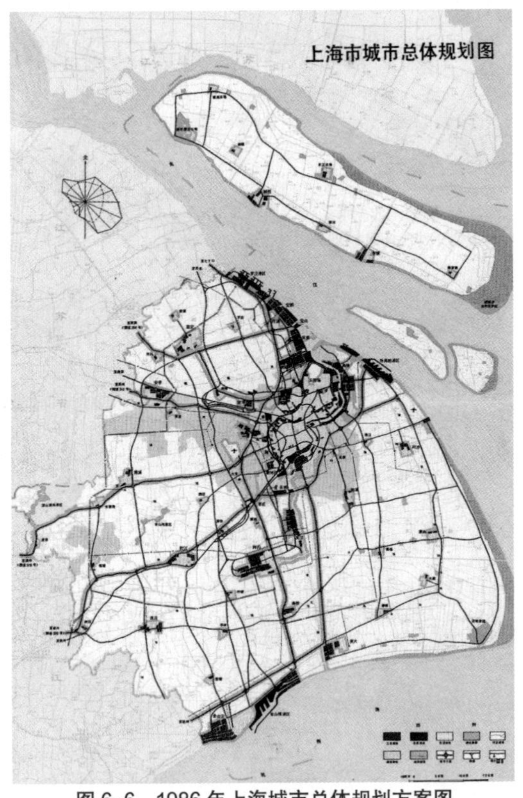

图 6-6　1986 年上海城市总体规划方案图

资料来源：《上海城市总体规划方案》，1986

1990 年代初，中共中央、国务院决策开发开放浦东，给上海城市发展带来了新的机遇。1992 年编制完成的《浦东新区总体规划》，通过浦东新区开发带动浦西的改造和发展，恢复和再造上海作为全国经济中心城市的功能，在此期间，建设外高桥保税区、金桥出口加工区以及张江高科技园区等工业开发区，为对外开放、引进外资和技术、发展第三产业、发展高新技术产业创造有利的条件（图 6-7），从而为把上海建设成为国际经济、金融和贸易中心之一奠定了基础，也为浦东新区的工业布局提供了规划的引导。

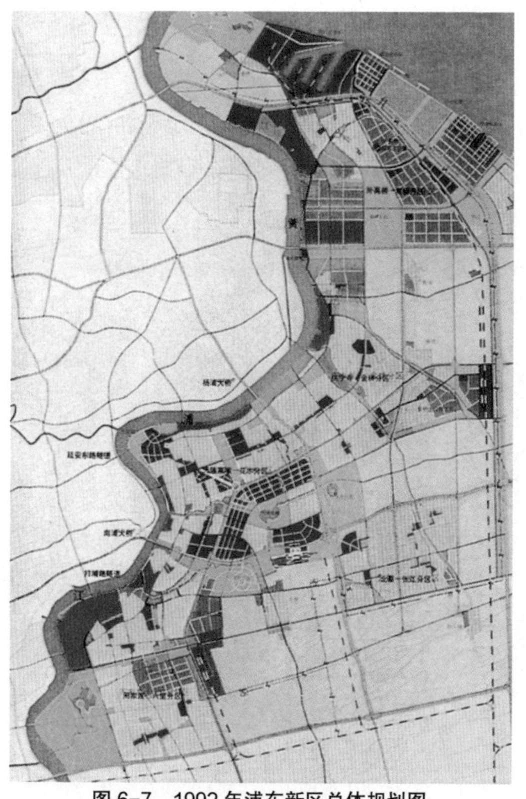

图 6-7　1992 年浦东新区总体规划图

资料来源:《浦东新区总体规划》, 1992

1992 年，党的十四大做出了把上海建成“一个龙头、三个中心”的重大战略决策，使上海的战略地位、城市功能和性质发生了巨大变化。为此，上海市政府开始着手对 1986 年版总体规划的修编工作，2001 年 5 月，国务院批复并原则同意《上海市城市总体规划（1999 ~ 2020 年）》（图 6-8）。这一轮城市总体规划对工业发展着重强调“以高科技产业和高增值产业发展为核心，调整优化结构，推动产业升级，形成以高科技产业、深度加工和综合集成为特征的现代工业体系，基本形成与国际经济中心城市相适应的工业行业结构、经济规模和总体实力”。并明确了工业层次发展的空间格局，其中，内环线以内以发展都市型工业为主；内外环线之间，以发展都市型工业、高新技术产业及配套工业为主；外环线以外，以发展钢铁、石化、汽车等产业为主（图 6-8）。规划进一步要求，要加快科技产业化步伐，建成一批技术创新工

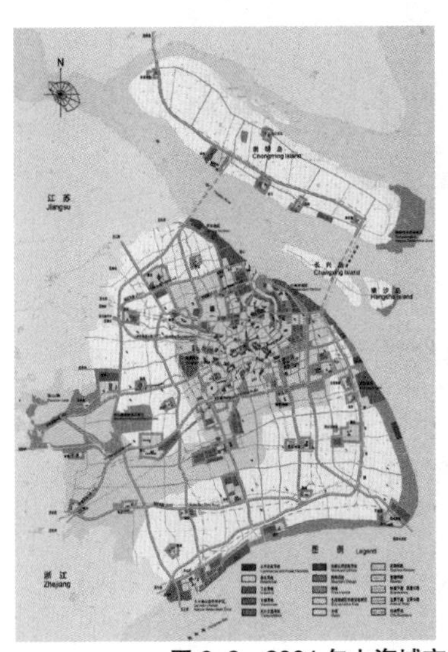

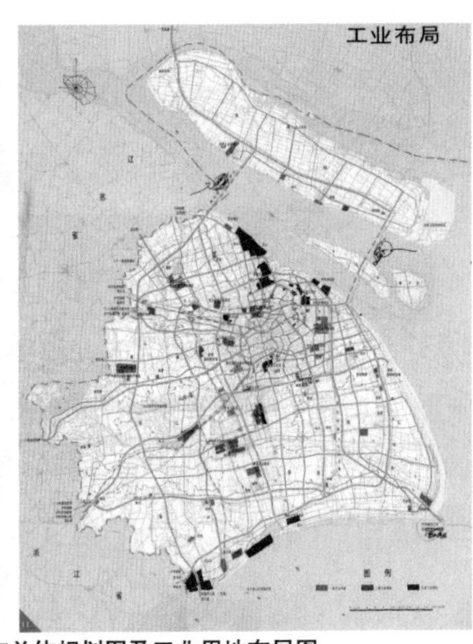

图 6-8　2001 年上海城市总体规划图及工业用地布局图

资料来源：上海市城市总体规划（1999 ~ 2020 年）

程和重大科技成果产业化工程，形成以张江高科技园区为中心的高科技产业发展格局；要继续疏解中心城工业，改造和完善原有工业区，集中建设市级工业区，严禁工业项目随意布点。规划至2020年，工业用地约300km²，其中，中心城区工业用地约70km²，郊区工业用地约230km²。

（2）规划实施推进与应对

在新一轮城市总体规划的指导下，上海市政府抓紧开展了与实施总体规划相配套的规划实施推进工作，根据国家对上海提出的新要求和城市发展的新形势，中心城6个分区规划、242个控制性编制单元规划、郊区县域规划纲要和总体规划及其实施方案、近期建设规划（2006～2010年）相继编制完成，对于上海工业集聚区的空间演化产生着重要影响。

中心城分区规划（2004～2020年）提出，1997～2004年，上海中心城总建设用地增加了21.6%。中心城工业用地约54.0km²，较总体规划目标减少22%。其中，内环以内约0.4km²，内外环间53.6km²。2004年现状工业仓储用地仅1/3在分区规划中得到保留，工业仓储用地总量减少（图6-9）。

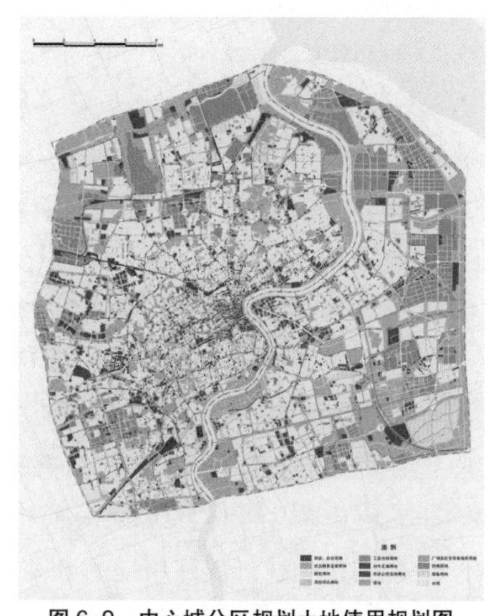

图6-9　中心城分区规划土地使用规划图

2006年的近期建设规划（2006～2020年）提出，到2020年，国家级和市级工业园区约占郊区工业总用地的65%，区级工业区约占30%，配套产业街坊（零星工业点）约占5%。总体规划中2010年上海工业用地约283k^{m2}，近期规划则确定为470k^{m2}，净增加187k^{m2}，且主要集中在郊区。与此相对应，2002年以后共新设立了15个工业集聚区（其中市级工业区7个、区级工业区6个、区级以下工业区2个）。其中，嘉定、青浦、松江三个试点园区面积均超过50k^{m2}。工业用地在郊区的大幅度增加，形成了集中建设区突破以外环线为边界向外蔓延的发展态势。近期规划还进一步明确了产业总体空间布局：一是建设外滩及陆家嘴金融贸易区、淮海中路国际时尚商务区、虹桥交通枢纽商务区等20个现代服务业集聚区；二是重点发展6大产业基地，优化市域工业布局。微电子产业重点建设以张江高科技园区为重点的浦东微电子产业带，漕河泾新兴技术开发区和松江工业园区等。汽车制造产业重点建设安亭上海国际汽车城。石油化工产业重点发展上海化学工业区。精品钢材产业重点构建宝山钢铁精品基地。装备产业重点建设临港新城装备产业基地。船舶制造产业重点建设长兴岛、外高桥船舶制造业基地（图6-10）。

上海郊区规划编制工作，在区域总体层面上，通过郊区区县域总体规划纲要、总体规划及其实施方案两个层次深入。至2006年年底，郊区9个各区县域规划纲要、总体规划及其实施方案均已编制完成。经汇总分析，郊区城市建设用地约占全市总用地40%。其中，工业开发区用地约937km^2，约占城市建设用地的35%，规划国家级、市级工业开发区约673km^2，占全市工业开发区比重约72%，平均每个开发区近20km^2。此外，位于规划认可的工业开发区外工业用地规模仍有相当比重。与城市总体规划确定的郊区工业用地约230km^{2}规模相比较，汇总后的郊区规划实施方案中，按工业开发区用地的65%可计为净工业产业用地推算，则总规模近600km^2，已有更大突破。

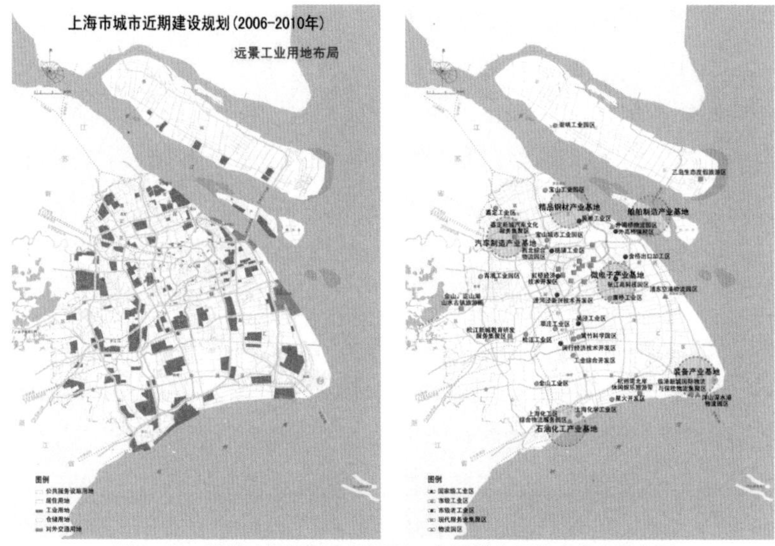

图 6-10　近期建设规划中的远景工业用地布局和产业空间布局

资料来源：上海市城市近期建设规划（2006-2010 年）

（3）规划实施对空间演化的引导效用

在城市总体规划和规划实施推进的指导下，上海市各级政府通过调控城市工业用地和空间的供给来回应工业集聚区实际的空间演化过程，并根据工业集聚区实际的空间需求对城市规划的工业用地规模进行调整，从而影响工业集聚区的空间演化。现有的规划体系以及规划编制的层级深入，对于引导城市工业用地的作用效果，呈四方面特点：

一是中心城区核心区工业用地逐步向外疏解并开始转型。据统计，中心城区核心区的工业用地，从 1997 年 18.6km^2 已减少到 2006 年的 5.4km^2，降幅约 70% 以上。中心城区边缘区的工业用地略有增加，约 94.6km^2。中心城区核心区的工业用地，随着城市产业结构的调整，相当规模的用地已转为生产性服务或商业服务等第三产业用地，部分工业用地转为清洁、高效、无污染的都市型工业[1]。中心城区边缘区的工业用地分布，区域差异较为明显：工业用地增量主要集中在浦东金桥、张江、外高桥及康桥地区；而浦西保留的旧工业区用地规模均有不同程度的缩小或整体转型，如处于世博会选址区域的周家嘴工业区、苏州河北侧的北新泾工业区等。同时，一些工业集聚区开始更新转型：如桃浦工业区、金桥出口加工区的工业向生产性服务业转型；张江高科技园区、漕河泾新兴技术开发区等在进一步加强高新技术产业的集聚同时，加强了生产性服务业的集聚等。总体来看，中心城区现状工业用地约 100km^2，虽与城市总体规划设定的 70km^2 工业用地目标相比，仍有一定的降幅空间，但总体发展趋势与工业集聚区向外疏导的空间演化过程基本吻合。中心城区传统意义上的工业用地逐渐被综合型、高科技含量和高产出的新型工业用地所替代，出现了向都市型工业园区、生产性服务业功能区转型的趋势，其内部空间开始发生变化。

二是郊区工业用地规模偏大且分布不均衡。郊区工业用地约占郊区城市建设用地的 35%，且分布不均衡。据统计，中心城区以外的工业用地约 534.2km^2，约占全市工业用地的 84%，远超出总体规划确定的郊区工业用地规模。郊区工业用地与工业基地分布密切相关，增长较多的是嘉定、松江、青浦，布局呈现市域“西北相对集中、东南较为分散”的态势。郊区工业用地增长的同时，也呈现近郊快速增长的趋向，形成了中心城区继续向外连绵发展

[1] 都市型工业是上海在加快产业结构战略调整、努力构建工业新高地的进程中提出的新概念。针对中心城区某些区域大量外迁工厂、已经显露“城市空心化”的端倪，主管部门从优化城市空间布局、支撑区域经济稳定增长、缓解城市就业压力的战略考虑出发，将上海中心城区工业调整方向定位为“转性与转型并举”：转性，就是“退二进三”，对不适宜留在市中心的企业，腾出“黄金地块”发展第三产业；转型，就是“围绕三产发展二产”，将符合上海城市发展总体规划、能够在市中心生存发展的研究、开发、制造企业改造为都市型工业基地。

的布局倾向。

三是加快工业用地向园区集中仍是工业布局优化的关键。在规划工业用地总体规模仍显较大的同时，“园区集中度低、土地集约利用率低”成为工业开发区发展一个较为严重的现实。现状工业用地仍有相当比例位于规划的工业开发区以外，并没有实现规划引导中的工业向园区集中。据统计，现状约有 50% 以上工业仓储用地位于规划工业开发区以外，各区县在编制总体规划实施方案中，大多考虑现有工业的空间集聚为基础，现状工业用地的 2/5 左右纳入工业开发区的范围，但仍有近 3/5 工业用地散布于规划的工业开发区以外。这与 1980 年代以来的“一村一点、一镇一园区”工业开发区发展模式密切相关，在清理整顿中，虽经整合，但部分明确需要归并的零星工业点也未因为园区撤销而得到有效的归并或消除，同时，还出现了“区中区”、“子园区”的复杂结构，对工业用地的布局未有根本性转变。

四是提高园区土地集约利用率、投入产出率是经济发展方式转变的重点领域。工业开发区的土地集约利用率和投入产出率均有待进一步提高。据统计，2007 年，全市工业开发区平均容积率为 0.55。其中，容积率最高为 1.20，如漕河泾新兴技术开发区；最低仅 0.2 左右。而目前容积率高于 1.0 的工业开发区数量不到总数的 10%；容积率介于 0.6 ～ 1.0 的，占近 20%；容积率低于 0.6 的，约占 70%。目前，全市工业开发区的土地投入产出率平均为 67.45 亿元 /km^2。其中，单位工业用地土地产值最高为 279.32 亿元 /km^2，是漕河泾新兴技术开发区；最低则不足 10 亿元 /km^2。

6.2 工业集聚区的内部空间变化机制

6.2.1 内部空间变化：产业转型对工业集聚区的直接作用过程

工业集聚区的内部空间变化过程也与城市产业转型有密切关系，其主要是产业融合趋势的空间效应。产业融合趋势（包括制造业服务化、生产性服务业与制造业从互动到融合）对工业集聚区的直接作用过程构成了工业集聚区的内部空间变化的内在机制。

1. 制造业服务化

“制造业服务化”是上海城市产业转型的一个最新动向。服务业在与制造业相结合之后取得了不同于消费者服务业与分配性服务业的特征与内容，并且在附加值上逐渐超出了原来传统制造业，如图 6-11。随着全球化进程的深入，全球制造业的中间投入中服务的投入不断增加，制造业生产网络和国际营销网络的形成，就是聚集专业人才进行产品研发、广告、保险、会计、法律服务和运输储存等活动的过程，在这一过程中每一个环节都伴随服务

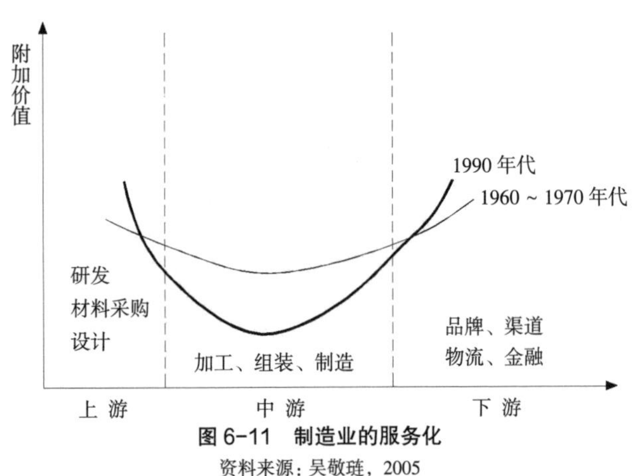

图 6-11 制造业的服务化

资料来源：吴敬琏，2005

的需求。制造业的高度发展会呈现“服务化”的新趋向，主要表现为：制造业部门的产品是为提供某种服务而生产的，其附加值中有越来越多的比重来源于服务，服务含量在整个企业产值和增加值中所占比重越来越高。

近几年来，随着上海制造业的产业升级，在工业集聚区内部，生产性服务业逐渐从制造业内部分离出来，主要包括科技研发、创意设计、现代物流、金融保险、商务中介等内容，制造业的发展也越来越离不开生产性服务业。这是由于生产性服务业对于工业集聚区制造业的发展具有重要的作用：（1）可以加快制造业的发展。由于上海（尤其是郊区）的制造业普遍存在着科技含量不高、产品利润低的问题，制造业生产的利润都转移到了大型跨国企业的手中，而制造业本身的利润却难以提高。生产性服务业的发展，将有效的解决这些问题。第一，可以提高产品的技术含量，从而实现代工组装到设计制造的转变。科技研发等生产性服务业的发展，可以结合制造业的特点，为制造业进行产品的设计和改造，提高产品的科技含量，提高产品的附加值，摆脱制造业长期依靠国外技术，受到国外技术限制的局面，形成自己的创新产品，提高产品的国际竞争力。第二，可以提高生产效率。生产性服务业可以为制造业企业提供产业环节上的各种服务，制造业企业把非核心业务外包，以更加专注于自己的核心产业环节，从而提高生产效率，促进产业的专业化分工。另外，还可以为制造业企业进行生产环节的优化设计，以提高生产的效率。第三，实现向产业链高端的攀升。生产性服务业可以促进制造业摆脱处在全球制造业最低端的尴尬局面，实现产业逐渐向产业链高端的攀升，提高企业的利润价值。（2）可以提供新的经济增长点。生产性服务业的作用不仅体现在提升制造业实力，促进产业转型升级中。其本身作为一种产业类型，在发展的过程中产生的经济效益也是不容忽视的。相对于制造业而言，生产性服务业处在企业价值链的高端，其产生的利润更高，对于经济的带动作用更强，势必成为新的经济增长点。而生产性服务业本身也有服务的需求，包括对其他生产性服务的需求和其员工对于消费服务的需求，这对于整体经济的拉动作用也较为明显。而其产生的税收和财政收入，可以继续投入到软硬环境的建设中，从而形成良性循环，促进经济良性发展。

因此，从制造业内部分离出来的生产性服务业的空间区位偏向于工业集聚区制造业的周围，尤其表现为依托现有的工业集聚区，在其内部或者周边形成生产性服务业的空间集聚。也就是说，工业集聚区的制造业企业会吸引一大批提供配套服务的生产性服务业集聚，在工业集聚区内部、周边地区形成环环相扣的产业链，生产性服务业又为工业集聚区的制造业企业提供商务、技术等方面的服务。生产性服务业从制造业中分离出来，反过来又作用于制造业，这一过程对于转型期上海工业集聚区的内部空间变化会有一定的影响。由于生产性服务业与制造业有着不同的产业组织形式，主要体现为产业集群，为的是企业能够获得外部规模经济效益，节约空间交易成本，培育企业学习能力与创新能力，形成良好的集聚效应和品牌效应。工业集聚区内部生产性服务业的集聚发展，带来了不同于制造业的空间诉求，从而导致工业集聚区的内部空间发生变化。此外，由于生产性服务业的空间集聚而独立形成的新工业集聚区——生产性服务业功能区，其内部空间要素也与原来工业集聚区有所不同。

2. 生产性服务业与制造业从互动到融合

从产业演变的视角看，生产性服务业与制造业的关系经历分立、互动和融合三个阶段，两者的关系由松散到密切。目前，上海已进入工业发展新阶段，面临生产性服务业与制造业从互动到融合的转折。虽然不能说上海的生产性服务业与制造业已经进入融合发展阶段，但从工业集聚区内部的生产性服务业与制造业的关系来看，两者之间已经建立起相互作用、相互依赖、共同发展的内在联系。技术变化引起的“垂直分离”促使服务在新的社会地域分工中独立出来，增强了制造业与生产性服务业的相互依赖。制造业企业的生产创新引发生产性服务业的过程创新，生产性服务业需求又引致制造业企业的生产创新。生产性服务业与制造业的互动关系越突出，生产性服务业发展越有利于制造业竞争力的提升。

从市北工业园区的发展来看，市北工业园区原先定位是以制造业为主，但随着城市化进程加快，园区区位条件已发生较大的改善。但同时由于相对较高的商务成本，制造业面临着边际效益不断下降，园区对于传统制造业领域企业的吸引力也在不断削弱。这就使得园区的传统制造业向生产性服务业转变，聚焦产业转型，市北生产性服务业功能区发展服务外包产业、通信电子高新技术产业、总部经济等为主的生产性服务业。从而促进市北工业园区的功能向投资、管理、研发设计、营运中心、人力资源、市场调研、数据分析等功能转变。

从张江高科技园区的发展来看，随着园区企业入驻的增多，各类企业需求服务项目日益增多，包括高新技术企业发展、出口加工服务功能、服务外包功能以及自身重点发展的服务领域。为此，张江高科技园区一是在其周边建立新兴大学区、科学院；二是吸引现有大学相关专业在这里办分校、分院，从而加强园区与大学和科研机构的联系。三是建立相应的培训机构，为园区内产业工人提供培训和教育的基地。张江高科技园区一直在吸引国内外的科研机构、跨国公司的研发机构进驻园区（表 6-4）。随后张江高科技园区把产业向中高端升级，增设的张江集电港生产性服务业功能区，主要发展集成电路、信息技术、软件等产业及相关的设计、研发和配套产业，这为张江高科技园区搭建了公共技术服务业和交流合作平台，提高生产性服务业对制造业的渗透带动力，从而促进了张江高科技园区的功能提升。

张江高科技园区新引进研发机构一览表（2004年）　　表6-4

研发机构名称	企业性质	投资额（万美元）	研究领域
杜邦（中国）研究开发有限公司	外资	1500	综合
上海中信亚特斯诊断试剂有限公司	外资	600	生物医药
德州仪器半导体技术（上海)有限公司	外资	460	电子信息
英飞凌科技资源中心(上海)有限公司	外资	420	电子信息
上海开拓者化学研究管理有限公司	外资	30	生物医药
上海睿智化学研究有限公司	外资	30	生物医药
铁德钰(上海)生物科技有限公司	外资	28.5	生物医药
上海安普罗环保科技有限公司	外资	20	生物医药
上海康盛人生生物技术有限公司	外资	20	生物医药
三缘医药(上海)有限公司	外资	20	生物医药
瑞克交通工具设计体化(上海)有限公司	外资	20	光机电一
上海艾华医药研究有限公司	外资	20	生物医药
白鹭医药技术(上海)有限公司	外资	20	生物医药
安立旺生物医药(上海)有限公司	外资	20	生物医药
上海葛澜治制药有限公司	外资	6.2	生物医药
骏神生物医学(上海)有限公司	外资	6.2	生物医药
药源药物化学(上海)有限公司	外资	6.2	生物医药
伊诺药物化学(上海)有限公司	外资	1.2	生物医药
上海惠鹏生物医药有限公司	外资	1.2	生物医药
中科院计算技术研究所上海移动通信研发中心	内资	3.6	电子信息

资料来源：上海年鉴（2004）。

从上海化学工业区等工业集聚区的发展来看，由于由上海化学工业区、金山工业园区等组成的石油化工产业集群，需要把产业上下游企业和相关服务配套性企业汇聚起来，有效整合交易服务-商务配套-储运物流-展示交流-研发生产-配套服务等各功能平台，形成自身循环的产业链，实现产业组合最优化，为化工企业提供更为便捷、有效、低成本、全方位的配套服务。为此，国际化工生产性服务业功能区主要是发展信息咨询、化工交易、会议展示、第四方物流、金融担保、人才培训等生产性服务业，能够为石油化工产业基地提供专业物流、技术研究等配套服务，从而促进上海化学工业区等从制造加工环节向研发设计、品牌营销等环节延伸，并将上海化学工业区等的功能拓展到系统设计、资源集成、设备成套、贸易服务等多个方面。

可见，生产性服务业与制造业的互动发展对于工业集聚区转型的作用越来越突出。首先，可以优化工业集聚区产业结构，促进产业集群的形成。促进工业集聚区由单一的工业发展到二三产业协调发展，形成相互促进的良好局面，形成产业发展的合力。在这个过程中，生产性服务业起着桥梁和润滑剂的作用。制造业在工业集聚区的简单拼凑难以形成联系紧密的产业集群，生产性服务业的加入，促进了产业链的完善，加强了产业间的联系，从而产业集群得以形成。其次，可以实现工业集聚区由外力驱动型向内力驱动型转变。工业集聚区在建设之初依赖于各项优惠政策和丰富的土地资源迅速发展壮大，但当各工业集聚区的政策趋同，内外政策相似时，政策的推动力便有所减弱。生产性服务业可以为工业集聚区制造业企业提供优质的服务，优化产业发展的环境，实现工业集聚区产业的内在驱动式发展，为工业集聚区的转型升级提供持久的动力。再次，生产性服务业本身就是资源消耗小，环境污染低的行业，其发展对工业集聚区的自然环境的影响远小于制造业，而生产性服务业提高了制造业的水平后，使得制造业对于工业集聚区环境的危害进一步降低，从而改善工业集聚区的整体生态环境。因此，生产性服务业和制造业的互动发展，使得工业集聚区内部的产业结构、功能结构、甚至生态环境都发生了变化，这导致了工业集聚区的内部空间变化过程，也使得工业集聚区的内部空间要素不同于以往。此外，从上面 3 个工业集聚区内部生产性服务业与制造业的互动发展过程，可以分别归纳为置换、渗透和延伸 3 种形式，这也形成了工业集聚区 3 种不同的内部空间变化过程。

6.2.2 因素变化的影响作用

总体来看，影响转型期上海工业集聚区的内部空间变化的主要因素有：空间的技术创新、空间的功能转变、空间区位的作用。此外，自然的地形条件也具有一定影响，但由于工业集聚区仅仅是城市的一个功能区域，尺度较小，因此，自然因素的作用极其有限。

1. 空间的技术创新

技术处于价值链的前端，是产业发展的原动力。生产性服务业与制造业都是以现代技术特别是信息技术为主要支撑。在生产性服务业与制造业从互动到融合的过程中，技术创新的作用十分明显。一方面，制造业技术创新开发出替代性或关联性的技术和产品，然后通过渗透扩散到生产性服务业中，从而改变制造业产品的技术路线，因而改变制造业的生产成本函数；同样，生产性服务业技术创新通过渗透到制造业中改变其生产成本函数，这种生产性服务业与制造业的相互渗透为生产性服务业与制造业融合提供动力。另一方面，技术创新改变生产性服务业与制造业市场的需求特征，给原有产业的产品带来新的市场需求，从而为生产性服务业与制造业融合提供市场的空间。技术创新在生产性服务业与制造业中的扩散导致技术融合，技术融合促使生产性服务业与制造业的技术壁垒逐渐消失，形成共同的技术基础，从而使技术边界趋于模糊，最终导致生产性服务业与制造业融合。但在产业发展的实践过程中，技术创新不一定导致产业融合。如果产业的技术创新大多发生在本产业内部，而不是发生在产业边界，则产业融合不会发生；并且只有对传统经营观念进行创新，将管理创新、技术进步、放松规制结合起来，产业融合才会变为现实。因此，技术创新是生产性服务业与制造业融合的内在动因，技术融合是生产性服务业与制造业融合的前提条件。

张江高科技园区针对亟需构建科技创新基础条件公共平台的问题，开始围绕打造生物医药创新链，集成电路产业链和软件产业链，针对产业的关键性和共性技术，搭建公共技术平台，促进主导产业和特色产业发展。并开始建设有利于创新的配套服务环境，搭建公共服务平台，建设孵化器和创业中心，引导开发区内企业加大自主创新力度。张江高科技园区内部形成的张江集电港生产性服务业功能区，通过引进设计、研发等生产性服务业向集成电路、信息技术及相关高科技产业渗透，为张江高科技园区内企业建立公共服务和技术研发创新平台。张江集电港生产性服务业功能区处在张江高科技园区核心区内部的东部区域，紧靠中环线，规划面积约 2.91km^2。功能区成立于 2001 年 4 月，原为张江集成电路产业区，是张江高科技园区产业基地园区之一，于 2009 年成为上海首批 19 个生产性服务业功能区之一。功能区重点发展集成电路、信息技术、软件等产业及相关的设计、研发和配套产业，是集生产和研发为一体的功能区。功能区也由此分为生产区和研发区，其中研发区约 1.7km^2，从研发区概念性规划设计的总平面来看（图 6-12），区内集聚的主要是研发办公、商业服务、

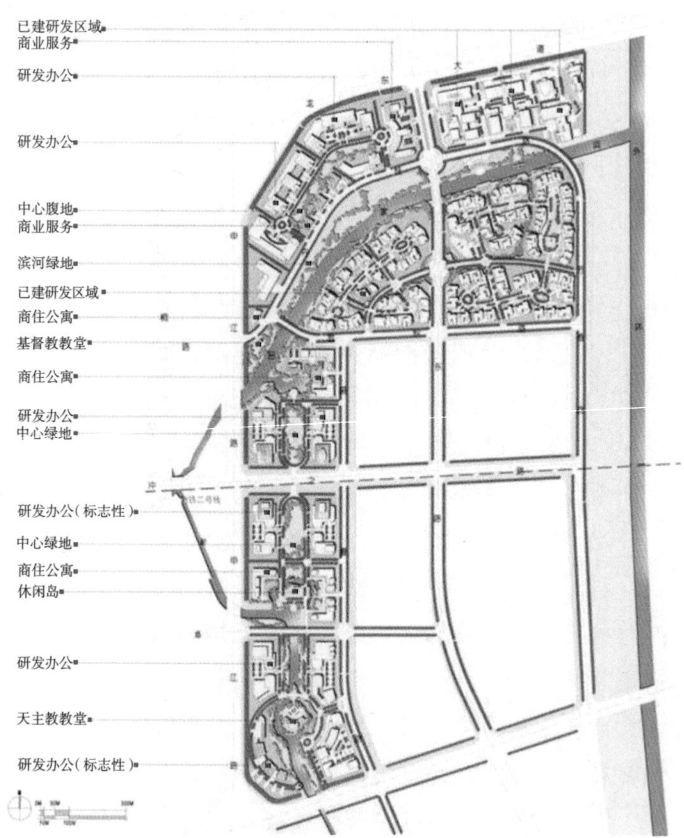

图 6-12　张江集电港研发区的生产性服务业功能规划分布

资料来源：张江集电港中央研发区概念性规划设计（2009）

商住服务等生产性服务业。可见，技术创新是工业集聚区内部空间变化的重要影响因素，技术创新带来的生产性服务业与制造业的融合，使得工业集聚区的整体技术层次得到了提高，使得工业集聚区内部的生产空间与研发空间的比例，以及生产空间的空间体量都发生了变化。

2. 空间的功能转变

新中国成立以来，对上海城市的功能过度强调生产，流通、消费等功能被忽视。在空间结构上则是大量的工业集中在城市中心区；城市的商业网络较为单一；传统的 CBD 衰亡。1990 年代以来，上海加大力度促进第三产业，尤其是生产性服务业的发展。上海提出贸易中心、商业中心、金融中心、航运中心的城市功能定位，大力推动城市中心区的工业外迁，重振外滩 CBD，打造陆家嘴 CBD 等。城市功能转换促进了产业结构的调整，反映在城市空间上则是工业郊区化、第三产业的向心集聚。由于第三产业发展对空间的需求，中心城区开始了大规模的城市更新，原有第二产业开始退出，第三产业开始进入，直接导致了城市中心区旧工业区的更新改造，表现为中心城区衰退型工业空间规模缩小，或从城市中心区向郊区或更远地区的迁移。城市主导功能的转变引起城市主导空间的转变，中心城区曾经的旧工业区开始向商务、办公、研发、设计等空间的转型。同时，新的城市功能的出现，促使出现了新的产业类型，生产性服务业的出现是上海服务经济发展的重要支撑，也是制造业提升的重要支撑。随着上海生产性服务业的快速发展，其空间集聚需求越来越明显，由原来零星的用地向成片的功能区集聚发展。这些功能区有的是转型类，以旧工业区、工业企业产业转型为特点，促进了中心城区旧工业区的转型；还有的是配套类和专业类，配套类以增加开发区综合配套功能为特点，专业类以服务高端产业为特点，推动了上海开发区的转型。

可见，为了适应新的历史时期上海城市功能转换的需求，城市工业布局开始进行新的调整，中心城区需要腾出更多的空间来发展现代服务业，而曾经占据中心城区的旧工业区，内部就面临着产业结构的调整转型与空间结构的更新演变，使得旧工业区的功能发生了质的变化，如市北工业园区从原来传统制造业的生产功能直接转变为商务、办公、研发设计等服务功能，也引起了其内部空间要素的变化，原来旧厂房置换成楼宇形式的商务办公空间。另一方面，在空间资源日益紧张的新形势下，上海部分基础条件较好的开发区普遍面临着产业升级和二次开发的需求，不得不寻求内生发展，更是要承担着城市功能优化的重要职能，使得开发区迫切需要转变功能和结构，如张江高科技园区的产业升级和功能提升的需求最为强烈和典型。又由于日益严格的建设用地指标控制和低碳集约发展要求，上海工业集聚区面临着用地更新的现实任务，推进现代服务业发展、加速传统制造业升级的过程均需要大量土地资源作为支撑，而目前上海工业集聚区可供新功能、新产业发展的增量用地空间却十分有限。这就给工业集聚区带来了强烈的城市更新发展、用地结构调整等空间诉求。近年来，由于生产性服务业的发展对于工业集聚区的产业结构升级、增长方式转型和土地利用结构优化起着至关重要的作用，越来越多的原有工业开发区向生产性服务业功能区转型。在城市功能转变的影响下，转型期上海工业集聚区的功能也发生了变化，特别是主导功能的变化，导致了工业集聚区的内部空间开始发生变化，内部空间要素也不同于原来工业集聚区的。

3. 空间区位的作用

距离依托城市的空间距离，决定了工业集聚区与城市之间设施共享的程度，也决定了与城市之间交流的空间成本，以及城市孵化功能的作用力度。空间区位的作用直接体现在工业集聚区的配套服务设施方面，距离城市越远，则需要独立建设的设施越多，空间要素构成越复杂。距离城市近，则可以简化一些配套设施，空间要素相对简单化。张江高科技园区一开始虽然拥有较好的环境条件，但是配套服务设施不够完善，没有吸引大量高科技产业从业人员在这里居住。张江高科技园区规划中将生活服务中心区作为园区功能建设的一部分，虽已经开发了一部分商住楼盘，但由于缺乏大型房地产开发商的介入，目前开发的住宅都不具备一般性生活服务设施，很难满足基本的生活需要。高档的休闲娱乐场所更少，这样的生活环境很难对园区内科研人员产生吸引力。张江高科技园区开始认识到自身面临的问题是，园区内人气不足，急需解决园区工作人员的居住、生活问题，创造舒适的生活环境和宜人的居住环境。并开始通过两种措施来提高园区的服务水平：一种是采取外围战略，政府进行事业引导，在其他区域布局新产业、新项目，如在张江高科技东区全力打造生产性服务业功能区，形成经济文化的密集区。另外一种是通过引进大型房地产开发商，在规划的居住用地内成片开发住宅，便于配套完善的生活、教育和娱乐设施。同时，进一步完善医疗、娱乐、子女教育等设施，吸引园区内的人才到高新区创业生活，使园区形成环境优美、生活服务设施完善，品位高雅的居住和生活场所。可见，工业集聚区自身投资环境和配套服务的不断完善，使得工业集聚区的产业和功能向中高端升级，并会出现研发区、出口加工区、生产性服务业功能区等新的空间构成要素，从而使得工业集聚区的内部空间发生变化。

同时，上海市域范围内不同空间地域的工业集聚区吸引生产性服务业能力和类型不同，也使得工业集聚区的内部空间变化过程有所不同。一是中心城区边缘区的工业集聚区对于传统产业领域企业的吸引力也在不断削弱，但对各类服务活动的吸引力则在增加，更多的商业设施、商务设施取代了之前的工业集聚区，促使了金融、信息、咨询等生产性服务业在这些工业集聚区内部的迅速发展与不断集聚。因此，中心城区边缘区的工业集聚区的内部空间变化过程以置换为主，将传统生产功能置换成商务、办公服务功能，从而使得工业集聚区的内部空间要素发生了质的变化。二是近郊区的工业集聚区吸引了与原来制造业相关的生产性服务业，如研发与设计服务、专业技术服务等，主要是为这些工业集聚区进行配套服务，并且以综合性的科技研发型为主。因此，近郊区的工业集聚区的内部空间变化过程以渗透为主，将研发、设计服务功能向原来的生产功能进行渗透，从而使得工业集聚区的内部空间要素发生了改变。三是远郊区的工业集聚区由于空间规模大而产生了大量专业服务的要求，吸引的主要是为资本密集型的工业提供支持的特色专业型生产性服务业，如专业物流、技术研发等服务。因此，远郊区工业集聚区的内部空间变化过程以延伸为主，将专业物流、技术研发这些生产性服务业向原来的制造业延伸，从而使得工业集聚区的内部空间发生变化。

6.2.3 城市政府的能动作用

同样，上海市政府对工业集聚区的内部空间变化也起到了重要的推动作用，在政府推动下，加速了中心城区内部空间的重构和工业布局的调整，工业向郊区的疏散和中心城区内部更新推进，加速了中心城区旧工业区的转型。同时，在上海城市转型加速的背景下，旧工业区的更新改造也开始由中心城区向城市外围的郊区工业区推进。上海市政府在旧工业区的更新改造中，作为倡导者与推进者，也是监督与考核的主导者，中心城区旧工业区的转型可以带来经济社会等多方面的效益。通过旧工业区的转型再开发，可以促进城市经济增长方式转变、产业结构的升级以及土地效益的提升，实现城市产业转型。然而上海在 1990 年代初，结合市与区县的分税制改革，针对市级政府权力过分集中的问题，市政府提出“决策权力下放，管理重心下移”的思路，市区形成了“两级政府，三级管理”的管理体制，先后两次较大规模扩大区县政府在利用外资、项目审批、城市规划、资金融通等方面的管理权限，进一步与区县政府明责分权。因此，上海市政府在旧工业区更新改造中无法直接行使权力，只能通过委托代理关系由区政府执行。区政府就成为了旧工业区更新改造的执行者，旧工业区转型的推行能为其带来多方面的效益，一是完成工作考核指标的政治利益；二是地区环境改善的社会效益；三是地区产业升级、增加财政收入的社会利益。旧工业区原工业用地的批租改建作为城市土地批租的一部分，区政府通过各种方式尽可能获得收益的最大化。在上海，各个区政府实际上控制着土地批租，而且他们在财政上也处于独立状态[1],这为区政府在本辖区内通过土地批租和房地产开发吸引外来投资创造了激励和机会。因此，上海市政府监督着工业集聚区的转型，各个区政府直接参与到工业集聚区的转型过程中，两者共同推动着工业集聚区的内部空间变化过程。

1. 城市政府对企业组织制度的创新

企业作为市场经济条件下城市经济系统的运行主体，已成为聚集要素与资源配置的具体承担者，企业组织制度的创新影响并决定着城市资源的配置效率和聚集规模，并进而成为影响上海城市空间结构演化的基本的政策之一。1992 年以后，中国国有企业的改革进入了一个新的阶段，即通过贯彻新的公司法，把国有企业转换成持股公司，以建立责权明晰、自主经营、自负盈亏的现代企业制度。这种改革迫使企业，特别是国有企业在预算拮据、没有诸如免税和减免债务补贴的状况下生存。企业要能够在更换生产线、综合投入及选址等方面适应市场的需要。这种灵活性能使现有企业撤离不合适的地点，反过来又能使现有的和新的个人和生产结构有更多的机会在中国城市的中心区发展，而这些地方

[1] 在 1980 年以前，区的预算占不足整个城市预算收入 7%，到 1995 年，区县控制了城市的 53.7% 的财政收入和支持，他们的收入来自于辖区内企业以及各种与市政府共享税收入，包括个人所得税、不动产税、营业税以及土地上的资本收益。

正缺少这种发展。1996年7月上海市政府颁布的《国有大中型企业利用外资进行技术改造划拨土地使用权处置管理实行办法》中指出:"为缓解国营大中型企业与外商合资、合作进行技术改造中股本金不足的困难，增强中方股权控制能力，支持企业以土地使用权作价与外商进行合资改造"。这些政策进一步推动了上海城市中心区工业企业土地置换的进程。城市中心区的工业企业充分利用现代企业制度赋予的对土地处置的自主性，利用其原有黄金地段土地的巨大价值，调整土地利用方向，发展第三产业，在企业获得较高的经济效益的同时,实现城市土地优化配置的目标（耿慧志，1999）。因此，上海市政府对于企业组织制度的创新推动工业企业所在工业集聚区的转型，使其内部空间发生了变化。

2. 城市政府政策的引导与支持

近年来，上海市积极推动城市产业转型，希望通过优先发展现代服务业，既加快本地的产业结构升级，以及上海国际经济、金融、贸易和航运中心的建设，又能够实现上海工业集聚区的转型升级。因此，地方政府导向的上海新一轮产业转型升级的规模和力度明显加大，市、区两级政府分别介入产业转型升级和工业集聚区转型升级的工作，制定了一系列产业转型升级的政策（表6-2）。在政府政策的引导与支持下，上海逐步整合已有的工业集聚区，实现"腾笼换鸟"的战略思想，工业集聚区内部产业也开始转型升级，使得工业集聚区的内部空间也发生了很大的变化。《上海工业产业导向及布局指南（2007年修订本）》提出了工业的"三环布局"：内环以内相关生产企业基本完成"改性"（向第三产业）或"转型"（向创意产业和都市型工业）改造，转变成为以创意产业园区和都市型工业园区（楼宇）为基本载体的都市型工业及生产性服务业；内外环之间重点发展都市型工业和高科技产业，鼓励生产企业向高科技产业和生产性服务业"转型"发展，相关生产能力向市级工业区转移集中；外环以外大型新增工业项目向市级以上市级工业区集中，并按各工业区产业功能定位导向布局。上海市 2008 年的《关于促进节约集约利用工业用地，加快发展现代服务业的若干意见》提出了积极利用老厂房，促进现代服务业健康发展的意见：积极支持原以划拨方式取得土地的单位利用工业厂房、仓储用房等存量房产与土地，依据国家产业结构调整的有关规定，在符合城市规划和产业导向、暂不变更土地用途和使用权人的前提下，兴办信息服务、研发设计、创意产业等现代服务业。生产性服务业的发展对于上海城市产业转型，尤其是对制造业转型升级和工业集聚区功能提升的作用愈来愈明显，上海市政府正有意识的推动生产性服务业的空间集聚，制定了涉及依托现有工业集聚区来建设生产性服务业功能区（表 6-5），推动着工业集聚区内部生产性服务业与制造业的互动发展，从而使得工业集聚区的内部空间发生变化。

上海市建设生产性服务业功能区的主要政策　　表 6-5

相关政策	发布时间	主要内容
上海工业发展“十一五”规划	2005年	重点建设的三类生产性服务业集聚区：一是对国家级开发区、部分市级开发区加快产业集聚和功能提升，发展科技研发型生产性服务业集聚区；二是进一步完善提高物流型生产性服务业集聚区；三是对商务成本和区位条件不适宜大规模发展制造业的近郊工业区，以及能够依托重大枢纽型基础设施、区位优势明显和城市功能完善的工业区，进行产业转型和功能提升，发展特色专业型生产性服务业功能区
关于推进本市生产性服务业功能区建设的指导意见	2008年	生产性服务业功能区总体布局：一是中心城区，重点是加大对中心城区的老工业集聚区和工业用地中传统制造业的淘汰和调整力度，加快产业置换和产业升级，集聚发展生产性服务业。二是近郊区靠近外环线周边的区域，随着城市化进程的加快，转型发展生产性服务业的动力增强，是推进本市生产性服务业功能区建设的重点。三是远郊区，重点是大产业基地和行政区所在地城镇周边区域，重点发展为产业基地配套的专业物流、研发设计等生产性服务业

续表

相关政策	发布时间	主要内容
上海工业发展“十二五”规划	2011年	生产性服务业功能区具体布局：一是专业型生产性服务业功能区，包括产业配套型，依托规划产业区块及周边的存量工业用地；总部经济型，依托中心城区、内外环区域、外郊环区域存量工业用地；科技创新型，依托张江高科技园区、紫竹科学园区、漕河泾新兴技术开发区等创新型区域。二是综合型生产性服务业功能区，结合郊区新城的功能定位，规划建设集总集成总承包、节能环保、培训教育、电子商务、供应链管理、金融专业服务等功能于一体的综合型生产性服务业功能区

此外，近年更是从制造业分离生产性服务业方面制定了促进产业融合的政策，2009 年在《2009 ~ 2012 年上海服务业发展规划》中提出要促进制造业和服务业的融合发展，提高资源配置能力。一是提高企业的系统设计能力、资源集成能力、设备成套能力、贸易服务能力以及提供“解决”方案的能力，鼓励制造业企业从制造加工环节向研发设计、品牌营销等环节延伸，推动大型工业企业向总承包商和集成服务商发展。二是采取“转型、提升、新建”方式，突出产业转型升级、产业链延伸和功能完善，促进生产性服务业为主的园区“二次开发”。三是以调整、改造和提升为重点，推动中心城区老工业基地发展生产性服务业，提升投资、管理、研发设计、营运中心、人力资源、市场调研、数据分析等功能。四是以盘活土地资源为重点，调整优化土地管理政策，拓展生产性服务业发展空间。五是针对产业关键性和共性技术，搭建国际、国内和全市公共技术服务业和交流合作平台，提高生产性服务业对先进制造业的渗透带动力。2010 年的《关于试行鼓励制造业分离生产性服务业若干财政扶持政策的通知》和 2011 年的《关于推进上海规划产业区块外产业结构调整转型的指导意见》，进一步加快了从制造业中分离出生产性服务业。以上政策的相继推出，进一步使得转型期上海工业集聚区内部的生产性服务业和制

造业之间的空间关系变得更为紧密，并出现了不同类型的内部空间变化过程。

3. 城市规划的具体引导

绝大多数的工业集聚区都是政府为了迎合科技革命和经济全球化浪潮而设立的，是规划的空间而不是自发积聚和生长的空间，因此，政府的城市规划往往对工业集聚区的内部空间变化起着非常重要的基础性作用。即使一些自发集聚的工业集聚区，在达到一定的规模并对地方经济发挥重要作用以后，也会被纳入政府的规划引导之下。规划的具体作用主要体现在对产业和功能的引导，对用地的引导和约束，以及对公共环境建设等方面。

图 6-13　1992 版张江高科技园结构规划图

资料来源：罗翔，2012

张江高科技园区不同时期的结构规划分别有 3 次（图 6-13 ~ 图 6-15），第一次是成立之初的设想：1992 年版《张江高科技园区结构规划》；第二次开发过程中的调整：

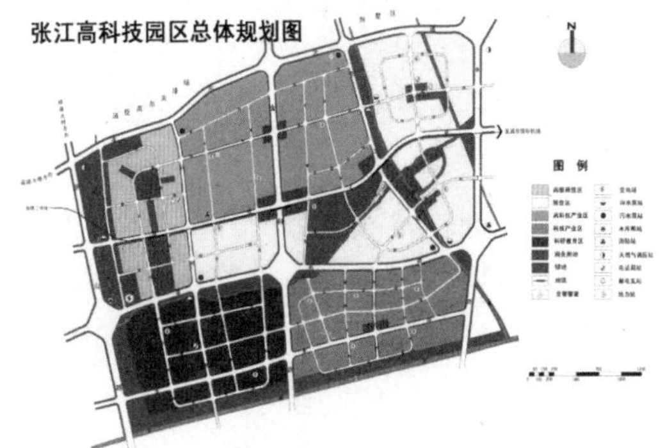

图 6-14　1995 版张江高科技园结构规划图

资料来源：罗翔，2012

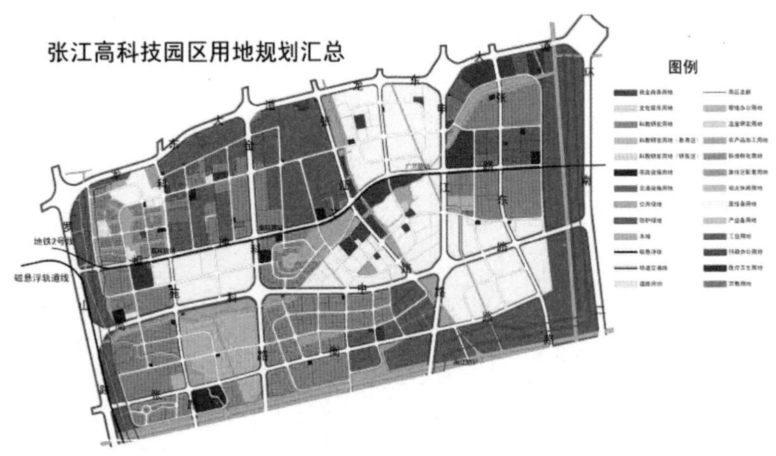

图 6-15　2000 版张江高科技园结构规划图

资料来源：罗翔，2012

1995 年版《张江高科技园区结构规划》；第三次是“聚焦张江”的新思路：2000 年版结构规划。

由于规划的良性导引，产业结构得以向优化方向发展，高技术劳动密集型行业逐渐占据主导地位。根据结合行业要素密集度对 14 个主要工业行业的分类，食品加工、饮料、家具制造业属于劳动密集 - 低技术型行业；化学原料及化学制品、金属制品业属于资本密集 - 高技术型行业；医药、塑料、普通机械、交通运输设备、电气机械及器材、电子及通信设备制造业属于劳动密集型 - 高技术行业。可以看出，张江高科技园区已由“劳动密集 - 低技术型”向“劳动密集 - 高技术型”转变。新的产业空间塑造过程中，以研发创新为核心的企业生态结构逐渐形成，创新功能得到加速提升。张江高科技园区业已形成了科技研发、技术服务、投融资服务、技术创新企业等组成的企业队伍。其中科技创新中心达到了 72 家，而科技创新中心、技术服务企业，加上中介服务、投融资服务的企业数量占到了全部企业数量的 1/2。合理的规划引导对于高科技园区的功能提升，具有前瞻性与指导性，实现了依靠要素投入的外延式增长方式向依靠技术创新的内涵式发展跨越。张江高科技园区开发初期，对高科技园区形态的普遍认识就是低密度、花园工厂的“硅谷样式”，2000 年的张江园区结构规划明确规定，科研教育区容积率不大于 0.55，技术创新区容积率不大于 0.85，科技产业区容积率不大于 1.0，土地开发强度普遍较低。但在随后的开发建设和规划深化中，逐渐意识到“硅谷样式”并不完全适用于土地资源紧张的中国国情，在环境景观和空间尺度上营造“园”的氛围同时，要实行土地集约使用，提高净地块的开发强度。

为了较好地推动市北工业园区的可持续发展，并保证实施可行性，促进开发形态转型和产业能级提升，管委会在 2002 年工业区控制性详细规划的基础上编制了市北工业新区控制性详细规划，并于 2005 年 6 月得到批复。但是随着国家有关文件的出台和上海市城市功能的调整，市北工业园区的功能定位和主导产业已发生了较大的变化，同时，在近一年的规划实施过程中，也出现了一些与发展现状之间的矛盾，这些都导致了原有的规划无法继续有效地指导园区建设。因此，2007 年又开始了市北工业园区控制性详细规划的修编，并于 2008 年 4 月正式得到批复。但随着 2008 年上海现代物流园区被纳入到市北高新技术服务业园区，在两个园区的合并和新的发展背景下，需要重新研究园区的发展目标、功能定位和用地布局，因此 2011 年开启了市北高新技术服务业园区控制性详细规划的整体编制。规划确定市北高新技术服务业园区的功能定位为以总部经济和生产性服务业发展为主线、以软硬件服务和科技创新服务为发展两翼的国际化园区，形成云计算、国产基础软件、金融后台服务三大产业为主导的高新技术服务产业集聚，构建上海创新驱动、产业转型的示范区，打造上海乃至长三角地区总部经济和高新技术产业联动发展的新基地。在功能布局上，根据不同的区位条件和产业基础，形成高技术服务与总部经济功能区、综合配套功能区、商务服务与总部经济功能区、高技术服务和商务服务拓展功能区、生产性服务业功能区、生活配套功能区等6大不同的功能片区（参见上一章的图5-11）。

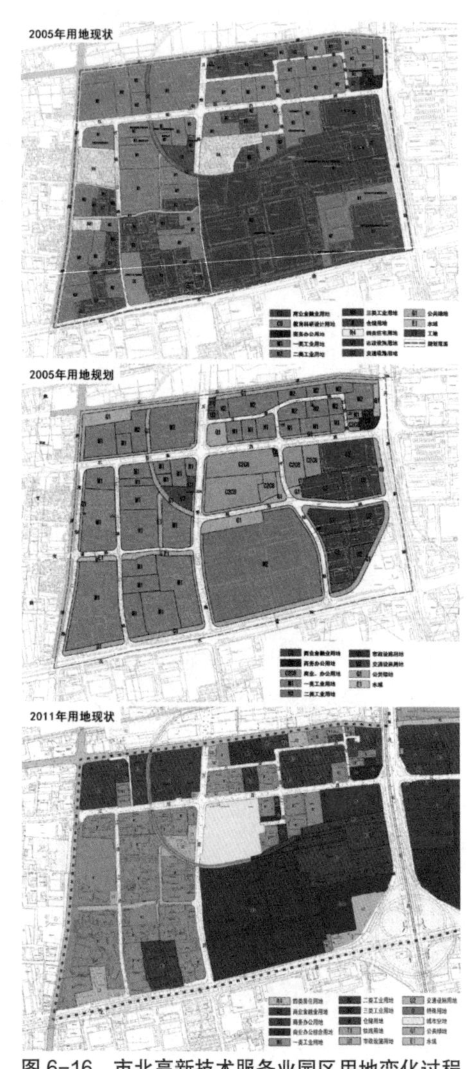

图 6-16 市北高新技术服务业园区用地变化过程
资料来源：市北高新技术服务业园区控制性详细规划，2012

从图6-16来看，规划范围内2005年主要以工业用地为主，经过2005～2011年这几年的规划实施，目前大多为基本没有污染的一类工业和少量污染的二类工业，污染较严重的三类工业用地已陆续被收购，其他有污染的老企业也已经基本被迁走或正在被收购。江场西路以北多为二类工业，且建设年代较早，标准厂房等建筑质量一般。江场西路以南以一类工业为主，大多为近期新建的楼宇式厂房，入驻企业多为电子、通信和研发等高新技术企业。2011 年园区现状工业用地面积 81.52hm^2，占总用地的 62.85%。规划范围内还有一定比例的仓储用地，主要有金属材料仓库和建材仓库等。上海市金属材料总公司沪北公司彭浦仓库还有一条专用铁路线，该铁路线呈半圆形穿过园区。园区现状仓储用地 13.77hm^2，占总用地的 10.62%。

从目前得以实施的 10 个地块状况看（图 6-17），其开发建设的基本都是商务办公楼宇，即使规划实施内容是生产性厂房，但实际使用功能还是总部经济楼宇，见表 6-6。

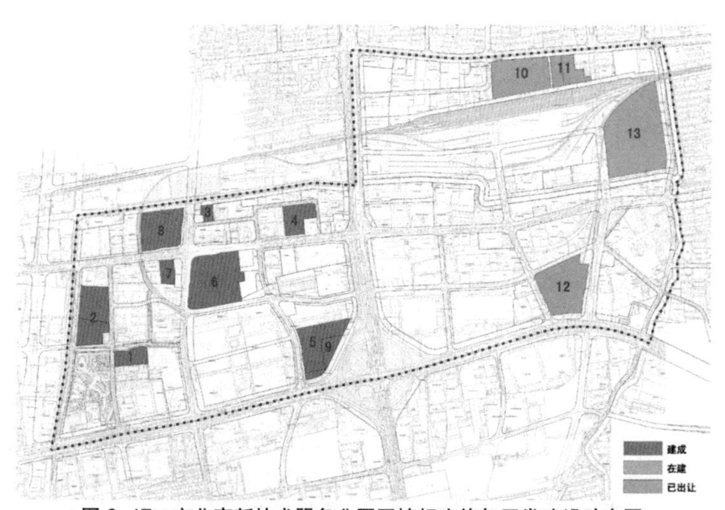

图 6-17　市北高新技术服务业园区控规实施与开发建设动态图

资料来源：市北高新技术服务业园区控制性详细规划，2012

市北高新技术服务业园区实施地块情况表　　表 6-6

序号	地块项目	实施内容	实际使用功能
1	“13 ~ 3号地块新建商品厂房（通用厂房）”项目	厂房与地下车库	总部经济楼宇
2	“12号地块”项目	厂房与地下车库	总部经济楼宇
3	“万荣一路120号西厂房迁建”项目	生产性厂房	—

续表

序号	地块项目	实施内容	实际使用功能
4	“江场西路180号厂房改建”项目	新增生产用房	—
5	“祥腾财富广场”项目	商办建筑	—
6	“闸北区327街坊市北5号地块”项目	商办建筑	—
7	市北工业园区七号地块新建通用厂房	厂房建筑	—
8	江场西路350号厂房改扩建（上海电力容灾中心）	厂房建筑	—
9	“物流3～1地块”项目	商业办公建筑	—
10	“物流3～2地块”项目	一类工业厂房	—

而从产业布局的规划引导来看（图6-18），市北工业园区作为上海彭浦工业基地的组成部分，早期工业企业主要集中在轻工、电器、纺织、服装等传统劳动密集型产业。随着上海城市建设的

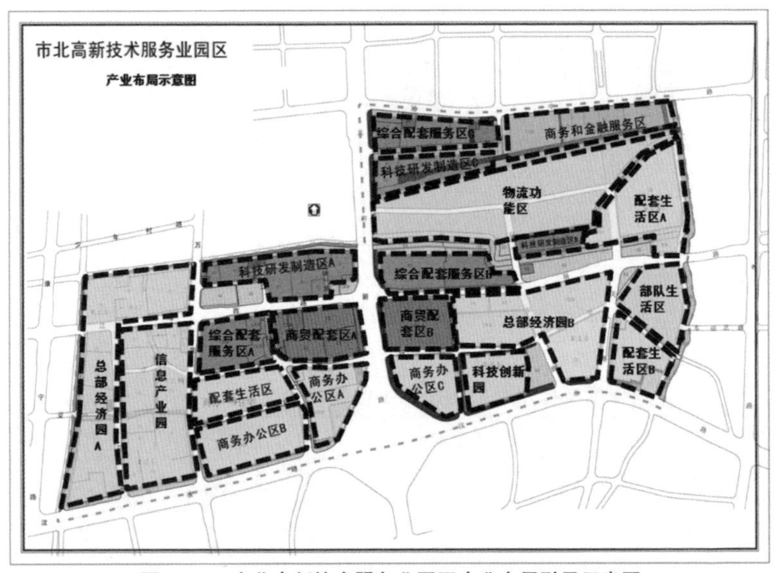

图6-18 市北高新技术服务业园区产业布局引导示意图
资料来源：市北高新技术服务业园区控制性详细规划，2012

发展以及产业布局的调整，园区内的第二、三类工业逐渐迁建、退出，园区产业结构不断调整和转型。从引进第一家典型的生产性服务企业，到引进第一家研发设计、第一家离岸外包企业，再到引进第一家跨国企业功能性总部，园区逐渐集聚了一批代表高技术、高附加值的企业，实现了从传统的工业园区向以研发设计、服务外包、总部型企业为主导的生产性服务业集聚区的转变。以技术研发、销售服务、综合管理等为代表的现代服务业依然是未来园区发展的重要方向，由此造成的对商务办公空间的需求也会与日俱增。并且，随着入驻企业在规模、数量、影响力上的递增，对相关配套设施的要求也越来越高。

6.3　总结与讨论

基于前面的分析，产业转型的直接作用、因素变化的影响作用和城市政府的能动作用与空间发展过程的相互作用关系构成了转型期上海工业集聚区的空间发展机制。转型期上海工业集聚区的空间发展过程是城市产业转型的直接作用结果的表现之一，新背景和新动力影响下的因素变化在城市产业转型与空间发展的直接作用过程中起着重要的作用，城市政府的能动作用主要是要为工业集聚区的空间发展提供一个合适的体制环境，尤其是城市规划的引导决定着工业集聚区的具体空间位置和内部空间变化具体过程。

转型期上海工业集聚区的空间发展过程是有形的、可见的，但是真正导致这种变化的力量是无形的，工业集聚区的空间发展过程所表现出来的不同特征，正是其内在的机制所引起的。转型期上海工业集聚区的空间演化和内部空间变化是多重因素和动力综合作用下的产物，产业转型的直接作用、因素变化的影响作用、城市政府的能动作用都给转型期上海工业集聚区的空间发展过程带来了强大的作用力。

经济全球化通过全球资本投资和技术创新，给上海的城市发展带来了新的动力，并推动着上海城市产业转型，从而作用于上海工业集聚区的空间发展过程。其中，上海城市产业转型的需要，包括产业结构变化、工业不断升级等，直接作用于工业集聚区在城市不同空间地域上的集聚和扩散过程，同时又催生出新的工业集聚区，进一步推动工业集聚区的空间演化。而产业融合趋势，包括制造业服务化、生产性服务业与制造业从互动到融合，促进了工业开发区向生产性服务业功能区的空间转型，直接推动着这些工业聚集区的内部空间发生变化。

时代背景的变迁趋势和上海城市经济社会快速演化过程使得影响转型期上海城市空间发展的因素发生了很大的改变。同样，由于背景变迁和城市经济社会演进带来的因素变化对转型期上海工业集聚区的空间发展具有重要的影响作用。而且在工业集聚区不同层面的空间发展过程中，影响因素也不相同。地价变化、资本变化、技术进步对转型期上海工业集聚区的空间演化有着重要的影响作用。而空间的技术创新、空间的功能转变、空间区位的作用对转型期上海工业集聚区的内部空间变化有着重要的影响作用。

市场机制的建立，相关政策的改革，对上海城市经济社会的发展产生了巨大的影响，城市政府的推动对上海城市空间结构的演变至关重要。城市政府的能动作用主要是通过制度的创新和改革、制定城市产业发展政策和组织城市规划，来对转型期上海工业集聚区的空间发展进行引导。其中，城市规划对转型期上海工业集聚区的空间发展引导和控制作用愈发明显。城市总体规划突出了城市工业布局的调整，其编制及其实施促使中心城区工业的大幅度外迁，成为工业郊区化极其重要的推动力量。而工业集聚区自身规划的编制及其实施突出了对产业和功能的引导，对用地的引导和约束，以及对公共环境建设等方面，促使工业集聚区内部空间发生变化。

产业转型的直接作用、因素变化的影响作用、城市政府的能动作用与工业集聚区的空间发展之间的内在机制并不是一个线性的具有明显因果关系的过程，而是一个非线性的多动力多层面的综合作用过程。即全球化背景下上海城市产业转型的需要、因素变化的影响、城市政府的推动作用下工业集聚区的空间演化和内部空间变化的交互作用过程构成了转型期上海工业集聚区的空间发展综合机制。

第7章　结论与展望

7.1　本书的主要结论

本书是对转型期上海工业集聚区的空间发展实证研究，工业集聚区主要是指中国改革开放以来，特别是1990年代以来上海市域范围内不同空间地域上形成的工业集聚区，按照不同空间地域的划分，本书所要研究的工业集聚区又分为边缘型、近郊型、远郊型三类。书中所分析的上海工业集聚区具体涉及了上海市域范围内的38个工业开发区和28个生产性服务业功能区。本书总结了转型期上海工业集聚区的空间演化特征和内部空间变化特征，揭示了其中的空间发展规律，并解析了其内在的机制，最后讨论了工业集聚区的空间整合。主要研究结论如下。

（1）以“服务经济”为视角、以工业集聚区为对象可以较好解释当前的城市产业转型及其空间效应。在全球化背景下，中国最大和最发达的城市现在也经历着和全球城市所经历的相似的经济和产业的转型，即：从制造业为主的“工业经济”向以现代服务业为基础的“服务经济”转变。城市工业集聚区既是城市产业转型直接作用下的产物，其空间发展又是城市产业空间发展和变化的主要组成部分。尤其是转型期中国城市的工业集聚区更是如此。第一，工业集聚区是全球化资本、技术等要素流动推动城市产业转型的重要产物。第二，工业集聚区是对城市产业转型反应极其敏感的空间地域。第三，城市产业转型对工业集聚区的空间发展过程的作用最为直接。因此，以工业集聚区为研究对象或者说以工业集聚区的空间发展过程为主要分析对象，可以发现我国城市产业转型与空间效应之间的直接关联。

（2）要真正地了解和认识上海城市产业转型及其空间效应就必须充分了解城市发展时代背景的变迁趋势。全球经济重组趋势、中国大城市发展态势和长三角地区产业发展格局构成了上海城市发展的时代背景。对上海城市经济社会演化过程的剖析，包括经济社会的快速发展、城市功能调整、城市更新改造，有助于理解上海城市产业转型和工业集聚区的空间发展态势。全球化背景下上海城市正在进行深刻的产业转型，表现在产业结构变化方面的特征是，服务业在城市经济中初步取得支配与主导地位，制造业在就业与产值两个方面开始退居于次要地位，服务业特别是生产性服务业开始成为上海城市经济增长的主要推动力量。同时，上海城市产业转型已经体现出产业结构服务化的特征，服务业在城市经济体系中的地位不断上升并成为了产业结构的主体。与此同时，上海城市产业过程中还体现出生产型产业的服务化的特征，表现为制造业内部服务性活动的发展与重要性增加，制造过程中包含了越来越多的技术与服务，制造成本在产品成本中的比重不断缩小，而产品研发、设计、营销和服务在产品成本中的比例会进一步增加。在此基础上，城市产业结构也开始出现去边界化的趋势，这种趋势实际上就是产业融合的发展趋势，体现为制造业和服务业之间的不断融合。在产业融合趋势下，生产性服务业不断从制造业中分离出来，并得到了快速发展，生产性服务业与制造业之间相互影响、相互作用的互动关系也逐渐走向融合。上海城市产业转型，包括产业结构变化和产业融合趋势与城市工业集聚区的空间发展过程有着紧密的联系。上海城市工业集聚区的空间发展已逐渐从中心城区 600km^2 向整个市域 6000km^2 区域进行全方位战略转移。在上海市域范围内不同空间地域上，到2008年末形成了38个市级以上工业开发区，到2010年重点建设和形成了28个生产性服务业功能区。

（3）转型期上海工业集聚区的空间演化特征包括空间集散特征和空间转型特征。空间集散特征是指：一是郊区扩散化特征，即工业集聚区从原来集中在中心城区逐渐向郊区扩展开来，郊区逐步成为工业发展的主要空间地域。二是园区集中化特征，即郊区形成的工业集聚区，其功能集聚与周边空间产生“位势差”，带动其周边的生产要素向园区内集聚。空间转型特征是指：随着上海城市功能的提升和产业结构的调整，工业开发区开始向生产性服务业功能区转型，一是中心城区旧工业区通过产业置换，集聚发展生产性服务业，从而直接转变成生产性服务业功能区；二是一些工业开发区开始通过生产性服务业向制造业的产业渗透，进行自身功能的提升和拓展，生产性服务业逐渐在工业开发区的周边或内部集聚而形成生产性服务业功能区。三是郊区重要的工业基地或工业开发区产生了大量如物流、信息咨询、展示等专业服务的需求，通过生产性服务业向制造业的延伸，集聚发展生产性服务业，从而在工业基地或工业开发区周边形成了特色专业型生产性服务业功能区。

（4）转型期上海工业集聚区的空间演化规律——空间区位选择规律。从静态上来看，首先，转型期上海工业集聚区具有较强的空间区位指向，总体上看，位于郊区的工业开发区，无论是空间分布数量，还是空间规模的增长速度，都明显高于中心城区，同样生产性服务业功能区也多数布置在郊区。其次，不同空间地域上的区位条件与工业集聚区的发展效益相联系，从工业开发区的空间效率来看，中心城区边缘区和近郊区的空间效率及其提高速度明显高于远郊区，同样中心城区的工业开发区最先向生产性服务业功能区转型，与中心城区日益增长的空间区位成本相关。因此，空间区位与工业集聚区的空间现象密切相关，对工业集聚区获得相对低廉的土地，享受城市原有设施的支撑，降低自身开发成本具有重要作用。从动态上来看，不同时期工业集聚区的空间区位选择与不同空间地域上的区位条件变化密切相关。改革开放以来，随着上海城市经济的快速发展，中心城区的土地价格逐步提高，工业集聚区的运营成本也开始上升，而郊区相对于中心城区土地价格低廉，可利用的土地较宽裕，加上顺应工业郊区化趋势而发展的城市交通网络和基础设设施，改善了郊区的区位条件，对工业集聚区布局的吸引力逐渐增大，也成为中心城区的工业向外疏解的主要承接地，从而为中心城区的工业集聚区转型提供了前提条件。转型期上海工业集聚区的空间演化呈现出在市场规律的支配下自主选择空间区位的过程，这类似于国外全球城市，同时由于城市政府的政策推动有着密切关系。

（5）转型期上海工业集聚区的内部空间变化主要体现在工业集聚区内部的生产性服务业与制造业之间的发展关系上，在空间上体现在原有工业开发区与生产性服务业功能区的空间关系变化上，其可以归纳为置换、渗透、延伸 3 种主要的内部空间变化过程。转型期上海工业集聚区的内部空间变化特征取决于工业开发区向生产性服务业功能区的空间变化过程中产业类型和功能的变化，主要是生产性服务业与制造业的互动关系和融合趋势。这决定了工业开发区和生产性服务业功能区之间会有一定的互补关系，在生产性服务业从制造业内部逐渐分离出来的同时，生产性服务业与制造业在空间上、地域上也渐渐分离，从而逐步形成了生产性服务业功能区。同样，这些形成的生产性服务业功能区与相应工业开发区之间也表现为相互作用、相互依赖、共同发展的互动关系：工业开发区为发展生产性服务业功能区提供载体和依托，生产性服务业功能区促进工业开发区的产业集聚和功能提升。

（6）在工业集聚区的内部空间变化过程中，即从工业开发区到生产性服务业功能区的转型过程中，空间要素主体正由以工业企业、生产功能为主向以生产性服务业企业、服务功能为主转变。空间要素构成正向商务空间、研发空间、生产空间、生态空间、居住空间、管理空间这些基本的功能空间转变。而在工业集聚区转型过程中，空间要素组合除了按照基本功能区块进行整体空间的组织外，工业集聚区的生产空间内部还按照产业群以及产业链环节进行空间布置。

（7）转型期上海工业集聚区的内部空间变化规律——内部空间融合规律。从工业集聚区内部生产性服务业的发展来看，先进制造业采取了新的工业区位空间逻辑，即生产过程分散到不同空间区位，同时通过信息技术联系又重新整合为一个整体。其中如研发、创新与原型制作等生产性服务，就选择在工业开发区的内部、周边集聚形成生产性服务业功能区。不同空间地域上工业集聚区的内部空间变化过程也不同。中心城区边缘区的工业集聚区以内部空间置换和内部空间渗透为主；近郊区的工业集聚区以内部空间渗透过程为主；远郊区的工业集聚区则以内部空间延伸过程为主。针对转型期上海工业集聚区的发展现状，本书认为边缘型和近郊型工业集聚区应该成为空间转型的主体，而置换过程和渗透过程是其内部空间变化和转型的理想模式。远郊型工业集聚区则应该在需求和供给平衡的状态下，进行内部空间延伸，而不是成为工业用地的增量空间，造成土地利用不集约。

（8）转型期上海工业集聚区的空间演化机制解析。一是产业转型的直接作用。城市产业转型必然伴随着空间发展的变化，工业集聚区就是城市产业转型战略在地域空间上的具体展开，工业集聚区的空间演化过程是城市产业结构变化的空间效应。产业结构变化（包括产业结构升级、工业不断升级）与工业集聚区的直接作用过程构成了工业集聚区的空间演化的内在机制。二是因素变化的影响作用。转型期上海工业集聚区的空间快速演化过程是与时代背景和上海城市经济社会演化密切相关的，从转型期上海工业集聚区的空间演化过程来看，除了传统的原料、市场、劳动力及其运费等区位因素外，地价的变化、资本的变化、技术的进步对转型期上海工业集聚区的空间演化起到了重要的影响作用。三是城市政府的能动作用。转型期间，上海市政府在工业集聚区的演化过程中扮演了重要角色。第一，加快了土地使用制度的改革，改变了城市内部的用地功能结构，推动着城市土地的优化配置过程，对工业集聚区在城市不同空间地域上的空间演化作用明显。第二，制定并推行了一系列的城市经济和产业发展政策，有力地推动了城市经济的发展和工业集聚区的空间演化。第三，通过组织编制和审批各层次规划，对于工业集聚区的空间演化具有重要的引导和整合作用。

（9）转型期上海工业集聚区的内部空间变化机制解析。一是产业转型的直接作用。工业集聚区的内部空间变化过程也与城市产业转型有密切关系，其主要是城市产业融合趋势的空间效应。产业融合趋势（包括制造业服务化、生产性服务业与制造业从互动到融合）与工业集聚区的直接作用过程构成了工业集聚区的内部空间变化的内在机制。二是因素变化的影响作用。影响转型期上海工业集聚区的内部空间变化的主要因素有：空间的技术创新、空间的功能转变、空间区位的作用。三是城市政府的能动作用。上海市政府监督着工业集聚区的转型，各个区政府直接参与到工业集聚区的转型过程中，两者共同推动着工业集聚区的内部空间变化过程。第一，市政府对企业组织制度的创新推动着工业企业所在工业集聚区的转型，使其内部空间发生了变化。第二，地方政府导向的上海新一轮产业转型升级的规模和力度明显加大，市、区两级政府分别介入产业转型升级和工业集聚区转型升级的工作，制定了一系列产业转型升级的政策。第三，绝大多数的工业集聚区都是政府为了迎合科技革命和经济全球化浪潮而设立的，是规划的空间而不是自发积聚和生长的空间，因此，政府的城市规划往往对工业集聚区的内部空间变化起着非常重要的基础性作用。即使一些自发集聚的工业集聚区，在达到一定的规模并对地方经济发挥重要作用以后，也会被纳入政府的规划引导之下。规划的具体作用主要体现在对产业和功能的引导，对用地的引导和约束，以及对公共环境建设等方面。

（10）转型期上海工业集聚区的空间发展过程是有形的、可见的，但是真正导致这种变化的力量是无形的，工业集聚区的空间发展过程所表现出来的不同特征，正是其内在的机制所引起的。转型期上海工业集聚区的空间发展过程是城市产业转型的直接作用结果的表现之一，新背景和新动力影响下的因素变化在城市产业转型与空间发展的直接作用过程中起着重要的影响作用，城市政府的能动作用主要是要为工业集聚区的空间发展提供一个合适的体制环境，尤其是城市规划的引导决定着工业集聚区的具体空间位置和内部空间变化具体过程。上述 3 个方面与工业集聚区的空间发展之间的内在机制并不是一个线性的具有明显因果关系的过程，而是一个非线性的多动力多层面的综合作用过程。即全球化背景下城市产业转型的需要、因素变化的影响、市政府的推动作用下工业集聚区的空间演化和内部空间变化的交互作用过程构成了转型期上海工业集聚区的空间发展综合机制。

7.2 本书的主要创新点

本书的主要创新点集中在空间发展规律及其机制方面，包括以下 3 个方面。

（1）总结提炼了转型期上海工业集聚区的空间演化过程中的空间区位选择规律，为上海市域范围内工业集聚区的空间区位优化和整合提供了比较系统和可操作的依据。与其他相关研究比较，该规律比较系统地将工业集聚区的空间区位选择分为动、静两个层面，从动态上来看，不同时期工业集聚区的空间区位选择与不同空间地域上的区位条件变化密切相关。从静态上来看，转型期上海工业集聚区具有较强的空间区位指向，同时不同空间地域上的区位条件与工业集聚区的发展效益相联系。这为工业集聚区进行空间区位的优化提供了比较系统和可操作的理论依据。

（2）归纳提炼了转型期上海工业集聚区的内部空间变化过程中的内部空间融合规律，为转型期上海工业集聚区的空间转型和空间更新提供了理论依据。与其他相关研究比较，该规律不仅构建了全球化背景下工业集聚区内部从制造业为主向生产性服务业转变的理论解释框架，即以产业融合视角为切入点，以生产性服务业与制造业的融合对工业集聚区的直接作用过程来探讨工业集聚区的空间转型机制。生产性服务业与制造业的三种融合形式会带来不同工业集聚区的空间转型过程，置换融合促进工业集聚区的产业转换和功能转变，渗透融合促进工业集聚区的产业升级和功能提升，延伸融合促进工业集聚区的产业链延伸和功能拓展，从而带来了 3 种具体的空间转型过程。而且对应于生产性服务业与制造业的 3 种融合形式，对 3 个具体工业集聚区的内部空间变化进行了实证分析，为转型期上海工业集聚区的空间转型和规划提供了比较系统的理论依据。

（3）归纳提出了全球化背景下城市产业转型的需要、因素变化的影响、城市政府的推动作用下工业集聚区的空间演化和内部空间变化的交互作用过程构成了转型期上海工业集聚区的空间发展综合机制。该机制清楚地解释了转型期上海工业集聚区的空间发展特征和规律，既是城市产业转型升级和空间区位影响因素变化导致的“自然的”空间结果，又是政府的政策制度进行引导而产生的“人为的”空间结果。与其他相关研究比较，提出了更为系统和更深层次工业集聚区的空间发展机制，可以为转型期上海工业集聚区的空间优化和整合提供更为系统和更深层次的理论支持。

7.3 未来上海工业集聚区的空间发展展望

本书的研究是建立在对已经发生的事实的归纳和解释之上的，现实世界在飞速发展，未来也不一定必然按照过去的规律发展。当前上海工业集聚区的空间发展格局的形成是长期演进的结果，然而未来将会怎样？本书展望在未来发展和转型趋势的影响下，上海工业集聚区的空间发展将可能朝着以下方向发展和变化。

1. 未来工业集聚区的空间发展将从选择区位发展转变为创造区位条件

目前，城市工业集聚区的空间区位其实包括了两个方面的内容：一是传统地理学意义上的区位条件，工业集聚区的区位条件主要是一种经济地理和城市地理区位；二是与工业集聚区的区位条件相对应的工业集聚区的区位环境，是城市工业集聚区内在的软件和硬件环境条件综合形成的产业发展的基础性条件，其不是一种地理区位。在城市工业集聚区的区位择定以后，其开发建设形成的综合投资环境成为一种重要的区位要素，在一定程度上影响着企业对工业集聚区的选择行为。由于产业集聚力是优势区位吸引力和外部推力的合力，优势区位吸引力是产业集聚的必要条件，区位吸引力主要来自自然优势和人文凝聚力以及区域的投资环境，对于特定的产业而言，前两者是一个历史演化形成的过程，是常量，变量只有投资环境，因此，投资环境是政府的主要调节工具，可见区位环境对于工业集聚区的空间发展的重要性。从一定意义上讲，区位条件是工业集聚区的“先天”条件，是外在于工业集聚区本体而被定的，对工业集聚区的空间发展的作用具有一定的客观规律性。而工业集聚区自身的区位环境则是“后天”条件，内在于工业集聚区本体并具有一定的能动性。区位条件和区位环境作为外因和内因，共同促进工业集聚区的空间演化。一些区位条件良好、但自身内在环境较差的工业集聚区，其发展比较落后。反之，一些内在环境较好、政策优惠、设施先进的工业集聚区，如果外在的区位条件较差，其发展也不会理想。只有良好的地理区位和高质量的投资环境条件的有机结合，才能提高工业集聚区整体的空间组织效率。可见，工业集聚区一旦在上海范围内不同空间地域上进行区位择定以后，其所处的位置就是一种地理区位，是工业集聚区本身所无法改变的空间区位。因此，未来上海工业集聚区的空间发展重心将是：从重视如何选择区位发展，即工业集聚区在既定的区位条件下选择有利的空间区位，逐步转向创造区位条件，即主动地建设工业集聚区自身的区位环境，从而形成良好的地理区位和高质量的投资环境条件的有机结合，使得区位条件和区位环境相吻合。

2. 未来工业集聚区的空间发展中生产性服务业功能区的发展是重点之一

未来生产性服务业功能区在空间区位选择上应该谨慎选择区位条件较好，靠近中心城区面积较大的老工业基地，而应着重考虑位于郊区的老工业基地。同时，生产性服务业功能区大部分依托工业开发区发展形成，对于这些生产性服务业功能区的产业、功能和开发，就是要充分考虑与工业开发区产业、功能的衔接，选择工业开发区中合适的空间区位，并随着工业开发区的不断发展，产业的不断需要，逐渐完善改进，使之趋于合理。首先，随着工业开发区生产性服务业的逐渐发展，对于空间的要求将会逐渐提高，并且有逐渐集聚的趋势，以进行资源共享、技术交流等。这就要求进行生产性服务业功能区的空间规划建设，引导生产性服务业功能区规范发展，明确不同空间地域上生产性服务业功能区的建设目标、功能定位和整体布局，按照标准规范建设生产性服务业功能区，做好在产业、空间上的规划对接工作，引导资源有效配置和集约利用。可以根据不同空间地域的区位特征，建设不同的生产性服务业功能区。例如，选择在中心城区边缘区发展的生产性服务业功能区可建设以金融保险、商务服务、中介咨询服务为主的综合性功能区；而选择在近郊区和远郊区的生产性服务业功能区可建设以物流、科技研发设计为主的专业化功能区。从而使得不同空间地域上的生产性服务业功能区形成有效的分工。其次，考虑到工业开发区的用地和产业情况，完善空间规划的需要将会越来越大。目前上海工业开发区尤其是中心城区边缘区的工业开发区普遍存在着土地资源紧张的问题，一次性拿出大量土地进行建设生产性服务业功能区有一定困难。这样的生产性服务业功能区应该遵循循序渐进原则，一方面利用工业开发区内产业落后，不适合发展的低端制造业迁移到更适合发展的区域的契机，利用腾出的用地进行生产性服务业功能区的建设。另一方面，对于工业开发区中零散分布的生产性服务业以及制造业剥离和新引进的生产性服务业，应该鼓励其集聚在功能区内发展，逐渐形成生产性服务业功能区的集聚效应和吸引力，从而不断完善和优化生产性服务业功能区的空间区位。

3. 未来工业集聚区的空间发展亟需构建有利于空间融合的政策环境

未来为了促进工业集聚区内部的空间融合，将会需要相应的政策环境。一是产业融合的政策需求。未来工业集聚区的空间发展需要有利于工业集聚区内部产业融合的体制环境，尤其是关于生产性服务业与制造业之间融合的政策保障是不可或缺的。需要市政府将促进生产性服务业与制造业的政策由单一政策变为协同政策，以更好地实现生产性服务业与制造业的融合。未来生产性服务业与制造业融合过程实质是价值链的分解和整合，在这一过程中，生产性服务业关系性地融合到制造业价值链的基本活动中，以及结构性地融合到制造业价值链的辅助活动中，因此，政策的制定需要考虑如何更好促进这两方面的融合，应提供一个良好的融合环境，政策的重点应放在如何降低交易成本、鼓励研发投入、加强教育培训、优化创新环境、建设信息平台等方面，以提高生产性服务业与制造业融合效果。此外，需要企业根据不同的融合模式选择不同的政策组合，将政策的重点放在如何促进技术创新、降低协调成本、提高专业化水平等方面，以促进企业更好地融合发展。二是操作层面的政策需求。未来工业集聚区内部的空间融合需要部门紧密协作，在上海市“两规合一”的基础上，协同其他相关部门，构建各职能部门的紧密协作机制，进一步制定生产性服务业功能区的详细落实措施、提供合法性依据及制订适应生产性服务业发展的规划指标等。针对旧工业区闲置工业用地改造的复杂情况，应采取一种更为灵活、弹性的改造方式——允许内部用地混合发展，使其能充分适应市场不断变化的需求。未来工业集聚区的空间发展将以生产性服务功能区为平台，需要采用适用于功能区发展、更为灵活的规划方法，采取更为弹性的规划策略。

7.4　有待进一步研究的问题

本书糅合了新经济地理学、城市经济学、城市地理学中的全球城市和服务经济、城市产业转型、城市产业空间重组理论，试图为全球化背景下中国城市产业发展的变化及其空间表现建立一个良好解释力的理论架构，本书只是一个初步的尝试，需要在下一步研究中，将既有的相关理论整合在一个系统的框架内，从而形成一个更为完善的理论分析框架。

其次，对城市工业集聚区的空间转型机制的解析以定性的经验描述为主，需要在下一步研究中运用定量分析来校正现有结论，通过对经济产出、就业人口、用地规模等数据的分析，来对城市工业集聚区的空间转型特征和机制展开更为深入的探讨。此外，由于可以依据的理论知识和研究的实践基础都比较缺乏，制约了本书对生产性服务业功能区的深入分析，还需要在今后深入研究生产性服务业功能区的形成条件和机制，以便充实城市工业集聚区的空间转型研究的实践意义和科学价值。

最后，由于考虑到一级行政区划壁垒的巨大影响，本书将研究地域的空间范围界定在一个一级行政区范围内，而将跨一级行政区的区域产业空间发展只是作为研究背景做了些考虑。因此，跨一级行政区的区域产业空间发展研究，尤其是如何从空间一体化协调发展战略高度，推进产业空间发展的优化与整合，建立有效的协调机制，是有待深入研究的重要内容。

参考文献

[1] A.J.Scott（ed.）. Global City Regions. New York：Oxford University Press，2001

[2] Beyers W.B. Producer services. Progress in Human Geography. 1993，22（2）：12-18

[3] Bourne L S Internal Structure of the City：Reading on Urban Form. Growth and Policy，1982.

[4] Britton S. The role of services in production. Progress in human geography，1990，14（4）：16-21

[5] Coffey & Polèse.Producer Services and Regional Development：A Policy-Oriented Perspective，1989

[6] Coffey W J，Drolet R，Polèse M.The intrametropolitanlocation of high order services：patterns，factors and mobility inMontreal.Papers in Regional Science，1996，75（6）：293-323

[7] Coffey W J，Shearmur R G.Agglomeration and dispersion of high-order service employment in the Montreal metropolitan region，1981-96.Urban Studies，2002，39（3）：359-378

[8] Craig S G. Using quantile smoothing splines to identify employment subcenters in a multicentric urban area. Journal of UrbanEconomics，2001，49（4）：100-120

[9] Dick H W，Rimmer P J. Beyond the third world city：the new urban geography of South-east Asia. Urban Studies，1998，35

[10] Eksted E. Neo-industrial Organizing: Renewal by Actionand Knowledge Formation in a Project intensive Economy. New York: Routledge，1999

[11] Fujii T，Hartshorn R P. The changing metropolitan structure of Atlanta，

GA：locations of functions and regional structure ina multinucleated urban area.Urban Geography，1995，16（1）：680-707

[12] Gad G.Face-to-face linkages and office decentralization potentials：a study of Toronto.in DANIELS P W.spatial patterns of officegrowth and location. London：John Wiley U.K，1979

[13] Gad G.Office location dynamics in Toronto：suburbanization andcentral district specialization.Urban Geography，1985，26（6）：331-351

[14] Garreau J.Edge cities.New York：Doubleday，1991

[15] Gordon P，Richardson H. Employment decentralization inUS metropolitan areas：is los angeles an outlier or the norm.Environment and Planning，1996，28（2）：1727-1743

[16] Greenstein，S. and Khanna，T. "What does industry mean？" in Yoffie ed. Competing in the age of digital convergence，1997

[17] Gu C L，Shen J F. Transformation of urban socio-spatial structure in socialist market economies：the case of Beijing. Habitat International，2003（27）

[18] Hutton T. The new economy of the inner city. Cities. 2004，21（2）：89-108

[19] Illeris S，SjΦholt P.The nordic countries：high quality servicesin a low density environment.Progress in Planning，1995，43（3）：205-221

[20] Illeris. The Nordiccountries：High quality services in a low density environment. Progress in Planning，1995，43（3）：205-221

[21] Keeble，D.E. Industry Migration in the U. K. in the 1960's in Hamilton，1978

[22] Leaf M. Urban planning and urban reality under Chinese economic reforms. Journal of Planning Education and Research，1998，18

[23] Lin G C S. The Growth and structural change of Chinese cities：a contextual and geographic analysis. Cities，2002，19（5）

[24] Ma L J C，Wu F L. Restructuring the Chinese City：Changing Society，Economy and Space. London and New York：Routledge Curzon，2005

[25] Ma L J C. Economic reforms，urban spatial restructuring and planning in

China. Progress in Planning, 2004, 61 (3)

[26] Ma L J C. Urban transformation in China, 1949-2000: a review and research agenda. Environment and Planning A, 2002, 33

[27] Marcuse P, Kempen V. Globalizing Cities: a New Spatial Order ? . Oxford: Oxford blackwell, 2000

[28] Mossberger K, Stoker G.The evolution of urban regime theory: The challenge of conceptualization. Urban Affairs Review, 2001 (6): 810-835

[29] Ning Yuemin.Globalization and the sustainable development of Shanghai. in Fu Chen Lo & Peter J. Marcotullio (edited), Globalization and the Sustainability of Cities in the Asia Pacific Region.Tokyo: United Nations UniversityPress, 2001

[30] Ning Yuemin, Yan Zhongmin. The changing industrial and spatial structure in Shanghai. Urban geography, 1995 (16): 577-594

[31] Oi J C. The role of the local state in China's transitional economy. China's Quarterly, 1995

[32] Pacione M. The internal structure of cities in the third word. Geography, 2001 (86)

[33] Sam Ock Park and Kee Bom Nahm. Spatial stucture and inter-firm networks of technical and information producer services in Seoul, Korea, Asia Pacific View Point.1998: 209-219

[34] Sassen S. Restructuring and the American city. AnnualReview of Sociology. 1990, 16 (4): 465-490

[35] Scott A.J. New IndustrialSpaces: Flexible Production Organization and Regional Development in North America and Western Europe, Pion, London, 1988

[36] Shearmur R, Alvergne C. Intrametropolitan patterns ofhigh-order business service location: a comparative study of seventeen sectors in lie-de-france. Urban Studies, 2002, 39 (7): 1143-1163

[37] Smith B.C. Decentralization: The Territorial dimension of The State. London: George Allen and Unwin, 1985

[38] Stanback T M J.The new suburbanization.Boulder，Co：Westview，1991

[39] Susan M.Walcott.Chinese industrial and science parks：bridging the gap. The Professional Geographer，2002，54（3）：349-364

[40] Taylor P J. World City Network：A Global Urban Analysis. London：Rortledge，2004

[41] Walker R A. Is there a service economy? The changingcapitalist division of labor. Science & Society，1985，49（1）：42-83

[42] Watters R F，McGee T G，eds. New Geographies ofthe Pacific Rim. Vancouver，Canada：University of BritishColumbia Press，1997

[43] Wu F L，Yeh A G O. Urban spatial structure in a transitional economy：the case of Guangzhou，China. Journal of the American Planning Association，1999（65）

[44] Wu F L. The（Post-）socialist entrepreneurial city as a state project：Shanghai's reglobalisation in question. Urban Studies，2003，40（9）：440-451

[45] Wu F L. Transitional cities. Environment and Planning A，2003（53）

[46] Wu F L. Urban process in the face of china's transition to socialist market economy. Environment and Planning C，1995，13

[47] Wu F L. Urban restructuring in china's emerging market economy：towards a framework for analysis. International Journal of Urban and Regional Research，1997，21

[48] Yoffie，D.B. Competing in the Age of Digital Convergence. New York：The President and Fellow of Harvard Press，1997

[49] [德] 柯武刚，史漫飞著．制度经济学：社会秩序与公共政策．韩朝华译．北京：商务印书馆，2001

[50] [美] 波特著．竞争优势．陈小悦译．北京：华夏出版社，2005

[51] [美] 迈克尔·波特著．国家竞争优势．李明轩，邱如美译．北京：中信出版社，2012

[52] [美] 保罗·诺克斯，史蒂文·平奇著．城市社会地理学导论．柴彦威，张景秋等译．北京：商务印书馆，2005

[53] [美]丝奇雅·沙森著.全球城市：纽约，伦敦，东京（2001年新版）.周振华等译.上海：上海社会科学院出版社，2005

[54] [苏]В·И·卢克雅诺夫编.城市工业区.中山大学地理系译.北京：中国建筑工业出版社，1980

[55] [英]彼得·迪肯著.全球性转变——重塑21世纪的全球经济地图.刘卫东等译.北京：商务印书馆，2007

[56] [英]伊文思(Alan W. Evans)著.城市经济学.甘士杰,唐雄俊译.上海：上海远东出版社，1992

[57] [美]M.卡斯特尔，P.霍尔著.世界的高技术园区：21世纪产业综合体的形成.李鹏飞，范珑英译，王缉慈校.北京：北京理工大学出版社，1998

[58] 曹大贵.特大城市产业空间布局及其调整研究——以无锡市为例.[硕士学位论文].南京：南京师范大学，2002

[59] 曾刚.上海市工业布局调整初探.地理研究，2001（3）：330-337

[60] 柴彦威著.城市空间.北京：科学出版社，2000

[61] 陈建华.国际化城市产业结构变化的空间结果——以上海市为例.[博士学位论文].上海：上海社会科学院，2006

[62] 陈建华.我国国际化城市产业转型与空间重构研究——以上海市为例.社会科学，2009（9）：16-23

[63] 陈柳钦.产业发展的相互渗透：产业融合化.贵州财经学院学报2006（3）：31-35

[64] 陈柳钦.产业融合问题研究.长安大学学报（社会科学版），2008（1）：1-10

[65] 陈蔚镇.上海大都市空间形态演化及其成因机制的研究.[博士学位论文].上海：同济大学，2002

[66] 陈宪，黄建锋.分工、互动与融合：服务业与制造业关系演进的实证研究.中国软科学，2004（10）：65-71，76

[67] 陈益升，湛学勇，陈宏愚.中国两类开发区比较研究.中国科技产业，2002（8）54-60

[68] 程大中.服务业发展与城市转型：理论及来自上海的经验分析.中国软科学2009（1）：73-83

[69] 崔功豪．城市发展与城市空间．中国方域：行政区划与地名，1995（3）：2-5

[70] 戴伯勋等．现代产业经济学．北京：经济管理出版社，2001

[71] 邓丽姝．开发区发展服务业的战略思考——以北京经济技术开发区和天津经济技术开发区为例．特区经济，2007（6）：51-53

[72] 丁萍萍，程玉申主编．经济地理学．北京：中国物资出版社，2002

[73] 董锡健．到工业园区创办“配套服务中心”．沪港经济，2005（12）：52

[74] 段杰，阎小培．粤港生产性服务业合作发展研究．地域研究与开发，2003（6）：27-30

[75] 费洪平．我国高技术产业开发区战略布局研究．科技导报，1997（7）：30-33

[76] 冯健、刘玉．转型期中国城市内部空间重构：特征、模式与机制．地理科学进展，2007（4）：93-106

[77] 冯健．杭州城市工业的空间扩散与郊区化研究．城市规划汇刊，2002（2）：42-47

[78] 付磊．全球化和市场化进程中大都市的空间结构及其演化——改革开放以来上海城市空间结构演变的研究．[博士学位论文]．上海：同济大学，2008

[79] 高向东，江取珍．对上海城市人口分布变动与郊区化的探讨．城市规划，2002（1）：66-69，89

[80] 耿慧志．论我国城市中心区更新的动力机制．城市规划汇刊，1999（3）：27-31，14

[81] 顾朝林，陈果，黄朝永等．论深圳新工业空间开拓——经济全球化、产业结构重建与转移的结果．经济地理，2001（5）：261-265

[82] 顾朝林，甄峰，张京祥著．集聚与扩散——城市空间结构新论．南京：东南大学出版社，2000

[83] 顾朝林著．经济全球化与中国城市发展：跨世纪中国城市发展战略研究．北京：商务印书馆，1999

[84] 顾朝林著．中国大城市边缘区研究．北京：科学出版社，1995

[85] 顾朝林主编．中国高技术产业与园区．北京：中信出版社，1998

[86] 顾乃华，毕斗斗，任旺兵．生产性服务业与制造业互动发展：文献综述．经济学家，2006（6）：35-41
[87] 郭鸿懋著．城市空间经济学．北京：经济科学出版社 ,2002
[88] 韩汉君，黄恩龙．城市转型的国际经验与上海的金融服务功能建设．上海经济研究，2006（5）：54-63
[89] 何丹．城市政体模型及其对中国城市发展研究的启示．城市规划，2003（11）：13-18
[90] 洪世键，张京祥．土地使用制度改革背景下中国城市空间扩展——一个理论分析框架．城市规划学刊，2009（3）：89-94
[91] 洪银兴．城市功能意义的城市化及其产业支持．经济学家，2003（3）：29-36
[92] 侯百镇．转型与城市发展．规划师，2005（2）：67-74
[93] 胡汉辉，邢华．产业融合理论以及对我国发展信息产业的启示．中国工业经济，2003（2）：23-29
[94] 胡序威，周一星，顾朝林等著．中国沿海城镇密集地区空间集聚与扩散研究．北京：科学出版社，2000
[95] 胡永佳著．产业融合的经济学分析．北京：中国经济出版社，2008
[96] 黄春燕．工业园区向生产性服务业功能区转型中商业配套服务的发展研究——以 A 工业园区为例．[硕士学位论文]. 上海：华东师范大学，2012
[97] 黄亚平著．城市空间理论与空间分析．南京：东南大学出版社，2002
[98] 黄宗智．改革中的国家体制：经济奇迹和社会危机的同一根源．开放时代，2009（4）：75-82
[99] 贾国雄．中国转型的内涵及相关问题的经济学分析．青海社会科学，2006（1）：34-37
[100] 江曼琦著．城市空间结构优化的经济分析．北京：人民出版社，2001
[101] 敬东，高世超．新时期大都市近郊老工业区转型发展的路径探讨——以上海闵行吴泾工业区为例．多元与包容——2012 中国城市规划年会论文集，2012
[102] 李诚固，韩守庆，郑文升．城市产业结构升级的城市化响应研究．城

市规划，2004（4）: 31-36

[103] 李程骅．论城市转型与经济发展模式的关系．创新，2009（10）: 5-11

[104] 李程骅著．优化之道——城市新产业空间战略．北京：人民出版社，2008

[105] 李静．整合上海中心城区闲置划拨工业用地推动生产性服务业功能区发展规划策略探讨——以上海市漕河泾开发区东区升级改造规划为例．上海城市规划，2012（2）: 1-7

[106] 李立勋．后工业社会的经济服务化趋向．人文地理，1997（12）: 11-15

[107] 李闰，张静著．布局经济．北京：人民出版社，1994

[108] 李婷．上海大都市工业空间布局研究．上海企业，2009（5）: 58-60

[109] 李仙德，白光润．转型期上海城市空间重构的动力机制探讨．现代城市研究，2008（9）: 11-18

[110] 李小建著．公司地理论．北京：科学出版社，1999

[111] 李郇，符文颖，刘宏锋．经济全球化背景下的产业空间重构．热带地理，2009（9）: 454-459

[112] 厉无畏，王振著．中国产业发展前沿问题．上海：上海人民出版社，2003

[113] 刘俊杰．扩散与集聚：全球产业空间整合新态势．开发研究，2005（2）: 23-26

[114] 刘强．城市更新背景下的大学周边创意产业集群发展研究——以同济大学周边设计创意产业集群为例．[博士学位论文]．上海：同济大学，2007

[115] 罗翔．上海张江高科技园区规划实施效果评估研究．规划师，2012（11）: 112-116

[116] 吕恩培．提升开发区服务功能——加快发展现代服务业．特区经济，2006（1）: 269-272

[117] 马健，葛扬，吴福象．产业融合推进上海市生产性服务业发展研究．现代管理科学，2009（6）: 5-6

[118] 马健．产业融合理论研究评述．经济学动态，2002（5）: 78-81

[119] 马健主编．产业融合论．南京：南京大学出版社，2006

[120] 马娟．制度变迁对城市工业空间结构影响研究——以济南市为例．[硕士学位论文]. 山东：山东师范大学，2007

[121] 马吴斌，褚劲风．上海产业集聚区与城市空间结构优化．中国城市经济，2009（1）：50-53

[122] 苗长虹等著．新经济地理学．北京：科学出版社，2011

[123] 年福华，姚士谋．信息化与城市空间发展趋势．世界地理研究，2002（1）：72-76

[124] 聂子龙、李浩．产业融合中的企业战略思考．软科学，2003（2）：80-83

[125] 宁越敏，邓永成．上海城市郊区化研究．李思名等主编．中国区域经济发展面面观．台北：台北大学出版社，1996：129-153

[126] 宁越敏，李健．上海城市功能的转型：从全球生产系统角度的透视．世界地理研究，2007（42）：47-54

[127] 宁越敏．外商直接投资对上海经济发展影响的分析．经济地理,2004(2)

[128] 邱灵，申玉铭，任旺兵．北京生产性服务业与制造业的关联及空间分布．地理学报，2008（12）：1299-1310

[129] 上海市规划和国土资源管理局．上海市城市总体规划（1999 ~ 2020）实施评估研究报告．2013.8

[130] 上海市经济和信息化委员会编.2010 上海产业和信息化发展报告——开发区．上海：上海科学技术文献出版社，2010

[131] 上海市经济和信息化委员会编.2011 上海产业和信息化发展报告——开发区．上海：上海科学技术文献出版社，2011

[132] 上海市经委工业区管理处．加快调整提升步伐，推进开发区又好又快发展——2007 年上海市开发区发展概况．上海开发区，2008（3）：22

[133] 盛鸣．转型期石家庄工业空间研究．[硕士学位论文]. 南京：南京大学，2005

[134] 石崧．新产业空间的崛起及其对上海大都市区空间组织的影响．城市观察，2011（3）：129-138

[135] 石忆绍等著．国际大都市建设用地规模与结构比较研究．北京：中国建筑工业出版社，2010

[136] 宋家泰，崔功豪，张同海编著．城市总体规划．北京：商务印书馆，

1985

[137] 孙贵艳，王传胜等．长江三角洲城市群城镇体系演化时空特征．长江流域资源与环境，2011（6）：641-649

[138] 孙立平．实践社会学与市场转型过程分析．中国社会科学，2002（5）：83-96

[139] 覃成林．高新技术产业布局特征分析．人文地理，2003（10）：38-41,74

[140] 唐子来，赵渺希．经济全球化视角下长三角区域的城市体系演化：关联网络和价值区段的分析方法．城市规划学刊，2010（1）：29-34

[141] 唐子来．西方城市空间结构研究的理论和方法．城市规划汇刊，1997（6）：1-11

[142] 陶英胜．上海开发区规划建设与城市发展关系的研究．[硕士学位论文]．上海：华东师范大学，2009

[143] 同济大学等．城市工业布置基础．北京：中国建筑工业出版社，1982

[144] 屠启宇著．谋划中国的世界城市：面向 21 世纪中叶的上海发展战略研究．上海：上海三联书店，2008

[145] 汪宇明，曾刚，宁越敏等著．新世纪城市工业发展布局规划．北京：科学出版社，2003

[146] 王芳．北京市产业空间布局变化的研究：1996-2001 年．[硕士学位论文]．北京：北京师范大学，2005

[147] 王红霞著．企业集聚与城市发展的制度分析：长江三角洲地区城市发展的路径探究．上海：复旦大学出版社，2005

[148] 王慧敏，林涛．上海工业开发区的空间分布与效益研究．工业技术经济，2009（9）：9-13

[149] 王慧敏．上海工业开发区建设和发展的空间效应研究．[硕士学位论文]．上海：上海师范大学，2007

[150] 王缉慈等．创新的空间：企业集群与区域发展．北京：北京大学出版社，2001

[151] 王丽萍．从城市土地制度改革看现行城市规划．城市问题，1995（1）：8-10，20

[152] 王美飞 . 上海市中心城旧工业地区演变与转型研究 . [硕士学位论文]. 上海：华东师范大学，2010

[153] 王兴平 . 中国城市新产业空间：发展机制与空间组织研究 . [博士学位论文]. 南京：南京大学，2003

[154] 魏心镇，王缉慈等编著 . 新的产业空间：高技术产业开发区的发展与布局 . 北京：北京大学出版社，1993

[155] 魏心镇著 . 工业地理学 . 北京：北京大学出版社，1982

[156] 吴缚龙，马润潮，张京祥主编 . 转型与重构——中国城市发展多维透视 . 南京：东南大学出版社，2007

[157] 吴启焰、朱喜钢 . 城市空间结构研究的回顾与展望 . 地理学与国土研究，2001（2）：46-50

[158] 谢守红，汪明峰 . 信息时代城市空间组织演变 . 山西师大学报（社会科学），2005（1）：16-20

[159] 熊国平著 . 当代中国城市形态演变 . 北京：中国建筑工业出版社，2006

[160] 徐毅松 . 迈向全球城市的规划思考——上海城市空间发展战略研究 . [博士学位论文]. 上海：同济大学，2006

[161] 阎小培，信息产业与城市发展：以广州为例 . [博士学位论文]. 广州：中山大学，1997

[162] 阎小培，许学强 . 广州城市基本 - 非基本经济活动的变化分析 . 地理学报，1999（7）：299-308

[163] 阎小培著 . 信息产业与城市发展 . 北京：科学出版社，1999

[164] 杨浩，张京祥 . 城市开发区空间转型背景下的更新规划探索 . 规划师，2013（1）：29-33

[165] 杨上广著 . 中国大城市经济空间的演化 . 上海：上海人民出版社，2009

[166] 杨万钟 . 21 世纪上海产业布局模型 . 地理学报，1997（2）：104-113

[167] 杨万钟主编，祝兆松副编 . 上海工业结构与布局研究 . 上海：华东师范大学出版社，1991

[168] 杨治著 . 产业经济学导论 . 北京：中国人民大学出版社，1985

[169] 姚凯，骆惊，方澜 . 上海城市工业产业空间布局和发展趋势研究 . 上海市城市规划设计研究院增刊 . 城市规划学刊，2008：70-74
[170] 殷洁，张京祥，罗小龙 . 基于制度转型的中国城市空间结构研究初探 . 人文地理，2005（3）：59-62
[171] 余丹林，魏也华 . 国际城市、国际城市区域以及国际化城市研究 . 国外城市规划，2003（1）：47-50
[172] 张海莉 . 上海郊区九大市级工业园区的发展研究 .[硕士学位论文]. 上海：华东师范大学，2009
[173] 张宏波 . 城市工业园区发展机制及空间布局研究——以长春市为例 . [博士学位论文]. 吉林：东北师范大学，2009
[174] 张京祥，洪世键 . 城市空间扩张及结构演化的制度因素分析 . 规划师，2008（12）：40-43
[175] 张京祥，吴缚龙，马润潮 . 体制转型与中国城市空间重构——建立一种空间演化的制度分析框架 . 城市规划，2008（6）：55-60
[176] 张京祥，殷洁，罗小龙 . 地方政府企业化主导下的城市空间发展与演化研究 . 人文地理，2006（4）：1-6
[177] 张仁桥 . 上海工业集聚区的空间整合与模式创新研究 . [博士学位论文]. 上海：华东师范大学，2007
[178] 张庭伟 . 1990 年代中国城市空间结构的变化及其动力机制 . 城市规划，2001（7）:7-14
[179] 张庭伟 . 全球转型时期的城市对策 . 城市规划，2009（5）：9-21
[180] 张贤，张志伟 . 基于产业结构升级的城市转型——国际经验与启示 . 现代城市研究 2008（8）：81-85
[181] 赵和生著 . 城市规划与城市发展 . 南京 : 东南大学出版社，1999
[182] 赵民等著 . 土地使用制度改革与城乡发展 . 上海：同济大学出版社，1998
[183] 甄峰 . 信息技术作用影响下的区域空间重构及发展模式研究 . [博士学位论文]. 南京：南京大学，2001
[184] 郑国，邱士可 . 转型期开发区发展与城市空间重构——以北京市为例 . 地域研究与开发，2005（6）：39-42

[185] 郑明高著 . 产业融合:产业经济发展的新趋势 . 北京:中国经济出版社，2011

[186] 植草益 . 信息通讯业的产业融合 . 中国工业经济，2001（2）：24-27

[187] 钟坚 . 世界科学工业园区的发展状况与运行模式 . 特区经济，2000(8)：47-50

[188] 周一星，孟延春著 . 北京的郊区化及其对策 . 北京：科学出版社，2000

[189] 周振华 . 全球城市区域：我国国际大都市的生长空间 . 开放导报，2006（5）：21-26

[190] 周振华 . 世界城市理论与我国现代化国际大都市建设 . 经济学动态，2004（3）：37-41

[191] 周振华著 . 崛起中的全球城市——理论框架及中国模式研究 . 上海：上海人民出版社，2008

[192] 周振华等主编 . 世界城市：国际经验与上海发展 . 上海：上海社会科学院出版社，2004

[193] 周振华著 . 信息化与产业融合 . 上海：上海人民出版社，2003

[194] 朱锡金，李飞 . 上海全球化进程中工业空间重构的动力机制和策略 . 规划师，2000（4）：80-83

[195] 朱喜钢著 . 城市空间集中与分散论 . 北京：中国建筑工业出版社，2002

[196] 朱郁郁，孙娟，崔功豪 . 中国新城市空间现象研究 . 地理与地理信息科学，2005（1）：65-68

[197] 邹德慈 . 走向主动式的城市规划——对我国城市规划问题的几点思考 . 城市规划，2005（5）：20-22

[198] 邹玉 . 生产性服务业功能区的动力机制解析与规划反思 . 多元与包容——2012 中国城市规划年会论文集，2012

[199] 左学金等著 . 世界城市空间转型与产业转型比较研究 . 北京：社会科学文献出版社，2011

后记

本书是在本人博士论文基础上，经过补充、修改完成的。其中饱含了太多人的关心，还有热切的期待和爱心的倾注。

导师彭震伟教授10多年的教导和鼓励，是我完成学业和论文最重要的保障。10多年前我从南京大学来到同济大学读硕，便深深为彭老师的学术情操和人格魅力所折服，进入师门的那种幸福与幸运之感至今仍记忆犹新。从师10多年，更是深切地感受到彭老师敏锐而深邃的洞察力、广博的知识和严谨的治学态度。在我长期的论文写作过程中，彭老师随时留心相关资料和科研成果，并提供给我，在我外出调研时，彭老师还亲自帮忙联系。可以说从选题、构思、结构组织、乃至许多的细节，处处都凝结着彭老师的心血和教诲。每每在论文写作和修改陷入困境之时，与彭老师的交流总能使我拨云见日。同时，在生活上彭老师也给予了我极大的关心，正是在师门的10多年中，我不仅完成了学业，而且建立了自己的小家庭。因此，借此一纸之地，要将自己最多的感谢献给彭老师！

感谢在同济大学10多年的求学期间赵民教授、唐子来教授、杨贵庆教授、王德教授、张冠增教授、宋小冬教授、耿慧志教授等对我学习和生活所给予的帮助和关怀。荣幸的是，我还得到了城市规划学界著名学者南京大学崔功豪教授的期许和鼓励。

论文及本书的研究对象是上海工业集聚区，在研究与写作过程中，得到了上海市多个相关部门领导和工作人员的支持与帮助。因此，要感谢上海市规划和国土资源管理局的范宇副处长，帮我联系浦东新区和闸北区的相关部门进行调研。感谢浦东新区发展和改革委员会的王菲菲副处长，帮我联系张江高科技园区的具体调研。感谢闸北区规划和土地管理局的廖志强总规划师，帮我联系市北工业园区的具体调研。感谢市北工业园建设科的周华滨女士无私为我整理和提供了大量园区发展的珍贵资料。感谢张江高科技园区规划建设环境管理处的孙浩科长为我提供了园区相关资料。此外，还要感谢浦东新区规划设计研究院的蔡海燕师妹和罗翔工程师为我提供了相关园区的规划资料。

同样的谢意也要献给我的同门，是他们让我的生活更加多姿多彩。同门之间的交流与沟通总是令人难以忘怀，感谢高璟师兄和游宏滔老师的帮助与鼓励，感谢朱玮博士、孙婕博士、樊保军博士、李晓西博士、张璞玉硕士、唐伟成硕士等等，与他（她）们一起高谈阔论的岁月，构成了我求学生涯中难以忘怀的风景。

感谢两位论文匿名评审专家的批评指正，为论文的修改提供了很好的思路。也要感谢崔功豪教授、朱若霖教授、苏功洲教授级高工、张尚武教授、耿慧志教授五位答辩委员会专家的悉心指教，为书稿的补充提供了有益的借鉴。

感谢江苏高校优势学科建设工程项目资助、江苏高校品牌专业建设工程资助项目和住房城乡建设部2016年科学技术项目计划（2016-R2-012）的资助。

最后，我想感谢的应该是我的家人。感谢多年来给予我无私关爱的父母亲、岳父母，是他们的爱始终支撑着我无畏前行，不仅在生活上给我提供了写作的便利，而且在精神上也予以鼓励。特别感谢我的妻子陆嘉和可爱的大同小易，当我几乎天天忙于论文写作和书稿修改、疏于分担家务和陪伴家人的时候，是她们的理解和宽容让我能够安心写作。

潘斌

2018 年 1 月 28 日